中高等职业教育衔接课程体系建设项目成果教材

数控铣削编程与技能训练

主　编：朱和军　蒋修定

副主编：于宗金　李中林

参　编：周　炎　宦小玉

　　　　吴　钧　华春国

江苏大学出版社
JIANGSU UNIVERSITY PRESS

镇　江

图书在版编目(CIP)数据

数控铣削编程与技能训练/朱和军,蒋修定主编
. —镇江:江苏大学出版社,2016.12
   ISBN 978-7-5684-0386-3

   Ⅰ.①数… Ⅱ.①朱… ②蒋… Ⅲ.①数控机床—铣
床—程序设计 Ⅳ.①TG547

中国版本图书馆 CIP 数据核字(2016)第 297708 号

内容概要

本书围绕数控铣/加工中心编程与技能训练,以生产实践中的工作任务为项目构建内容体系,体现了实用性原则。本书共 10 个项目,分为基础训练篇和综合训练篇,基础训练篇介绍数控铣床/加工中心的使用与维护、零件加工前的准备、机床基本操作、平面铣削、轮廓铣削、型腔铣削、孔类零件加工,每个项目包含若干个任务,每个任务均设有任务描述、知识链接、任务实施、任务评价、拓展知识等模块。综合训练篇初级、中级、高级训练零件图,便于进行综合训练。

本书主要用作中高职职业院校实训实习教材,也可作为企业培训部门、职业技能鉴定培训机构的教材,还可以作为厂企数控机床编程与操作人员的参考用书。

数控铣削编程与技能训练

Shukong Xixiao Biancheng Yu Jineng Xunlian

主　　编/朱和军　蒋修定
责任编辑/吴蒙蒙
出版发行/江苏大学出版社
地　　址/江苏省镇江市梦溪园巷 30 号(邮编:212003)
电　　话/0511-84446464(传真)
网　　址/http://press.ujs.edu.cn
排　　版/镇江文苑制版印刷有限责任公司
印　　刷/虎彩印艺股份有限公司
开　　本/787 mm×1 092 mm　1/16
印　　张/19.25
字　　数/460 千字
版　　次/2016 年 12 月第 1 版　2016 年 12 月第 1 次印刷
书　　号/ISBN 978-7-5684-0386-3
定　　价/35.00 元

如有印装质量问题请与本社营销部联系(电话:0511-84440882)

中高等职业教育衔接课程体系建设项目成果教材
编写委员会

前　言

本书是根据 2012 年《江苏省政府办公厅转发省教育厅〈关于进一步提高职业教育教学质量的意见〉》(苏政办〔2012〕194 号)、省教育厅《关于继续做好江苏省现代职业教育体系建设试点工作的通知》(苏教职〔2013〕9 号)精神,科学把握试点项目数控技术人才培养的内涵和目标的核心课程教学内容与教学要求,并参照有关行业的职业技能鉴定规范及国家相关职业标准的中、高级技术工人考核标准编写的。

针对培养数控铣/加工中心中、高级技能人才,本书根据相关岗位工作的实际需要,合理确定学生应具备的能力和知识结构,调整和完善知识体系,体现了以下特点:

1. 坚持"以就业为导向,以能力为本位"的教学理念,切实贯彻"做中学";本着易学、够用的原则,将理论与实践有机结合,使"做""学""教"统一于项目任务的整个进程。渗透职业道德和职业意识,体现以就业为导向,有助于学生树立正确的择业观,培养学生的爱岗敬业精神、团队协作精神和创新精神,树立安全意识和环保意识。

2. 着眼于对学生基本功的培养,突出基本技能和基本知识的传授;以任务驱动的方式将加工工艺和生产实践相结合,按照数控加工的一般工艺设置教学任务,由易到难、由简到繁,循序渐进地组织教学内容。

3. 以职业能力为本,注重把理论知识和技能训练相结合,以应用为核心,紧密联系生活、生产的实际要求,与相应的职业资格标准相互衔接;以国家职业标准为依据,内容涵盖数控铣/加工中心操作工国家职业技能标准中级工与高级工的知识和技能要求。

4. 精心设计形式,激发学习兴趣。在教材内容的呈现形式上,通过学习任务、知识链接和巩固提高等形式,引导学生明确各任务的学习目标,学习任务相关的知识和技能,强调在操作过程中应注意的问题。较多地利用图片、实物照片和表格等将知识展示出来,力求让学生更直观地理解和掌握所学内容。

本书由江苏联合职业技术学院镇江分院朱和军、蒋修定任主编,于宗金、李中林任副主编,周炎、华春国、吴钧、宦小玉参加了编写工作。其中,周炎、华春国编写项目一、二;吴钧、宦小玉编写项目三、四;蒋修定编写项目五、六;朱和军编写项目七、九;于宗金、李中林编写项目八、十。镇江金山石化设备厂、镇江马克奥德机械有限公司等厂企技术专家审阅了本书,并提出了很多宝贵建议。此外,本书在编写过程中,还得到了学校领导的帮助和支持,在此一并致谢。

由于编者水平有限,难免有错漏之处,敬请读者及同行批评指正。

编　者

2016 年 10 月

Contents

目 录

基础训练篇

综合训练篇

基础训练篇

JICHU

XUNLIAN

PIAN

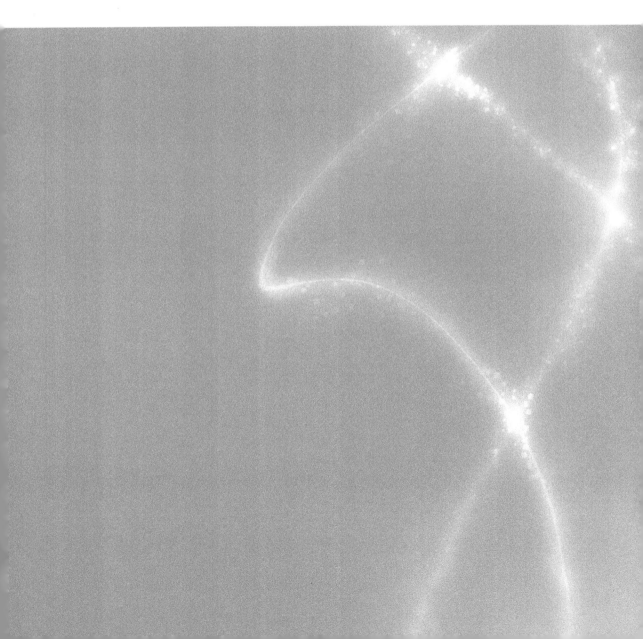

了解数控铣床/加工中心的使用与维护

任务一 初步认识数控铣床/加工中心

 任务描述

参观数控铣实习车间,仔细观察车间的数控铣床/加工中心,查找数控机床的种类/加工范围等相关资料,了解机床的结构和功能。

 知识链接

一、数控铣床/加工中心简介

1. 数控铣床

数控铣床是主要以铣削方式进行零件加工的一种数控机床,同时还兼有钻削、镗削、铰削、螺纹加工等功能。和镗铣加工中心不同的是,它没有刀库及自动换刀装置。数控铣床在企业中得到了广泛使用,图 1.1-1 所示为常用的立式数控铣床。

数控铣床主要由机床本体、数控系统、伺服驱动装置及辅助装置等部分构成。

① 机床本体。铣床主体是数控铣床的机械部件,包括床身、主轴箱、铣头、工作台、进给机构等。

② 数控系统。它是数控铣床的控制核心,接收并处理输入装置传送来的数字程序信息,并将各种指令信息输出到伺服驱动装置,使设备按规定的动作执行。目前,常用的数控系统有日本的FANUC 系统、三菱系统,德国的 SIENMERIK 系统,中国的华中世纪星系统等。

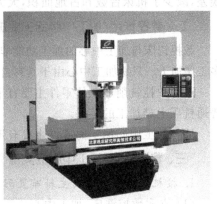

图 1.1-1　立式数控铣床

③ 伺服驱动装置。驱动装置是数控铣床执行机构的驱动部件,包括主轴电动机、进给伺服电动机等。

④ 辅助装置。它主要指数控铣床的一些配套部件,包括液压和气动装置、冷却和润滑系统、排屑装置等。

2. 加工中心

加工中心是适应省力、省时和节能的时代要求而迅速发展起来的自动换刀数控机床。相对普通数控机床,加工中心更具有灵活性和适应性,并且效率更高、工艺能力更强、自动化程度更高。加工中心种类较多,根据加工方式分为车削加工中心、镗铣加工中心、复合加工中心。图 1.1-2 所示为应用较广泛的立式镗铣加工中心。

图 1.1-2　立式镗铣加工中心

加工中心是一种在普通数控机床基础上加装了刀具库和自动换刀装置的数控机床。刀库一般有几十甚至上百把刀具。数控系统能控制机床自动地更换刀具。

加工中心的出现打破了一台机床只能进行一种工序加工的传统观念,它利用机床刀库的多刀具和自动换刀能力,具有把几个不同的操作组合在一次装夹中并连续加工的能力,即集中工序加工。如 CNC 镗铣加工中心,对工件连续进行的钻削、镗削、背镗、加工螺纹、锪孔及轮廓铣削等都可编制在同一个 CNC 程序中。

加工中心一次装夹实现多工序的加工方式,有效地避免了零件多次装夹造成的定位误差,减少了机床台数和占地面积,大大提高了加工精度和自动化程度。

二、数控铣床/加工中心的主要加工对象

数控铣床与加工中心的加工功能非常相似,二者都能对零件进行铣、钻、镗、螺纹加工等多工序加工。只是加工中心由于具有自动换刀等功能,因而比数控铣床有更高的加工效率。

适合数控铣削加工的零件主要有平面曲线轮廓类零件、曲面类(立体类)零件、其他在普通铣床上难加工的零件。

适合加工中心加工的零件主要有形状复杂的零件、箱体类零件、异型件等。

三、数控铣床/加工中心的类型

1. 按机床结构特点及主轴布置形式分类

(1)立式数控铣床/加工中心

立式数控铣床/加工中心,其主轴轴线垂直于机床工作台,如图 1.1-1 和图 1.1-2 所

示。它的结构形式多为固定立柱,工作台为长方形,无分度回转功能。它一般具有 $X,Y,$ Z 三个直线运动的坐标轴,适合加工盘、套、板类零件。

立式数控铣床/加工中心操作方便,加工时便于观察,且结构简单、占地面积小、价格低廉,因而得到了广泛应用。但受立柱高度及换刀装置的限制,立式数控铣床/加工中心不能加工太高的零件,在加工型腔或下凹的型面时,切屑不易排出,严重时会损坏刀具,破坏已加工表面,影响加工的顺利进行。

(2)卧式数控铣床/加工中心

卧式数控铣床/加工中心,其主轴轴线平行于水平面,如图 1.1-3 和图 1.1-4 所示。卧式数控铣床/加工中心通常带有自动分度的回转工作台,一般具有 3~5 个坐标,常见的是3 个直线运动坐标加 1 个回转运动坐标。工件一次装夹后,它能完成除安装面和顶面以外的其余 4 个侧面的加工,最适合加工箱体类零件。与立式数控铣床/加工中心相比,卧式数控铣床/加工中心排屑容易,有利于加工,但结构复杂、价格较高。

图 1.1-3　卧式数控铣床

图 1.1-4　卧式加工中心

(3)龙门式数控铣床/加工中心

龙门式数控铣床/加工中心具有双立柱结构,主轴多为垂直设置,如图 1.1-5 所示,这种结构形式进一步增强了机床的刚性,数控装置的功能也较齐全,能够一机多用,尤其适合加工大型工件或形状复杂的工件,如大型汽车覆盖件模具零件、汽轮机配件等。

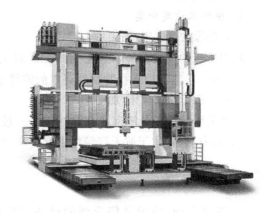

(4)多轴数控铣床/加工中心

联动轴数在三轴以上的数控机床称多轴数控机床。常见的多轴数控铣床/加工中心有四轴四联动、五轴四联动、五轴五联动等类型,如图 1.1-6 所示。工件一次安装

图 1.1-5　龙门式数控铣床/加工中心

后,它能实现除安装面以外的其余 5 个面的加工,零件加工精度进一步提高。

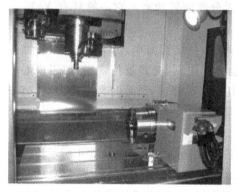

(a) 带A轴的四联动加工中心   (b) 五轴联动加工中心

图 1.1-6   多轴加工中心

（5）并联机床

并联机床又称为虚拟轴机床，它以 Stewart 平台型机器人机构为原型构成。这类机床改变了以往传统机床的结构，通过连杆的运动，实现主轴的多自由度运动，完成对工件复杂曲面的加工。

2. 按数控系统的功能分类

（1）经济型数控铣床/加工中心

经济型数控铣床/加工中心通常采用开环控制数控系统。这类机床可实现三坐标联动，但功能简单、加工精度不高。

（2）全功能数控铣床/加工中心

这类机床所使用的数控系统功能齐全，并采用半闭环或闭环控制，加工精度高，因而得到了广泛应用。

3. 按加工精度分类

（1）普通数控铣床/加工中心

这类机床的加工分辨率通常为 1 μm，最大进给速度为 15～25 m/min，定位精度在 10 μm 左右。它通常用于一般精度要求的零件加工。

（2）高精度数控铣床/加工中心

这类机床的加工分辨率通常为 0.1 μm，最大进给速度为 15～100 m/min，定位精度在 2 μm 左右，通常用于航天等领域中有高精度要求的零件加工。

▐▐▐▐ 任务实施

1. 参观车间，请记录您看到的设备情况（机床种类、数量、完好情况、配备计算机数量）。

2. 分组查找资料,将了解到的数控机床生产商、机床型号和规格、加工范围、价格等做记录和交流。

3. 查找网络资源,观看机床加工视频,了解目前国内外最先进的数控铣机床,并交流您的感受。

知识拓展

五轴加工中心也叫五轴联动数控加工中心,是一种科技含量高、精密度高、专门用于加工复杂曲面的加工中心。这种加工中心对一个国家的航空、航天、军事、科研、精密器械、高精医疗设备等领域有着举足轻重的影响。目前,五轴联动数控加工中心是解决叶轮、叶片、船用螺旋桨、重型发电机转子、汽轮机转子、大型柴油机曲轴等加工的唯一手段。

五轴加工中心有高效率、高精度的特点,工件一次装夹就可完成复杂的加工,能够适应像汽车零部件、飞机结构件等现代模具的加工。五轴加工中心和五面体加工中心是有很大区别的。很多人不知道这一点,误把五面体加工中心当作五轴加工中心。五轴加工中心由 X,Y,Z 轴,外加 A,B,C 三根轴(分别绕 X,Y,Z 旋转)中的任意两个组成五轴,X,Y,Z 轴和两根旋转轴形成五轴联动加工,擅长空间曲面加工、异型加工、镂空加工、打孔、斜孔、斜切等。而五面体加工中心则是类似于三轴加工中心,只是它可以同时做 5 个面,但是它无法做异型加工、打斜孔、切割斜面等。

五轴加工中心除应用于航空、航天、军事、科研、精密器械、高精医疗设备等领域,还广泛应用于民用行业,如木模制造、卫浴修边、汽车内饰件加工、泡沫模具加工等。五轴加工中心不但能够完成复杂工件机械化加工的任务,而且能够提高加工效率,缩短加工流程。

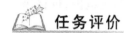 **任务评价**

根据任务完成过程中的表现,完成任务评价表(表 1.1-1)的填写。

表 1.1-1　任务评价表

项目	评价要素	自我评价	小组评价
数控铣设备	能够分辨数控铣床和加工中心,知道它们的区别		
数控铣加工对象	了解数控铣床/加工中心的加工对象		
数控铣床/加工中心的分类	能够根据不同分类方法说出数控铣床/加工中心的类型		
先进的数控机床	通过查找资料,了解目前国内外最先进的数控铣机床		
综合评价			

任务二　熟知数控铣床/加工中心安全操作

 任务描述

观察数控车间环境是否整洁卫生,工具摆放是否整齐有序,查阅相关资料,了解什么是 6S 管理。查找并观看关于机床操作安全的视频,认识安全操作的重要性。

 知识链接

一、使用数控机床的基本功和操作纪律

文明生产是现代企业制度的一项十分重要的内容,而数控加工是一种先进的加工方法。与普通机床加工比较,数控机床自动化程度更高。操作者除了要掌握好数控机床的性能并正确操作外,还要管好、用好和维护好数控机床;同时,必须养成文明生产的良好工作习惯和严谨的工作作风,具备较好的职业素质、责任心和良好的合作精神。

1. 数控机床操作工"四会"基本功

① 会使用。操作工应先学习数控机床操作规程,熟悉设备结构性能、传动装置,懂得加工工艺和工装工具在数控机床上的正确使用方法。

② 会维护。能正确执行数控机床维护和润滑规定,按时清扫,保持设备清洁完好。

③ 会检查。了解设备易损零件部位,知道完好检查项目、标准和方法,并能按规定进行日常检查。

④ 会排除故障。熟悉设备特点，能鉴别设备正常与异常现象，懂得其零部件拆装注意事项，会进行一般故障调整或协同维修人员进行故障排除。

2. 使用维护数控机床的"四项要求"

① 整齐。工具、工件、附件摆放整齐，设备零部件及安全防护装置齐全，线路管道完整。

② 清洁。设备内外清洁，无"黄袍"，各滑动面、丝杠、齿条、齿轮无油污，无损伤；各部位不漏油、漏水、漏气，切屑清扫干净。

③ 润滑。按时加油、换油，油质符合要求；油枪、油壶、油杯、油嘴齐全，油毡、油线清洁，油窗明亮，油路畅通。

④ 安全。实行定人定机制度，遵守操作维护规程，合理使用，注意观察运行情况，不出安全事故。

3. 数控机床操作工的"五项纪律"

① 凭操作证使用设备，遵守安全操作维护规程。

② 经常保持机床整洁，按规定加油，保证合理润滑。

③ 遵守交接班制度。

④ 管好工具、附件，不得遗失。

⑤ 发现异常立即通知有关人员检查处理。

二、数控铣床/加工中心的安全操作规程

数控铣床/加工中心是机电一体化的高技术设备，要使机床长期可靠运行，正确操作和使用是关键。一名合格的数控机床操作工，不仅要具有扎实的理论知识及娴熟的操作技能，同时还必须严格遵守数控机床的各项操作规程与管理规定，根据机床使用说明书的要求，熟悉本机床的一般性能和结构，禁止超性能使用。正确、细心地操作机床，以避免发生人身、设备等安全事故。操作者应遵循以下几方面操作规程。

1. 机床操作前的安全操作

① 按规定穿戴好劳动保护用品，不穿拖鞋、凉鞋、高跟鞋上岗，不戴手套、围巾及戒指、项链等饰物进行操作。

② 对于初学者，应先详读操作手册，在未确实了解所有按钮功能之前，需有熟练者在旁指导，禁止单独操作机床。

③ 各安全防护门未确定开关状态下，均禁止操作。

④ 机床启动前，需确认护罩内或危险区域内均无任何人员或物品滞留。

⑤ 数控机床开机前应认真检查各部机构是否完好，各手柄位置是否正确，常用参数有无改变，并检查各油箱内油量是否充足。

⑥ 依照顺序打开车间电源、机床主电源和操作箱上的电源开关。

⑦ 当机床第一次操作或长时间停止后，每个滑轨面均须先加润滑油，再让机床开机运转（不超过 30 min），以便润滑油泵将油打至滑轨面后再工作。

⑧ 机床使用前先进行预热空运行，特别是主轴与三轴均需以最高速率的 50% 运转 10～20 min。

2. 机床操作过程中的安全操作

① 严禁戴手套操作机床,避免误触其他开关造成危险。

② 禁止用潮湿的手触摸开关,避免短路或触电。

③ 禁止将工具、工件、量具等随意放置在机床上,尤其是工作台上。

④ 非必要时,操作者勿擅自改动数控系统的设定参数或其他系统设定值。若必须更改时,请务必将原参数值记录存查,以利于以后故障维修时参考。

⑤ 机床未完全停止前,禁止用手触摸任何转动部件,绝对禁止拆卸零件或更换工件。

⑥ 执行自动程序指令时,禁止任何人员随意切断电源或打开电器箱,使程序中止而发生危险。

⑦ 操作按钮时请先确定操作是否正确,并检查夹具是否安全。

⑧ 对于加工中心机床,用手动方式往刀库上装刀时,要保证安装到位,并检查刀座锁紧是否牢靠。

⑨ 对于加工中心机床,严禁将超重和超长的刀具装入刀库,以保证刀具装夹牢靠,防止换刀过程中发生掉刀或刀具与工件、夹具发生碰撞的现象。

⑩ 对于直径超过规定的刀具,应采取隔位安装等措施将其装入刀库,防止刀库中相邻刀位的刀具发生碰撞。

⑪ 安装刀具前应注意保持刀具、刀柄和刀套的清洁。

⑫ 刀具、工件安装完成后,要检查安全空间位置,并进行模拟换刀过程试验,以免正式操作时发生碰撞事故。

⑬ 装卸工件时,注意工件应与刀具间保持一段适当距离,并使机床停止运转。

⑭ 在操作数控机床时,对各按键及开关操作不得用力过猛,更不允许用扳手或其他工具进行操作。

⑮ 新程序执行前一定要进行模拟检查,检查走刀轨迹是否正确。首次执行程序要细心调试,检查各参数是否正确合理,并及时修正。

⑯ 在数控铣削过程中,操作者多数时间用于切削过程观察,应注意选择好观察位置,以确保操作方便及人身安全。

⑰ 数控铣床/加工中心虽然自动化程度很高,但并不属于无人加工,仍需要操作者经常观察,及时处理加工过程中出现的问题,因此操作者不要随意离开岗位。

⑱ 在数控机床使用过程中,工具、夹具、量具要合理使用、码放,并保持工作场地整洁有序,确保各类零件分类码放。

⑲ 加工时应时刻注意机床在加工过程中的异常现象,发生故障应及时停车,记录显示故障内容,采取措施排除故障,或通知专业维修人员检修;事故发生后,应立即停机断电,保护现场,及时上报,不得隐瞒,并配合相关部门做好分析调查工作。

3. 机床操作后的安全操作

① 操作者应及时清理机床上的切屑杂物(严禁使用压缩空气),工作台面、机床导轨等部位要涂油保护,做好保养工作。

② 机床保养完毕后,操作者要将数控面板旋钮、开关等置于非工作位置,并按规定顺序关机,切断电源。

③ 整理并清点工、量、刀等用具，并按规定摆放。

④ 按要求填写交接班记录，做好交接班工作。

任务实施

1. 分组查找资料，观看安全事故图片、视频，并和同学们交流。

2. 请记录并牢记实习期间的着装要求、机床操作规范。

3. 请查看车间，记录您看到的安全警示标志。对车间可能存在安全隐患的地方您有什么建议？

4. 了解实习车间管理的内容、目的、意义，与小组成员交流，并记录下来。

知识拓展

　　5S管理起源于日本,是指在生产现场对人员、机器、材料、方法、信息等生产要素进行有效管理。这是日本企业独特的管理办法,因为整理(Seiri)、整顿(Seiton)、清扫(Seiso)、清洁(Seiketsu)、素养(Shitsuke)是日语外来词,在罗马文拼写中,第一个字母都为S,所以日本人称之为5S。5S在塑造企业的形象、降低成本、准时交货、安全生产、高度的标准化、创造令人心旷神怡的工作场所、现场改善等方面发挥了巨大作用。近年来,随着人们对这一活动认识的不断深入,有人又添加了"安全"(Safety)、"节约"(Save)、"学习"(Study)等内容,分别称为6S,7S,8S,如图1.2-1所示。

图 1.2-1　8S 管理

 任务评价

　　根据任务完成过程中的表现,完成任务评价表(表1.2-1)的填写。

表 1.2-1　任务评价表

项目	评价要素	自我评价	小组评价
使用机床的基本功和操作纪律	熟知"四会""四项要求""五项纪律"		
机床安全操作规程	熟知机床操作前的安全操作		
	熟知机床操作过程中的安全操作		
	熟知机床操作后的安全操作		
车间管理	了解车间管理的内容、目的、意义		
综合评价			

任务三 | 了解数控铣床/加工中心的使用和维护

 任务描述

查阅机床操作与维护手册,了解有关机床使用要求和维修维护方面的内容。掌握机床的日常维护内容,学会填写机床设备日常点检记录表。

 知识链接

一、数控铣床/加工中心的使用要求

数控铣床/加工中心的整个加工过程是由数控系统按照数字化程序完成的,在加工过程中由于数控系统或执行部件的故障造成的工件报废或安全事故,操作者一般是无能为力的。数控铣床/加工中心工作的稳定性和可靠性,对环境等条件的要求是非常高的。一般情况下,数控铣床/加工中心在使用时应达到以下几方面要求。

1. 环境要求

数控机床对使用环境没有什么特殊要求,可以与普通机床一样放在生产车间里,但是,要避免阳光直接照射和其他热辐射;要避免过于潮湿或粉尘过多的场所;要避免有腐蚀性气体的场所,腐蚀性气体最容易使电子元件腐蚀,或造成接触不良,或造成元件之间短路,从而影响机床的正常运行;要远离振动大的设备,如冲床、锻压机等。对于高精密的数控机床,还应采取防振措施。

电子元件的技术性能受温度影响较大,当温度过高或过低时,会使电子元件的技术性能发生较大变化,使工作不稳定或不可靠,从而增加故障发生的可能性。因此,对于精度高、价格昂贵的数控机床,应在有空调的环境中使用。

2. 电源要求

数控机床采取专线供电(从低压配电室就分一路单独供数控机床使用)或增设稳压装置,都可以减少供电质量的影响和减少电气干扰。

3. 压缩空气要求

数控铣床/加工中心多数都应用了气压传动,以压缩空气作为工作介质实现换刀等,因而所用压缩空气的压力应符合标准,并保持清洁。管路严禁使用未镀锌铁管,以防止铁锈堵塞过滤器。要定期检查和维护气液分离器,严禁水分进入气路。最好在机床气压系统外增设气、液分离过滤装置,增加保护环节。

二、数控铣床/加工中心的日常维护

要充分发挥数控机床的使用效果,除了正确操作机床外,还必须做好预防性维护工作。通过对数控机床进行预防性的维护,使机床的机械部分和电气部分少出故障,才能延

长其平均无故障时间。

1. 数控机床的主要维护内容

(1) 数控机床机械部件的维护

数控机床的机械结构比普通机床更简单,但其对精度、刚度、热稳定性等的要求比普通机床高得多。为了保证整机的正常工作,应重视机床本体的维护保养。

① 主轴部件的维护

对主轴轴承进行合理预紧是主轴部件的重要维护内容。主轴润滑采取油气润滑和喷油润滑两种方式。对于使用带传动的主轴系统,需要定期观察和调整主轴驱动带的松紧程度,防止驱动带打滑。

② 滚珠丝杠螺母副的维护

在数控机床进给系统中一般采用滚珠丝杠螺母副(简称滚珠丝杠副)来改善摩擦特性。滚珠丝杠副的维护一般指轴向间隙的调整、轴承的定期检查、滚珠丝杠副的润滑、滚珠丝杠副的防护。

③ 导轨副的维护

正确安装导轨是导轨副维护保养的前提。导轨副的维护一般包括导轨副的润滑、滚动导轨副的预紧和导轨副的防护。

④ 液压系统的维护

控制油液污染、保持油液清洁,是确保液压系统正常工作的重要措施。

(2) 数控系统的维护

数控系统是数控机床的核心部分,是数控机床的运算和控制系统。数控系统性能的好坏在很大程度上决定着数控机床的质量。数控系统的维护是数控机床维护中很重要的一部分。

① 数控系统硬件部分的维护

PLC 输入/输出点可利用 CRT 显示屏上的诊断画面用置位复位的方式检查,也可用运动功能试验程序的方法检查。电气控制柜及操作面板显示器的箱门应密封,不能用打开柜门使用外部风扇冷却的方式降温。操作者应及时清扫电气控制柜防尘滤网,检查电气控制柜冷却风扇或空调运行是否正常。

② 数控系统软件部分的维护

对于软件丢失或参数变化造成的运行异常、程序中断、停机故障,可采取对数据、程序更改或清除后重新输入的方法来恢复系统的正常工作。对于程序运行或数据处理中发生中断而造成的停机故障,可采取硬件恢复法或关掉数控机床总电源开关,然后再重新开机的方法排除故障。

(3) 伺服系统的维护

伺服系统是数控机床的执行机构。它的性能是决定数控机床的加工精度、加工表面质量和生产效率的主要因素之一。

① 主轴伺服系统的维护

当主轴伺服系统发生故障时,通常有三种表现形式:一是在 CRT 显示屏或操作面板上显示报警内容或报警信息;二是在主轴驱动装置上用报警灯或数码管显示主轴驱动装置的故障;三是主轴工作不正常,但无任何报警信息。

②　进给伺服系统的维护

进给伺服系统故障报警通常有三种形式:一是利用软件诊断程序在 CRT 显示屏上显示报警信息;二是在进给伺服驱动单元上用硬件(如发光二极管、熔丝等)显示报警;三是没有任何报警指示。

2. 数控铣床/加工中心的日常维护

数控铣床的日常维护包括每班维护和周末维护,由操作人员负责。

(1)每班维护

①　机床上的各种铭牌及警告标志需小心维护,不清楚或损坏时需更新。

②　检查空压机是否正常工作,压缩空气压力一般控制为 0.588~0.784 MPa,供应量 200 L/min。

③　检查数控装置上各个冷却风扇是否正常工作,以确保数控装置的散热通风。

④　检查各油箱的油量,必要时须添加。

⑤　电器箱与操作箱必须确保关闭,以避免切削液或灰尘进入。机加工车间空气中一般都含有油雾、漂浮的灰尘甚至金属粉末。一旦它们落在数控装置内的印制电路板或电子器件上,容易引起元器件间绝缘电阻下降,并导致元器件及印制电路板的损坏。

⑥　当加工结束后,操作人员需清理干净机床工作台面上的切屑。离开机床前,必须关闭主电源。

(2)周末维护

在每周末和节假日前,需要彻底地清洗设备、清除油污,并由机械员(师)组织维修组检查评分,公布评分结果。

3. 数控铣床/加工中心的定期维护

对数控铣床/加工中心的定期维护是在维修工辅导配合下,由操作人员进行的定期维护作业,按设备管理部门的计划执行。在维护作业中发现的故障隐患,一般由操作人员自行调整,不能自行调整的则以维修工为主,操作人员配合,并按规定做好记录,报送机械员(师)登记,转设备管理部门存查。设备定期维护后要由机械员(师)组织维修组逐台验收,设备管理部门抽查,作为对车间执行计划的考核。数控铣床/加工中心定期维护的主要内容有:

(1)每月维护

①　认真清扫控制柜内部。

②　检查、清洗或更换通风系统的空气滤清器。

③　检查全部按钮和指示灯是否正常。

④　检查全部电磁铁和限位开关是否正常。

⑤　检查并紧固全部电缆接头,查看有无腐蚀、破损的情况。

⑥　全面查看安全防护设施是否完整牢固。

(2)每两月维护

①　检查并紧固液压管路接头。

②　查看电源电压是否正常,有无缺相和接地不良。

③ 检查全部电动机,并按要求更换电刷。

④ 检查液压马达是否渗漏并按要求更换油封。

⑤ 开动液压系统,打开放气阀,排出液压缸和管路中空气。

⑥ 检查联轴节、带轮和带是否松动和磨损。

⑦ 清洗或更换滑块和导轨的防护毡垫。

（3）每季维护

① 清洗切削液箱,更换切削液。

② 清洗或更换液压系统的滤油器及伺服控制系统的滤油器。

③ 清洗主轴箱、齿轮箱,重新注入新润滑油。

④ 检查联锁装置、定时器和开关是否正常运行。

⑤ 检查继电器接触压力是否合适,并根据需要清洗和调整触点。

⑥ 检查齿轮箱和传动部件的工作间隙是否合适。

（4）每半年维护

① 抽取液压油液化验,根据化验结果,对液压油箱进行清洗换油,疏通油路,清洗或更换滤油器。

② 检查机床工作台水平,全部锁紧螺钉及调整垫铁是否锁紧,并按要求调整水平。

③ 检查镶条、滑块的调整机构,调整间隙。

④ 检查并调整全部传动丝杠负荷,清洗滚动丝杠并涂新油。

⑤ 拆卸、清扫电动机,加注润滑油脂,检查电动机轴承,酌情予以更换。

⑥ 检查、清洗并重新装好机械式联轴器。

⑦ 检查、清洗和调整平衡系统,视情况更换钢缆或链条。

⑧ 清扫电气柜、数控柜及电路板,定期更换维持 RAM 内容的失效电池。

除以上内容外,还要经常维护机床各导轨及滑动面的清洁,防止拉伤和研伤,经常检查换刀机械手及刀库的运行和定位情况,保持机床精度。

任务实施

1. 查阅机床操作与维护手册,了解有关机床使用要求和维修维护方面的内容。请将您查阅到的资料记录下来。

2. 掌握机床的日常维护内容,填写表 1.3-1 所示的机床设备日常点检记录表(仅列出了一部分检查内容,请根据实际情况补充)。

表 1.3-1　机床设备日常点检记录表

序号	检查要点	检查项目	注释	1	2	3	4	5	6	7
1	润滑油容器	润滑油是否足够使用？ 润滑油是否干净？	需要时添加							
2	主轴冷却系统的油冷却器	液体是否充足？ 液体是否干净？ 空气过滤器中有无阻塞物？ （每2周清洁）								
3	压力计量器	气压和液压是否到位？								
4	管道等	气体、液体容器是否泄漏？								
5	电机、传动箱	是否有异常的噪音和振动？ 是否有异常过热？								
6	冷却风扇	风扇是否旋转？								
7	操作面板	操作开关、控制杆和灯能否正常使用？								
8										
9										
10										
11										
12										
13										
14										
15										
16										
17										
18										
			检查人签名							

知识拓展

数控机床不宜长期封存不用，购买数控机床以后要充分利用起来，尽量提高机床的利用率，尤其是投入的第一年，更要充分地利用，使容易出现故障的薄弱环节尽早暴露出来，使故障的隐患尽可能在保修期内得以排除。如果数控机床不用，反而由于受潮等原因加快电子元件的变质或损坏。数控机床长期不用时要长期通电，并进行机床功能试验程序的完整运行。要求每1～3周通电试运行1次，尤其是在环境湿度较大的梅雨季节，应增加通电次数，每次空运行1小时左右，以利用机床本身的发热来降低机内湿度，使电子元件不至受潮。同时，也能及时发现有无电池报警发生，以防系统软件、参数的丢失等。

任务评价

根据任务完成过程中的表现,完成任务评价表(表 1.3-2)的填写。

表 1.3-2　任务评价表

项目	评价要素	自我评价	小组评价
机床使用要求	熟知机床对环境、电源、压缩空气等的要求		
机床的日常维护	了解机床的主要维护内容		
	了解机床的日常维护		
	了解机床的定期维护		
综合评价			

项目二

零件加工前的准备

任务一　认识常用刀具并学会装夹刀具

任务描述

在零件正式加工前必须选择合理的夹具、刀具和量具，以保证快速、高效地加工出合格零件。请观察老师提供的一些刀具，通过上网查找相关资料，了解常用数控铣刀具的种类和用途。观看刀具安装示范操作的视频，在老师的指导下学会安装刀具。

知识链接

一、数控铣床/加工中心刀具系统

1. 数控铣床/加工中心刀具系统特点

为了适应加工精度高、加工效率高、加工工序集中及零件装夹次数少等要求，数控机床对所用的刀具有许多性能上的要求。数控铣床/加工中心用刀具及刀具系统，具有刀片和刀柄通用化、规则化、系统化的要求高，刀片及刀柄的定位基准精度高，刀柄的转位、拆装和重复定位精度要求高等特点。

2. 刀具的材料

常用的数控刀具材料有高速钢、硬质合金、涂层硬质合金、陶瓷、立方氮化硼、金刚石等。其中，高速钢、硬质合金和涂层硬质合金在数控铣削刀具中应用最广。

3. 数控铣床/加工中心常用切削刀具

要根据被加工零件的材料、几何形状、表面质量要求、热处理状态、切削性能及加工余量等选择刀具。根据不同的加工用途，刀具可分为轮廓类加工刀具和孔类加工刀具等类型。

（1）轮廓类加工刀具

铣刀是刀齿分布在旋转表面或端面上的多刃刀具，其几何形状较复杂、种类较多。轮

廓类加工刀具主要有面铣刀、立铣刀、键槽铣刀、模具铣刀和成型铣刀等。常见的铣削刀具如图 2.1-1 所示。

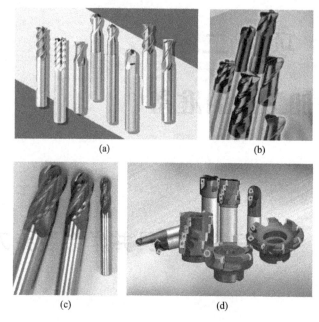

(a)　　　　　　　　(b)

(c)　　　　　　　　(d)

图 2.1-1　常用的铣削刀具

（2）孔加工刀具

常用的孔加工刀具有中心钻、麻花钻（直柄、锥柄）、扩孔钻、锪孔钻、铰刀、镗刀、丝锥等，如图 2.1-2 所示。

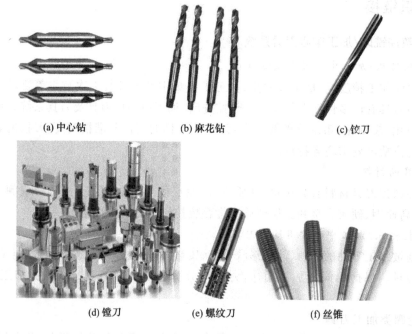

(a) 中心钻　　　　　　(b) 麻花钻　　　　　　(c) 铰刀

(d) 镗刀　　　　　(e) 螺纹刀　　　　(f) 丝锥

图 2.1-2　常用的孔加工刀具

4．数控铣床/加工中心的刀柄系统

数控铣床/加工中心的刀柄系统主要由三部分组成，即刀柄、拉钉和夹头（或中间模块）。

（1）刀柄

切削刀具通过刀柄与机床主轴联接，刀柄一般采用 7∶24 锥面与主轴锥孔配合定位。数控铣床/加工中心刀柄可分为整体式与模块式两类，图 2.1-3 所示为常用的镗孔刀刀柄。

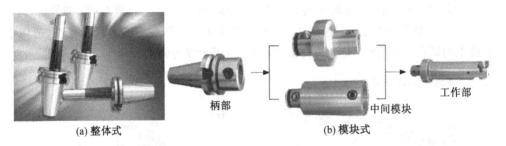

(a) 整体式　　　　　　　柄部　　　　　　　中间模块　　　工作部　(b) 模块式

图 2.1-3　镗孔刀刀柄

根据刀柄柄部形式及采用国家标准的不同，刀柄常分成 BT，JT，ST，CAT 等几个系列。这几个系列的刀柄除局部槽的形状不同外，其余结构基本相同。根据锥柄大端直径的不同，与其相对应的刀柄又分成 40，45，50 等几种不同的锥度号。数控铣床/加工中心刀柄与刀具的安装关系如图 2.1-4 所示。

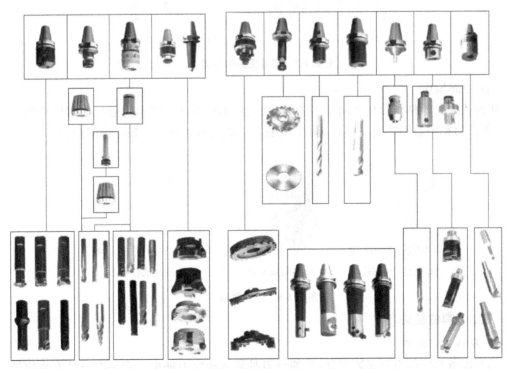

图 2.1-4　数控铣床/加工中心刀柄与刀具的安装关系

（2）拉钉

拉钉的形状如图 2.1-5 所示,其尺寸也已标准化。ISO 或 GB 规定了 A 型和 B 型两种形式的拉钉,其中 A 型拉钉用于不带钢球的拉紧装置,而 B 型拉钉用于带钢球的拉紧装置。

图 2.1-5　拉钉

（3）弹簧夹头

如图 2.1-6 所示,不同直径的铣刀是通过不同规格的弹簧夹头装夹在刀柄中的。弹簧夹头有两种,即 ER 弹簧夹头(图 2.1-7 a)和 KM 弹簧夹头(图 2.1-7 b)。其中 ER 弹簧夹头的夹紧力较小,适用于切削力较小的场合;KM 弹簧夹头的夹紧力较大,适用于强力铣削。

图 2.1-6　弹簧夹头与刀柄的安装关系

(a) ER弹簧夹头　　　　　　(b) KM弹簧夹头

图 2.1-7　弹簧夹头的种类

（4）中间模块

中间模块是刀柄和刀具之间的中间联接装置,如图 2.1-8 所示。通过中间模块的使用,可提高刀柄的通用性能。例如,镗刀、丝锥与刀柄的联接就经常使用中间模块。

(a) 精镗刀中间模块　　　(b) 攻螺纹夹套　　　(c) 钻夹头接柄

图 2.1-8　中间模块

二、刀具的装夹

1. 刀具安装辅件

只有配备相应的刀具安装辅件,才能将刀具装入相应刀柄中。常用的刀具安装辅件有锁刀座、专用扳手等,如图 2.1-9 所示。一般情况下,需将刀柄放在锁刀座上,锁刀座上的键对准刀柄上的键槽,使刀柄无法转动,然后用专用扳手拧紧螺母。

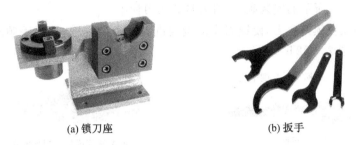

(a) 锁刀座　　　　　　　　　(b) 扳手

图 2.1-9　常用的刀具安装辅件

2. 常用铣刀的装夹

(1) 直柄立铣刀的装夹

以强力铣夹头刀柄装夹立铣刀为例,其安装步骤如下:

① 根据立铣刀直径选择合适的弹簧夹头及刀柄,擦净各安装部位。

② 按图 2.1-10 a 所示的安装顺序,将刀具、弹簧夹头装入刀柄中。

③ 再将刀柄放在锁刀座上,使锁刀座的键对准刀柄上的键槽,用专用扳手顺时针拧紧刀柄,再将拉钉装入刀柄并拧紧,装夹完成后如图 2.1-10 b 所示。

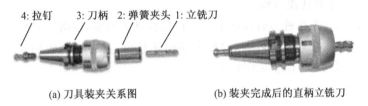

4: 拉钉　3: 刀柄　2: 弹簧夹头　1: 立铣刀

(a) 刀具装夹关系图　　　　　　(b) 装夹完成后的直柄立铣刀

图 2.1-10　直柄立铣刀的装夹

(2) 锥柄立铣刀的装夹

通常用莫式锥度刀柄来夹持锥柄立铣刀,其安装步骤如下:

① 根据锥柄立铣刀直径及莫氏号选择合适的莫氏锥度刀柄,并擦净各安装部位。

② 按图 2.1-11 a 所示的安装顺序,将刀具装入刀柄中。

③ 再将刀柄放在锁刀座上,使锁刀座的键对准刀柄上的键槽,用内六角扳手以顺时针方向拧紧紧固刀具用的螺钉,再将拉钉装入刀柄并拧紧,装夹完成后如图 2.1-11 b 所示。

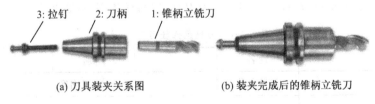

3: 拉钉　　2: 刀柄　　1: 锥柄立铣刀

(a) 刀具装夹关系图　　　　　　(b) 装夹完成后的锥柄立铣刀

图 2.1-11　锥柄立铣刀的装夹

(3) 削平型立铣刀的装夹

通常选用专用的削平型刀柄来装夹削平型立铣刀,其安装步骤如下:

① 根据削平型立铣刀直径选择合适的削平型刀柄,擦净各安装部位。

② 按图 2.1-12 a 所示的安装顺序,将刀具装入刀柄中。

③ 再将刀柄放在锁刀座上,使锁刀座的键对准刀柄上的键槽,用扳手顺时针拧紧拉钉,装夹完成后如图 2.1-12 b 所示。

3:拉钉　2:刀柄　1:削平型立铣刀

(a) 刀具装夹关系图　　　　　　　　　(b) 装夹完成后的削平型立铣刀

图 2.1-12　削平型立铣刀的装夹

3. 安装刀具时的注意事项

① 安装直柄立铣刀时,一般使立铣刀的夹持柄部伸出弹簧夹头 3～5 mm,伸出过长将减弱刀具铣削刚性。

② 禁止将加长套筒套在专用扳手上拧紧刀柄,也不允许用铁锤以敲击专用扳手的方式紧固刀柄。

③ 装卸刀具时务必弄清扳手旋转方向,特别是拆卸刀具时的旋转方向,否则将影响刀具的装卸,甚至损坏刀具或刀柄。

④ 安装铣刀时,应先在铣刀刃部垫上棉纱再进行铣刀安装,以防止刀具刃口划伤手。

⑤ 拧紧拉钉时,其拧紧力要适中,力过大易损坏拉钉,且拆卸也较困难;力过小则拉钉不能与刀柄可靠联接,加工时易发生事故。

三、将刀具装入机床

用刀柄装夹好刀具后,即可将其装入数控铣床的主轴中,操作过程如下:

① 用干净的布将刀柄的锥部及主轴锥孔擦净。

② 将刀柄装入主轴中。具体操作步骤是将机床置于 JOG(手动)模式下,按松刀键一次,机床执行松刀动作;将刀柄装入主轴中,再按松刀键一次,即完成装刀操作。

任务实施

1. 每组准备 4 个不同类型的零件(要求能用到大多数常见的刀具),平头铣刀、球头铣刀、钻头、铰刀、机用丝锥、端面铣刀、螺纹铣刀、镗刀每组各 1 把。熟悉各刀具的形状特征。根据刀具的加工特点,选择加工零件所需刀具,填写任务书,见表 2.1-1。

表 2.1-1　刀具选择任务书

班级		姓名		组别	
零件		刀具名称		加工内容	

续表

零件	刀具名称	加工内容

2. 观看刀具安装视频,在老师指导下将立铣刀安装到刀柄上。请记录所用到的安装工具和辅件,简述安装过程。

3. 观看将刀柄安装到机床主轴的视频,在老师指导下将装好刀具的刀柄安装到数控铣床的主轴上。请记录操作过程。安装过程中您有没有注意刀柄和主轴卡槽的方向一致?

 知识拓展

加工中心刀库主要有斗笠式刀库、链式刀库等类型,如图 2.1-13 所示。

(a) 斗笠式刀库　　　　　　(b) 链式刀库

图 2.1-13　加工中心刀库

以 FANUC 数控系统斗笠式刀库为例,将夹有刀具的刀柄装入加工中心刀库的操作步骤如下:

① 用干净的布将刀柄的锥部及主轴锥孔擦净。

② 若要将刀具装入 1 号刀位,将机床置于 MDI 模式下,输入并执行"T1 M06;"。

③ 将刀柄装入主轴中。

④ 将机床置于 MDI 模式下,输入并执行"T2 M06;",执行换刀动作,就可将当前主轴上的刀柄转移到刀库中 1 号刀位。此时可将 2 号刀刀柄装入主轴中。

⑤ 将机床置于 MDI 模式下,输入并执行"T3 M06;",执行换刀动作,就可将当前主轴上的刀柄转移到刀库中 2 号刀位。此时可将 3 号刀刀柄装入主轴中。

⑥ 重复以上步骤,可安装其他刀号的刀柄。

 任务评价

根据任务完成过程中的表现,完成任务评价表(表 2.1-2)的填写。

表 2.1-2　任务评价表

项目	评价要素	自我评价	小组评价
数控铣刀具系统	了解数控铣刀具系统特点		
常用刀具	认识常用刀具		
	了解刀具辅件及其作用		
刀具安装	掌握铣刀的安装方法		
刀具装入机床主轴	学会将刀具装入机床主轴和刀库的方法		
综合评价			

任务二　认识常用夹具并学会安装工件

 任务描述

　　参观数控铣实习车间,了解平口钳、卡盘、分度头、压板等夹具的结构和作用,根据零件特征选择合适的夹具,学会对典型零件进行装夹。

 知识链接

一、数控铣床/加工中心的夹具系统

　　1. 机床夹具的基本知识

　　机床夹具是指安装在机床上,用以装夹工件或引导刀具,使工件和刀具具有正确的相互位置关系的装置。

　　(1) 机床夹具的组成

　　数控机床夹具按其作用和功能通常可由定位元件、夹紧元件、安装联接元件和夹具体等几个部分组成,如图 2.2-1 所示。

　　定位元件是夹具的主要元件之一,其定位精度将直接影响工件的加工精度。常用的定位元件有 V 形块、定位销、定位块等。夹紧元件的作用是保持工件在夹具中的正确位置,使工件不会因加工时受到外力

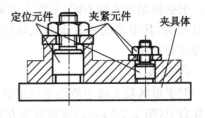

图 2.2-1　机床夹具结构图

的作用而发生移位。安装联接元件用于确定夹具在机床上的位置,从而保证工件与机床之间的正确加工位置。夹具体是夹具的基础元件,用于联接夹具上各个元件或装置,使之成为一个整体,以保证工件的精度和刚度。

（2）数控机床对夹具的基本要求

数控机床对夹具的基本要求有精度和刚度要求、定位要求、敞开性要求、快速装夹要求、排屑容易。

2. 数控铣床/加工中心夹具的类型

根据生产规模的不同,数控铣床/加工中心常用夹具主要有以下几种类型。

（1）装夹单件、小批量工件的夹具

① 平口钳

平口钳是数控铣床/加工中心最常用的夹具之一,具有较好的通用性和经济性,适用于尺寸较小的方形工件的装夹。精密平口钳如图 2.2-2 所示,通常采用机械螺旋式、气动式或液压式夹紧方式。

② 卡盘与分度头

卡盘根据卡爪的数量分为二爪卡盘、三爪自定心卡盘、四爪卡盘等类型,如图 2.2-3 所示。由于三爪自定心卡盘具有自动定心作用和装夹简单的特点,因此,在数控铣床上加工中小型圆柱形工件时常采用其进行装夹。卡盘的夹紧有机械螺旋式、气动式或液压式等多种形式。

图 2.2-2　精密平口钳

（a）三爪自定心卡盘

（b）四爪卡盘

图 2.2-3　卡盘

许多机械零件,如花键、齿轮等在加工中心上加工时,常采用分度头分度的方法来等分每一个齿槽。这类夹具常配装有卡盘及尾座,工件横向放置,从而实现对工件的分度加工,如图 2.2-4 所示,主要用于轴类或盘类工件的装夹。根据控制方式的不同,分度头可分为普通分度头和数控分度头,其卡盘的夹紧也有机械螺旋式、气动式或液压式等多种形式。

图 2.2-4　分度头

③ 压板

对于形状较大或不便用平口钳等夹具夹紧的工件,可用压板直接将工件固定在机床工作台上（图 2.2-5 a）,但这种装夹方式只能进行非贯通的挖槽或钻孔、部分外形加工等;也可在工件下面垫上厚度适当且加工精度较高的等高垫块后再将其夹紧（图 2.2-5 b）,这种装夹方法可进行贯通的挖槽或钻孔、部分外形加工。另外,压板通过 T 形螺母、螺栓、垫铁等元件将工件压紧。

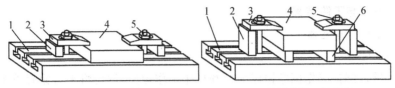

(a) 压板夹紧工件形式一　　　　(b) 压板夹紧工件形式二

1—工作台；2—支撑块；3—压板；4—工件；5—双头螺栓；6—等高垫块

图 2.2-5　压板夹紧工件

（2）装夹中、小批量工件的夹具

中、小批量工件在数控铣床/加工中心上加工时，可采用组合夹具进行装夹。组合夹具由于具有可拆卸和重新组装的特点，是一种可重复使用的专用夹具系统，如图 2.2-6 所示。

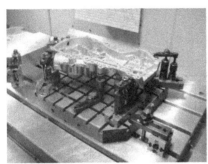

图 2.2-6　组合夹具

（3）装夹大批量工件的夹具

大批量工件加工时，为保证加工质量、提高生产率，可根据工件形状和加工方式采用专用夹具装夹工件。

专用夹具是根据某一零件的结构特点专门设计的夹具，具有结构合理、刚性强、装夹稳定可靠、操作方便、装夹速度快等优点，因而可大大提高生产效率。但是，由于专用夹具具有加工适应性差（只能定位夹紧某一种零件），且设计制造周期长、投资大等缺点，因而通常用于工序多、形状复杂的零件加工。图 2.2-7 所示为专用夹具。

图 2.2-7　专用夹具

二、夹具安装与工件装夹

1. 利用平口钳装夹工件

（1）平口钳的安装

在安装平口钳之前，应先擦净钳座底面和机床工作台面，然后将平口钳轻放到机床工作台面上，如图 2.2-8 所示。

（2）用百分表校正平口钳

在校正平口钳之前，用螺栓将其与机床工作台固定约六成紧。将磁性表座吸附在机床主轴或导轨面上，百分表安装在表座接杆上，通过机床手动操作模式，使表测量触头垂直接触平口钳固定钳口平面，百分表指针压缩量为 2 圈（5 mm 量程的百分表），如图 2.2-9 所示来回移动工作台，根据百分表的读数调整平口钳位置，直至表的读数在钳口全长范围内一致，并完全紧固平口钳。

图 2.2-8　平口钳的安装

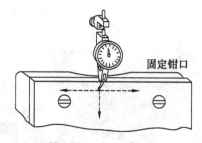

固定钳口

图 2.2-9　校正平口钳

（3）工件在平口钳上的装夹

装夹毛坯件时，应选择一个平整的毛坯面作为粗基准，靠向平口钳的固定钳口。装夹工件时，在活动钳口与工件毛坯面间垫上铜皮，确保工件可靠夹紧。

在装夹表面已加工的工件时，应选择一个加工表面作基准面，将这个基准面靠向平口钳的固定钳口或钳体导轨面，完成工件装夹。

工件的基准面靠向钳体导轨面时，在工件基准面和钳体导轨平面间垫一大小合适且加工精度较高的平行垫铁。夹紧工件后，用铜锤轻击工件上表面，同时用手移动平行垫铁，垫铁不松动时，工件基准面与钳体导轨平面贴合好（图 2.2-10）。敲击工件时，用力大小要适当，并与夹紧力的大小相适应，逐渐移向没有贴合好的部位。敲击时不可连续用力猛敲，应克服垫铁和钳体反作用力的影响。

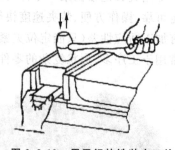

图 2.2-10　用平行垫铁装夹工件

（4）工件在平口钳上装夹时的注意事项

① 安装工件时，应擦净钳口平面、钳体导轨面及工件表面。

② 工件应安装在钳口比较中间位置，确保钳口受力均匀。

③ 工件安装时其铣削余量应高出钳口上平面，装夹高度以铣削尺寸高出钳口平面 3～5 mm 为宜。

图 2.2-11 所示为使用平口钳装夹工件的几种情况。

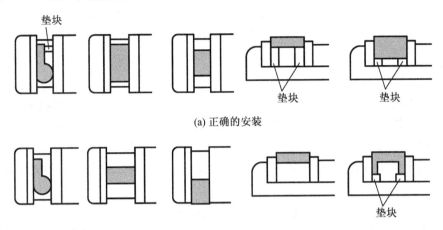

(a) 正确的安装

(b) 错误的安装

图 2.2-11　使用平口钳装夹工件的几种情况

2．用压板装夹工件

（1）压板装夹工件

用压板装夹工件的主要步骤如下：

① 将工件底面及工作台面擦净,将工件轻放至台面上,并用压板进行固定约七成紧。

② 将百分表固定在主轴上,测头接触工件上表面,沿前后、左右方向移动工作台或主轴,找正工件上下平面与工作台面的平行度。若不平行,则可用垫片的办法进行纠正,然后再重新进行找正,如图 2.2-12 所示。

③ 用同样步骤找正工件侧面与轴进给方向的平行度。如果不平行,则可用铜棒轻轻敲工件的方法纠正,然后再重新校正。

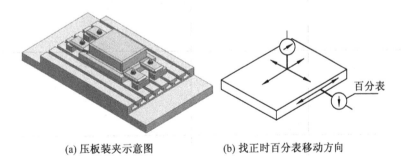

(a) 压板装夹示意图　　　(b) 找正时百分表移动方向

图 2.2-12　用压板装夹及校正工件

（2）用压板夹紧工件的安装注意事项

① 在工件的光洁表面或材料硬度较低的表面与压板之间,必须安置垫片（铜片或厚纸片）,以避免工件表面因受压力而损伤。

② 压板的位置要安排得当,要压在工件刚性最好的地方,不得与刀具发生干涉;夹紧力大小也要适当,以避免工件产生变形。

③ 支撑压板的支承块高度要与工件相同或略高于工件,压板螺栓必须尽量靠近工件,并且螺栓到工件的距离应小于螺栓到支承块的距离,以便增大压紧力。

④ 确保压板与工件接触良好、夹紧可靠,以免铣削时工件松动。

任务实施

1. 参观数控铣实习车间,了解平口钳、卡盘、分度头、压板等夹具的结构和作用。

2. 每组准备若干个不同类型的零件(要求能用到三种常见的夹具),根据零件特征及图纸选择所需夹具。提供压板一套、三爪卡盘 1 个、平口钳 1 个、卡片扳手 1 个、内六角扳手一套、活扳手 1 个、铜棒或塑料榔头 1 个、等高垫铁 1 副。将工件装夹至相应夹具上并填写表 2.2-1。

表 2.2-1　夹具装夹任务书

班级		姓名		组别	
零件		夹具名称及规格		装夹示意图	

知识拓展

分度头是铣床和数控机床的主要附件之一，许多零件如齿轮、离合器、花键轴、刀具开齿等在铣削或数控加工时，都需要利用分度头进行分度。通常在铣床上使用的分度头有简单分度头、万能分度头、自动分度头等。数控分度头为数控铣床、加工中心等机床提供了回转坐标，通过第四轴、第五轴完成等分、不等分或连续的回转加工，适用于各种铣削、钻削加工，复杂曲面加工，使机床原有的加工范围得以扩大。

图 2.2-13　用分度头及尾座装夹工件

用分度头及尾座装夹工件的方式如图 2.2-13 所示。

 任务评价

根据任务完成过程中的表现，完成任务评价表（表 2.2-2）的填写。

表 2.2-2　任务评价表

项目	评分要素	自我评价	小组评价
数控铣夹具系统	了解数控铣夹具系统的组成、类型		
常用夹具	认识平口钳、卡盘、压板、分度头等常用夹具		
工件安装	掌握用平口钳安装工件的方法		
	掌握用压板安装工件的方法		
平口钳校正	学会平口钳校正的方法		
综合评价			

任务三　学会使用常用计量器具

任务描述

了解常用计量器具的原理及使用方法。

知识链接

一、计量器具

零件完成加工后,只有通过专用计量器具检测,才能确定其尺寸是否合格。不同的零件结构,所需要的计量器具也各不相同,下面介绍生产中常用的几类计量器具。

1. 游标量具

游标量具是一种中等精度的量具,可测量外径、内径、长度、厚度及深度等尺寸。因其具有使用方便、测量范围大、结构简单、价格低廉等特点,在零件检测过程中得到了广泛的使用。图 2.3-1 为几种常用的游标量具。

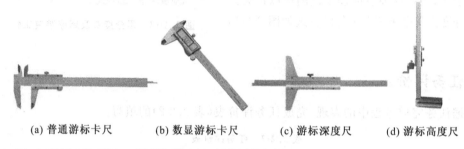

(a) 普通游标卡尺　　(b) 数显游标卡尺　　(c) 游标深度尺　　(d) 游标高度尺

图 2.3-1　常用游标量具

2. 螺旋副量具

螺旋副量具是比游标量具更精密的一类量具,测量精度通常为 0.01 mm。常用的螺旋副量具有外径千分尺、内测千分尺及深度千分尺等,如图 2.3-2 所示。

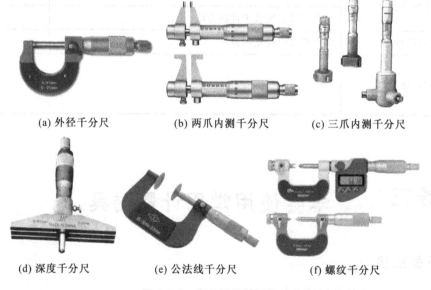

(a) 外径千分尺　　　(b) 两爪内测千分尺　　　(c) 三爪内测千分尺

(d) 深度千分尺　　　(e) 公法线千分尺　　　(f) 螺纹千分尺

图 2.3-2　常用螺旋副量具

3. 表类量具

表类量具是一种指示量具,主要用于校正工件的装夹位置、检查工件的形状和位置误差及测量工件内径等,具有结构较简单、体积小、读数直观、使用方便等特点,是生产中应用较多的一类量具。常用的表类量具有百分表、杠杆百分表、内径百分表等,如图 2.3-3 所示。

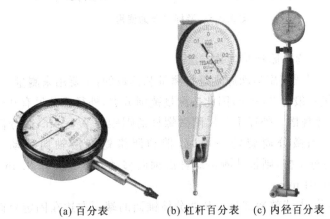

(a) 百分表　　　　　(b) 杠杆百分表　　(c) 内径百分表

图 2.3-3　常用表类量具

4. 量块

量块又称块规,其截面为矩形,是一对相互平行测量面间具有准确尺寸的测量器具。它主要用于检验和校准各种长度测量器具,也可作为比较测量的标准件。量块的外形如图 2.3-4 所示。

图 2.3-4　量块

二、常用计量器具的使用

1. 游标卡尺

(1) 游标卡尺的读数原理及读数方法

游标卡尺的读数部分主要由主尺和副尺(游标尺)组成,其原理是利用主尺刻线间距与副尺刻线间距之差来进行小数读数。根据游标的分度值,游标卡尺有 0.1 mm, 0.05 mm,0.02 mm 三种规格,其中分度值为 0.02 mm 的游标卡尺应用最普遍。

游标卡尺的读数方法:

读数=副尺零位指示的主尺整数+副尺与主尺重合线数×分度值

(2) 游标卡尺的使用方法及注意事项

游标卡尺的使用方法如图 2.3-5 所示,使用时应注意以下几点:

① 使用前应擦净卡脚,并将两卡脚闭合,检查主、副尺零线是否重合。若不重合,则在测量后根据原始误差修正读数。

② 用游标卡尺测量时,使卡脚逐渐与工件表面靠近,最后达到轻微接触。

③ 测量时,卡脚不得用力压紧工件,以免卡脚变形或磨损,从而影响测量的准确度。

④ 游标卡尺仅用于测量已加工的光滑表面。表面粗糙的工件或正在运动的工件都不宜用游标卡尺测量,以免卡脚过快磨损。

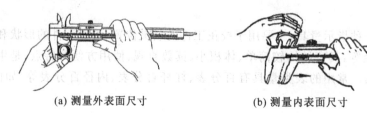

(a) 测量外表面尺寸　　　　　　(b) 测量内表面尺寸

图 2.3-5　游标卡尺的使用

2. 外径千分尺

(1) 外径千分尺的读数原理及读数方法

外径千分尺是利用螺旋副运动原理进行测量和读数的,主要用来测量外形尺寸。

由于螺杆移动量一般为 25 mm,因此按测量范围分类,外径千分尺有 0~25 mm,25~50 mm,50~75 mm 等规格。外径千分尺测微螺杆的螺距为 0.5 mm,微分筒圆锥面上一圈的刻度为 50 格。当微分筒旋转一周时,带动测微螺杆沿轴向移动一个螺距,即 0.5 mm;若微分筒转过 1 格,则带动测微螺杆沿轴向移动 0.5/50=0.01 mm,因此,外径千分尺的分度值是 0.01 mm。

读数方法如下:① 先读整数部分。从微分筒锥面的端面左边在固定套筒上露出来的刻线处读出被测工件的毫米整数或半毫米数。② 再读小数部分。从微分筒上由固定套筒纵刻线所对准的刻线处读出被测工件的小数部分。不足一格的数按估读法确定。③ 将整数和小数部分相加,即得出被测工件的尺寸。

(2) 使用外径千分尺时的注意事项

外径千分尺的使用方法如图 2.3-6 所示,使用时应注意以下几点:

① 测量前后均应擦净千分尺。

② 测量时应握住弓架。当螺杆即将接触工件时必须使用棘轮,并至打滑 1~2 圈为止,以保证恒定的测量压力。

③ 工件应准确地放置在千分尺测量面间,不可倾斜。

④ 测量时不应先锁紧螺杆,后用力卡过工件,这样将导致螺杆弯曲或测量面磨损,从而影响测量准确度。

⑤ 千分尺只适用于测量精度较高的尺寸,不宜测量粗糙表面。

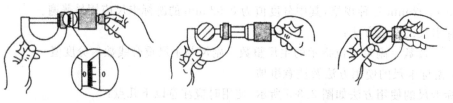

(a) 检验零点,并校正　　　(b) 先旋转套筒,后旋转棘轮,　　(c) 直接读数或锁紧后与
　　　　　　　　　　　　　　直至打滑为止　　　　　　　被测件分开读数

图 2.3-6　外径千分尺的使用

3. 内测千分尺

内测千分尺在结构上与外径千分尺十分相似,其使用及读数方法如图 2.3-7 所示。

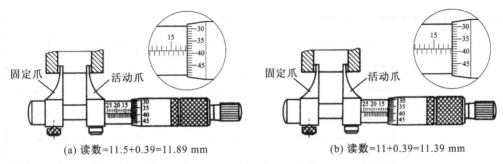

(a) 读数=11.5+0.39=11.89 mm　　　　　(b) 读数=11+0.39=11.39 mm

图 2.3-7　内测千分尺的使用

4. 深度千分尺

深度千分尺结构与外径千分尺非常相似,只是用底板代替尺架和测砧,如图 2.3-8 所示。它的测量范围为 25～50 mm,50～75 mm,75～100 mm 等。

深度千分尺的使用方法与外径千分尺的使用方法相似,只是测量时,测量杆的轴线应与被测面保持垂直。测量孔的深度时,由于看不到孔内部,所以用尺要格外小心。

三、量具保养

量具的保养要注意如下事项:量具使用完后,用绸或干净的白细布擦净量具的各部位,存放于干燥处;深度千分尺应卸下可换测杆及在测微螺杆上涂一薄层防锈油后,放入专用盒。不能将量具放在潮湿、酸性、磁性及高温或振动的地方。量具须按周期检定,检定周期由计量部门根据使用情况确定。

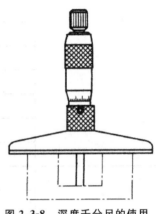

图 2.3-8　深度千分尺的使用

📋 任务实施

1. 掌握游标卡尺、外径千分尺、内测千分尺的读数原理和读数方法。

2. 练习使用常用量具,检测老师提供的零件,对照零件图纸分析检测结果,判断零件是否合格。填写表 2.3-1。

表 2.3-1　零件检测结果

零件编号	图纸尺寸	检测结果	零件是否合格

续表

零件编号	图纸尺寸	检测结果	零件是否合格

知识拓展

检测是加工制造流程中不可缺少的重要环节。检测数据的获取、管理与统计分析是企业实现数字化检测的关键技术与基础,对企业提高产品质量、快速响应市场具有重要意义。

三坐标测量仪(图 2.3-9)三轴均有气源制动开关及微动装置,可实现单轴的精密传动,采用高性能数据采集系统,应用于产品设计、模具装备、机械制造、工装夹具、汽摩配件等精密测量。

图 2.3-9 三坐标测量仪检测工件

 任务评价

根据任务完成过程中的表现,完成任务评价表(表 2.3-2)的填写。

表 2.3-2 任务评价表

项目	评价要素	自我评价	小组评价
计量器具	认识游标卡尺、千分尺、百分表等常用量具		
量具使用	掌握游标卡尺的使用方法		
	掌握外径千分尺的使用方法		
	掌握内测千分尺的使用方法		
	掌握深度千分尺的使用方法		
量具保养	了解量具使用中的注意事项,能够正确保养量具		
综合评价			

项目三

掌握机床基本操作

 任务一 熟悉 FANUC 0i Mate -MC 数控系统面板

任务描述

查看机床操作手册,借助仿真模拟软件,熟悉数控机床面板,学会机床的手动、手轮、MDI、程序编辑等基本操作。熟悉面板和基本操作方法后,在老师的指导下分组进行实操训练。

 ### 知识链接

一、FANUC 0i Mate-MC 数控系统

FANUC 0i Mate-MC 数控系统面板主要由CRT 显示区、编辑面板及控制面板三部分组成。

1. CRT 显示区

FANUC 0i Mate-MC 数控系统的 CRT 显示区位于整个机床面板的左上方,包括 CRT 显示屏及软键,如图 3.1-1 所示。

2. 编辑面板

FANUC 0i Mate-MC 数控系统的编辑面板(图 3.1-2)通常位于 CRT 显示区的右侧,各按键名称及功能见表 3.1-1 和表 3.1-2。

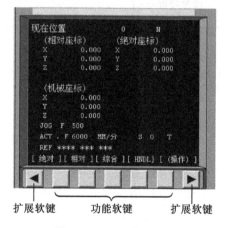

图 3.1-1 CRT 显示区

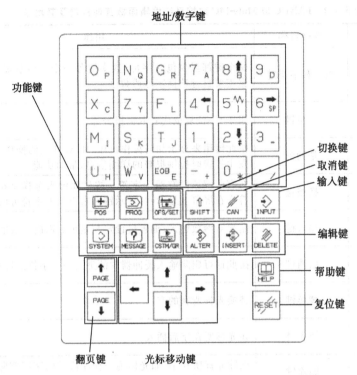

图 3.1-2　编辑面板

表 3.1-1　FANUC 0i Mate-MC 数控系统编辑面板主功能键及其用途

序号	按键符号	按键名称	用途
1	POS	位置显示键	屏幕显示当前位置画面,包括绝对坐标、相对坐标、综合坐标(显示绝对、相对坐标和余移量、运行时间、实际速度等)
2	PROG	程序显示键	屏幕显示程序画面,显示的内容由系统的操作方式决定。在 AUTO(自动执行)或 MDI(Manual Data Input,手动数据输入)方式下,显示程序内容、当前正在执行的程序段和模态代码、当前正在执行的程序段和下一个将要执行的程序段、检视程序执行或 MDI 程序。 在 EDIT(编辑)方式下,显示程序编辑内容、程序目录
3	OFS/SET	刀偏设定键	屏幕显示刀具偏移值、工件坐标系等
4	SYSTEM	系统显示键	屏幕显示参数画面、系统画面
5	MESSAGE	报警信息显示键	屏幕显示报警信息、操作信息和软件操作面板
6	CSTM/GR	图形显示键	辅助图形画面,CNC 描述程序轨迹

表 3.1-2　FANUC 0i Mate-MC 数控系统编辑面板其他按键及其用途

序号	按键符号	按键名称	用途
1	N｡ 4｢ … （23 个键）	数字和字符键	每个键都至少包含字母、数字键各一个。在系统键入时会根据需要自行选择字母或数字
2	RESET	复位键	用于 CNC 复位或者取消报警等
3	HELP	帮助键	按此键用来显示如何操作机床，如 MDI 键的操作。可在 CNC 发生报警时提供报警的详细信息、帮助功能
4	SHIFT	换挡键	在有些键顶部有两个字符。按此键来选择字符，当特殊字符 ∧ 在屏幕上显示时，表示键面右下角的字符可以输入
5	INPUT	输入键	用来对参数键入、偏置量设定与显示页面内的数值输入
6	CAN	取消键	按此键可删除输入缓冲器中的最后一个字符或符号
7	ALTER	替换键	替换光标所在的字
7	INSERT	插入键	在光标所在字后插入
7	DELETE	删除键	删除光标所在字，如光标为一程序段首的字则删除该段程序，此外还可删除若干段程序、一个程序或所有程序
8	←↑→↓	光标移动键	向程序的指定方向逐字移动光标
9	PAGE↑ PAGE↓	翻页键	向屏幕显示的页面向上、向下翻页
10	EOB E	分段键	该键是段结束符

3. 控制面板

FANUC 0i Mate-MC 数控系统的控制面板通常位于 CRT 显示区的下侧，不同机床厂家的控制面板不尽相同，如图 3.1-3 所示为机床的两种控制面板界面。常见按键/旋钮名称及功能见表 3.1-3。

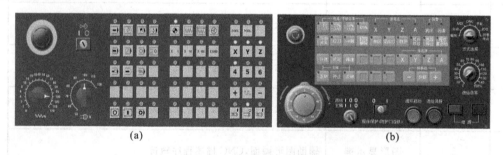

(a)　　　　　　　　　　(b)

图 3.1-3　两种控制面板界面

表 3.1-3　数控系统控制面板各按键/旋钮及其用途

序号	按键/旋钮符号	按键/旋钮名称	用途
1		急停按钮	紧急情况下按下此按钮,机床停止一切运动
2		操作模式按键/旋钮	用于选择一种工作模式: 编辑(EDIT)模式:用于编写、修改程序。 自动加工(MEM)模式:用于自动执行程序。 MDI 录入模式:可输入一个程序段后立即执行,不需要完整的程序格式。用以完成简单的工作。 DNC 模式:用于机床在线加工。 手轮(HND)模式:选择相应的轴向及手轮进给倍率,实现通过旋动手轮来移动坐标轴。 手动(JOG)模式:按相应的坐标轴按钮来移动坐标轴,其移动速度取决于进给倍率修调值的大小。 回参考点(REF)模式:使各坐标轴返回参考点位置并建立机床坐标系
3		进给倍率旋钮	按百分率强制调整进给的速度
4		快速倍率按键	用于按百分率强制调整快速移动的速度
5		主轴旋转倍率旋钮	可在 50%～120% 的范围内,以每次 10% 的增量调整主轴旋转倍率
6		轴选择键及快速进给键	在 JOG 模式下按下某轴方向键刀具即向指定的轴方向移动。每次只能按下一个按钮,且按下时坐标就移动,松手即停止移动。在按下轴进给键的同时按下快速进给键,可向指定的轴方向快速移动(G00 进给),即通常所说的"快速叠加"
7		手轮旋钮	在手动方式下,选择好相应的轴选择键后,顺时针旋转手轮,则刀具向该轴正方向移动;逆时针旋转手轮,则刀具向该轴负方向移动。 可通过手轮倍率选择按钮调整手轮每旋转一格所移动的距离

序号	按键/旋钮符号	按键/旋钮名称	用途
8		单段执行键	在 AUTO 或 MDI 模式下,选择该按键,启动单段执行程序功能。即运行完一个程序段后,机床进给暂停,再按下循环启动键,机床再执行下一个程序段
9		选择停止键	在 AUTO 方式下,选择该按键,结合程序中的 M01 指令,程序执行将暂停,直到按下循环启动键才恢复自动执行程序
10		空运行键	在 AUTO 模式下,选择该按键,CNC 系统将按参数设定的速度快速执行程序。除 F 指令不执行外,程序中的其他所有指令都被执行
11		跳段执行键	在 AUTO 模式下,选择该按键,结合程序中的跳段符"/",可越过所有含有"/"的程序段,执行后续的程序段
12		机床锁住键	在 AUTO 模式下,选择该按键,CNC 系统将执行加工程序而机床锁住。该方式一般用于检查程序的语法错误
13		循环启动键	在 AUTO 或 MDI 方式下,若按该按键,选定的程序、MDI 键入的程序段将自动执行
14		进给保持键	在程序执行过程中,若按该按键,进给和程序执行立即停止,直到启用循环启动键
15		主轴正转键	在 JOG 模式或手轮模式且主轴已经赋值过转速的情况下,启用该键,主轴正转。应该避免主轴直接从反转启动到正转,中间应该经过主轴停止转换
16		主轴停转键	在 JOG 模式或手轮模式下,启用该键,主轴将停止。手工更换刀具时,这个按键必须被启用
17		主轴反转键	在 JOG 模式或手轮模式且主轴已经赋值过转速的情况下,启用该键,主轴反转。应该避免主轴直接从正转启动到反转,中间应该经过主轴停止转换
18		超程释放键	强制启动伺服系统,一般在机床超程时使用
19		手动冷却键	在 JOG 模式、手轮模式或自动模式下,按此键使指示灯亮,则冷却液打开,按此键使指示灯灭,则冷却液关闭
20	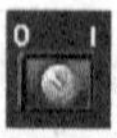	程序保护锁	只有程序保护锁在"1"状态下,才可以进行程序的编辑、登录。图示为程序保护开状态
21		系统电源开关键	左边绿色按钮用于启动 NC 单元。右边红色按键用于关闭 NC 系统电源

二、机床基本操作

1. 开机

接通机床电源,旋动机床背面的开关,使其处于"ON"状态。按下机床操作面板上的"开机"绿色按钮。等待启动画面,直至显示机床坐标。

如图 3.1-4 所示,在开机前,应先检查机床润滑油是否充足,电源柜门是否关好,操作面板各按键是否处于正常位置,否则将可能影响机床正常开机。

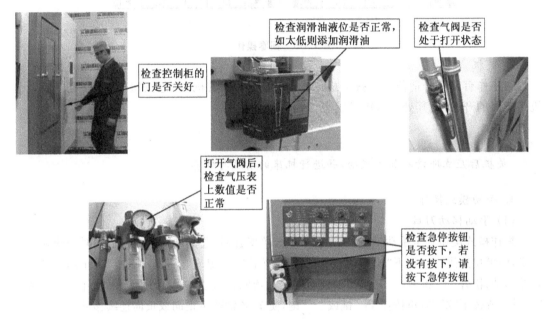

检查控制柜的门是否关好

检查润滑油液位是否正常,如太低则添加润滑油

检查气阀是否处于打开状态

打开气阀后,检查气压表上数值是否正常

检查急停按钮是否按下,若没有按下,请按下急停按钮

图 3.1-4 开机检查

2. 机床回参考点

CNC 机床上有一个确定机床位置的基准点,这个点叫作参考点。一般在参考点处进行换刀和设定坐标值。通常上电后,机床要回参考点。

手动回参考点就是用操作面板上的开关或按钮将刀具移动到参考点位置。

操作步骤如下:将操作模式旋钮旋至回零模式;将快速倍率旋钮旋至最大倍率 100%;依次按 $+Z$, $+X$, $+Y$ 轴进给方向键(必须先按"$+Z$"键,确保回零时不会使刀具撞上工件),待 CRT 显示屏中各轴机械坐标值均为零(图 3.1-5 a)或机床控制面板上各轴回零指示灯亮时,回零操作成功。

机床回参考点操作应注意以下几点:

① 当机床工作台或主轴当前位置接近机床零点或处于超程状态时,此时应采用手动模式,将机床工作台或主轴移至各轴行程中间位置,否则无法完成回零操作。

② 机床正在执行回零动作时,不允许旋动操作模式旋钮,否则回零操作失败。

③ 回零操作做完后将操作模式旋钮旋至手动模式,依次按住各轴选择键"$-X$""$-Y$""$-Z$",给机床回退一段约 100 mm 的距离(图 3.1-5 b)。

④ 不同数控系统回零方向有所不同,操作前请仔细阅读说明书。

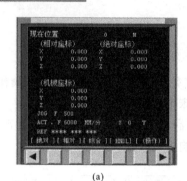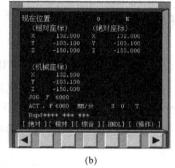

(a)　　　　　　　　　　　(b)

图 3.1-5　回零操作

3. 关机

将工作台移至合适位置。按下机床操作面板上的"关机"红色按钮,关闭屏幕。旋动机床背面的开关,使其处于"OFF"状态,断开机床电源。

注意

关机后应立即清扫加工现场,并进行机床的清理与保养。

4. 手动模式操作

(1) 手动移动刀具

操作模式旋钮旋至手动模式,通过调节进给倍率旋钮,选择进给速度。若同时按快速移动键,则可快速进给。按下"X"键(指示灯亮),再按住"+"键或"-"键,X 轴产生正向或负向连续移动;松开"+"键或"-"键,X 轴减速停止。依同样方法,按下"Y"键,再按住"+"键或"-"键,或按下"Z"键,再按住"+"键或"-"键,使 Y,Z 轴产生正向或负向连续移动。

(2) 手动控制主轴

将模式选择旋钮旋到手动模式。按正转按钮,此时主轴按系统指定的转速顺时针转动;若按反转按钮,此时主轴按系统指定的转速逆时针转动。按停止按钮,主轴停止转动。

注意

若机床当前转速为零,将无法通过手动方式启动主轴,此时必须进入 MDI 方式,通过手动数据输入方式启动主轴。

(3) 手动开关冷却液

将模式选择旋钮旋到手动模式,按冷却开关键,此时冷却液打开,若再按一次该键,冷却液关闭。

5. 手轮模式操作

将模式选择旋钮旋至手轮挡,系统处于手轮运行方式。选择要移动的轴和移动倍率,根据移动方向,使手轮顺时针旋转或逆时针旋转。

为了方便操作,通常数控机床上配置有手持式手轮,手持式手轮构造如图 3.1-6 所示。

图 3.1-6　手持式手轮

6. 程序编辑

（1）创建新程序

将程序保护锁调到开启状态，将模式选择旋钮旋至编辑挡，系统处于程序编辑方式。按下系统面板上的程序显示键，使屏幕上显示当前程序或程序目录，如图 3.1-7 a 所示。使用字母和数字键，输入程序号，如"O0001"，按下编辑面板上的插入键，这时屏幕上显示新建立的程序名，如图 3.1-7 b 所示。接下来可以输入程序内容。在输入到一行程序的结尾时，先按 EOB 键生成";"，然后再按插入键，这样程序会自动换行，光标出现在下一行的开头。

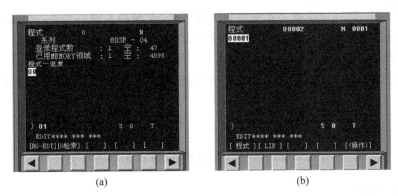

(a)　　　　　　　(b)

图 3.1-7　创建新程序操作

（2）打开程序

将程序保护锁调到"1"解锁状态，将模式选择旋钮旋至编辑挡，按程序显示键。按系统显示屏下方与 LIB（或 DIR）对应的软键，屏幕显示程序名列表。使用字母和数字键，输入程序名（必须是系统已经建立过的程序名，如"O0002"），如图 3.1-8 a 所示。在输入程序名的同时，系统显示屏下方出现"O 检索"软键。输完程序名后，按 O 检索软键。显示屏上显示这个程序的内容，如图 3.1-8 b 所示。

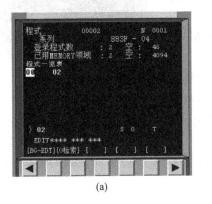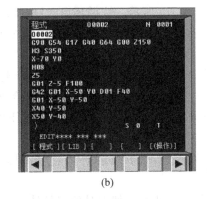

(a)　　　　　　　(b)

图 3.1-8　打开程序操作

（3）程序的编辑

① 字的插入

使用光标移动键，将光标移到需要插入的位置上。键入要插入的字和数据，如"X20"。

按下插入键,新的数据插入光标所在的字符之后,同时光标移到该数据上。

② 字的替换

使用光标移动键,将光标移到需要替换的字符上。键入要替换的字和数据。按下替换键,光标所在的字符被替换,同时光标移到下一个字符上。

③ 字的删除

使用光标移动键,将光标移到需要删除的字符上。按下删除键,光标所在的字符被删除,同时光标移到被删除字符的下一个字符上。

④ 输入过程中字符的删除

在输入过程中,即字母或数字还在输入缓存区、没有按插入键的时候,可以使用取消键来删除。每按一下取消键,则删除一个字母或数字。

(4)程序编辑的字检索

输入要检索的字,如"X100",按向下方向键进行检索,光标即定位在要检索的字符位置。

> **◎ 注意**
>
> 在检索程序的检索方向必须存在所检索的字符,否则系统将报警。

(5)程序的删除

在编辑方式下,按程序键,使用字母和数字键输入欲删除的程序名。按编辑面板上的删除键,该程序将从程序名列表中删除。

7. 手动数据输入模式(MDI 模式)

将模式选择旋钮旋至 MDI 挡,系统进入 MDI 运行方式。按下编辑面板上的程序显示键,打开程序屏幕。按下对应 CRT 显示区的软键 MDI,系统会自动显示程序号"O0000"。用程序编辑操作编制一个要执行的程序,如图 3.1-9 所示。按循环启动键(指示灯亮),程序开始运行。当执行程序结束语句(M02 或 M30)或者"%"后,程序自动清除并且运行结束。

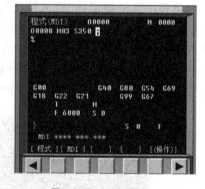

图 3.1-9 MDI 操作

如果要中途停止,可以按下进给保持键,这时机床停止运行,并且循环启动键的指示灯灭、进给暂停指示灯亮。再按循环启动键,就能恢复运行。按下编辑面板上的复位键,可以中断 MDI 运行。

8. 刀具补偿参数的设置

按刀偏设定键,按软键[(补正)],出现如图 3.1-10 所示画面,界面中各参数含义如下:

① 番号:对应于每一把刀具的刀具号。

② 形状(H):表示刀具的长度补偿。

③ 磨耗(H):表示刀具在长度方向的磨损量。

$$刀具的实际长度补偿=形状(H)+磨耗(H)。$$

④ 形状(D)：表示刀具的半径补偿。

⑤ 磨耗(D)：表示刀具在半径方向的磨损量。

刀具的实际半径补偿＝形状(D)＋磨耗(D)。

按光标移动键,将光标移至需要设定刀补的相应位置(如图 3.1-10 a 光标停在 D01 位置),输入补偿量(如图 3.1-10 a 输入刀补值"6.1"),按输入键,结果如图 3.1-10 b 所示。

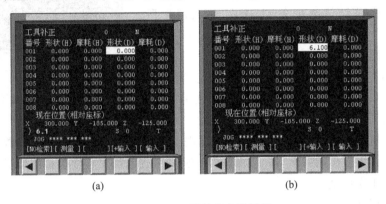

(a) (b)

图 3.1-10　刀具补偿参数设置

9. 空运行操作

在自动运行加工程序之前,需先对加工程序进行检查。检查可以采用机床锁住运行(该方式只能检查程序的语法错误,检查不出 NC 数据的错误,因此很少用到)及空运行操作。

空运行操作中通过观察刀具的加工路径及其模拟轨迹,发现程序中存在的问题。空运行的进给是快速的,所以空运行操作前要进行刀具长度补偿,即将工件坐标系在 Z 轴方向抬高才能安全进行空运行操作,否则会以 G00 进给速度铣削,从而导致撞刀等事故。

操作步骤如下：

(1) 抬刀及设置刀具补偿

按下刀偏设定键；按"坐标系"软键,进入如图 3.1-11 a 所示页面。确认光标停在番号 00 的 Z 坐标位置；输入"50",再按输入键(图 3.1-11 b),即将工件坐标系在 Z 轴方向抬高 50 mm；设置刀具半径补偿参数。

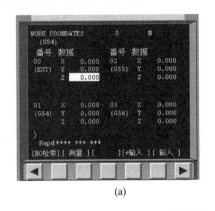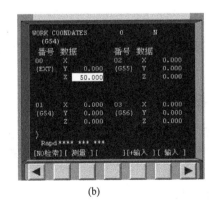

(a) (b)

图 3.1-11　坐标系设定

（2）启动程序空运行

打开需要运行的程序，按复位键使确认光标在程序首的位置，如图 3.1-12 所示；将操作模式旋钮旋至自动模式；按下空运行键。调整进给倍率旋钮至最小，按下单段执行键，按循环启动键；当程序执行过 Z 轴的定位无误后，可将进给倍率恢复到 120% 并取消单段运行。

（3）检查程序

通过观察刀具的加工路径及其模拟轨迹，判断程序是否正确。如有错误，则反复修改、运行，直至路径、程序正确。

图 3.1-12　自动运行操作

查看模拟轨迹的步骤：按图形画面显示键进入"图形显示"页面；按下"参数"软键，在该页面中设置图形显示的参数；按下"图形"软键，即可进入加工程序模拟图形显示页面。

10. 程序自动运行

操作步骤如下：

① 撤销空运行。按空运行键，确认空运行指示灯灭。

② 撤销抬刀。按下刀偏设定键，按"坐标系"软键，进入如图 3.1-11 所示页面。确定光标停在番号 00 的 Z 坐标位置，输入"0"；再按输入键，将工件坐标系在 Z 轴方向抬高值撤销。

③ 设置好刀具半径补偿及长度补偿参数。

④ 启动程序自动运行。打开要运行的程序并使确认光标在程序首的位置。将操作模式旋钮旋至自动模式。按"检视"软键，在此页面可以观察程序运行时的各轴移动剩余量、当前刀号、当前转速等信息，如图 3.1-12 所示。按下循环启动键。在自动运行前按下单段执行按键、选择停止键、跳段执行键等，可在自动运行过程中实现相应的功能。

程序运行过程中将主轴倍率旋钮和进给倍率旋钮调至适当值，保证加工正常（在程序第一次运行时，一定要减慢 Z 轴的进给，以确保发现下刀不对时可及时停止）。

👁 **注意**

在对零件正式加工前，一定要确认机床空运行是否取消、刀具补偿参数是否正确，经检查无误后方可加工。在加工中如遇突发事件，应立即按下急停按钮！

任务实施

1. 查看机床操作手册，借助仿真模拟软件，熟悉数控机床面板，学会机床的手动模式操作、手轮模式操作、MDI 模式操作、程序编辑等基本操作。

输入以下程序：

O0001；

N10 G90 G54 G40 G17 G21；

N20 M03 S1000；

N30 M08；

N40 G00 Z100；

N50 X-35 Y0；

N60 Z5；

N70 G01 Z-5 F30；

N80 G41 D01 X-29 Y-10；

N90 G03 X-19 Y0 R10；

N100 G01 Y11；

N110 G03 X-12 Y18 R7；

N120 G01 X13；

N130 G02 X19 Y12 R6；

N140 G01 Y-11；

N150 X12 Y-18；

N160 X-11；

N170 G02 X-19 Y-10 R8；

N180 G01 Y0；

N190 G03 X-29 Y10 R10；

N200 G40 G01 X-35 Y0；

N210 G00 Z100 M09；

N220 M30；

请记录您使用的仿真软件名称。您在使用仿真软件中遇到了哪些问题？是怎么解决的？

2. 熟悉面板和基本操作方法后，在老师的指导下分组进行实操训练。利用进给轴向选择开关、手轮等熟悉工作台移动方向与坐标轴方向之间的关系，熟悉机床操作面板各按键的功能。

请在表 3.1-4 中记录下开机的步骤、回零（回参考点）、设定主轴转速为 300 r/min 的步骤。

表 3.1-4　数控铣床的基本操作任务书

班级		姓名		组别	
数控铣床开机步骤：					
数控铣床回零步骤：					
数控铣床主轴正转 S300 步骤：					
新建、输入、编辑程序的步骤：					
熟悉机床操作面板各按键	操作面板按键名称及作用				

 知识拓展

　　在 1960—1964 年,西门子的工业数控系统在市场上出现。这一代的西门子数控系统以继电器控制为基础,主要以模拟量控制和绝对编码器为基础。在 1964 年,西门子为其数控系统注册品牌 SINUMERIK。在 1996—2000 年西门子推出 SINUMERIK 840D 系统、SINUMERIK 810D 系统、SINUMERIK 802D 系统。人与机器相关的安全集成功能已经集成到软件之中。面向图形界面编程的 ShopMill 和 ShopTurn 能够帮助操作工在最短的培训时间内快速上手,易于操作和编程。图 3.1-13 所示为西门子控制面板。

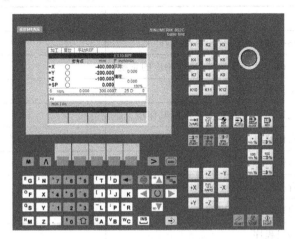

图 3.1-13　西门子 802C 控制面板

华中数控面向国家重大高档数控装备的技术要求,通过自主创新,在我国中、高档数控系统及高档数控机床关键功能部件产品研制方面取得重大突破,重点突破了一批数控系统的关键单元技术,攻克了规模化生产工艺和可靠性关键技术,形成了系列化、成套化的中、高档数控系统产品产业化基地。华中数控具备较强的系统配套能力,可生产 HNC-8,HNC-210,HNC-21,HNC-18/19 等高档、中档、普及型数控系统,以及全数字交流伺服主轴系统、全数字交流伺服驱动系统等产品,充分满足各类用户的不同需求。图 3.1-14 所示为华中数控系统控制面板。

图 3.1-14　华中数控系统控制面板

 任务评价

根据任务完成过程中的表现,完成任务评价表(表 3.1-5)的填写。

表 3.1-5 任务评价表

项目	评价要素	自我评价	小组评价
操控面板	熟悉操控面板上的按钮名称及作用		
仿真软件	能够正确打开仿真软件,选择相应的系统		
机床基本操作	熟练掌握开、关机操作		
	熟练机床回参考点操作并知晓其作用		
	手动操作熟练		
	手轮操作熟练		
	会查看程序目录并建立新的程序		
	能够快速输入指定程序		
	熟练编辑程序		
	熟练进行 MDI 操作		
	会设置刀具补偿参数		
	了解空运行功能		
	会自动运行程序		
安全文明生产	正确执行安全技术操作规程,按企业有关的文明生产规定,做到工作地整洁,工件、工具摆放整齐		
综合评价			

任务二 学会对刀操作

 任务描述

查看机床操作手册,借助仿真模拟软件,学习对刀操作,通过对刀操作建立工件坐标系。熟悉对刀操作方法后,在老师的指导下分组进行实操训练。

 知识链接

一、数控铣床/加工中心的坐标系统

1. 数控铣、加工中心机床坐标系

(1)数控机床坐标系定义及规定

在数控机床上加工零件时,机床动作是由数控系统发出的指令来控制的。为了确定

机床的运动方向和移动距离,就要在机床上建立一个坐标系,这个坐标系称为机床坐标系,也叫标准坐标系。

数控机床的加工动作主要有刀具的动作和工件的动作两种类型。在确定数控机床坐标系时通常有以下规定:

① 永远假定刀具相对于静止的工件运动。

② 采用右手直角笛卡尔坐标系作为数控机床的坐标系,如图 3.2-1 所示。

③ 规定刀具远离工件的运动方向为坐标的正方向。

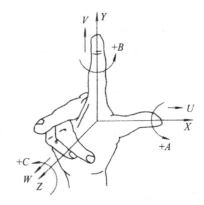

(2) 数控铣床/加工中心坐标系方向

① Z 轴。规定平行于主轴轴线(即传递切削动力的主轴轴线)的坐标轴为机床 Z 轴。对于数控铣床/加

图 3.2-1 右手直角笛卡尔坐标系

工中心,其 Z 轴方向就是机床主轴轴线方向,同时刀具沿主轴轴线远离工件的方向为 Z 轴的正方向。

② X 轴。X 坐标一般取水平方向,它垂直于 Z 轴且平行于工件的装夹面。

对于立式数控铣床/加工中心,机床 X 轴正方向的确定方法是:操作者站立在工作台前,沿刀具主轴向立柱看,水平向右方向为 X 轴正方向。

对于卧式数控铣床/加工中心,其 X 轴正方向的确定方法是:操作者面对 Z 轴正向,从刀具主轴向工件看(即从机床背面向工件看),水平向右方向为 X 轴正方向。

③ Y 轴。Y 坐标轴垂直于 X,Z 坐标轴,根据右手直角笛卡尔坐标系来进行判别。

④ 旋转坐标轴方向。旋转坐标轴 A,B,C 对应表示其轴线分别平行于 X,Y,Z 坐标轴的旋转运动。A,B,C 的正方向,相应地表示在 X,Y,Z 坐标正方向上按照右旋旋进的方向。

如图 3.2-2 所示标出了立式、卧式两种数控铣床的机床坐标系及其方向。

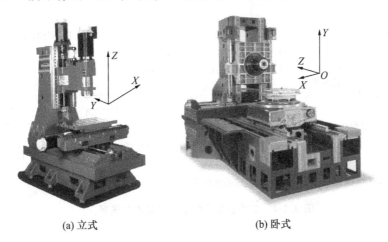

(a) 立式   (b) 卧式

图 3.2-2 数控铣床机床坐标系

（3）数控铣床/加工中心的机床原点

机床原点即机床坐标系原点，是机床生产厂家设置的一个固定点。它是数控机床进行加工运动的基准参考点。数控铣床/加工中心的机床原点一般设在各坐标轴极限位置处，即各坐标轴正向极限位置或负向极限位置，并由机械挡块来确定其具体的位置。

2. 数控铣床/加工中心工件坐标系及原点的选择

（1）工件坐标系的定义

机床坐标系的建立保证了刀具在机床上的正确运动。但是，零件加工程序的编制通常是根据零件图样进行的，为便于编程，加工程序的坐标原点一般与零件图纸的尺寸基准相一致。这种针对某一工件，根据零件图样建立的坐标系称为工件坐标系。

（2）工件原点及其选择

工件装夹完成后，选择工件上的某一点作为编程和加工的原点，这一点就是工件坐标系原点，也称工件原点。

工件原点应选在零件图的尺寸基准上，以便于坐标值的计算，减少错误。应尽量选在精度较高的工件表面上，以提高被加工零件的加工精度。Z 轴方向上的工件坐标系原点，一般取在工件的上表面。当工件对称时，一般以工件的对称中心作为 XY 平面的原点，如图 3.2-3 a 所示。当工件不对称时，一

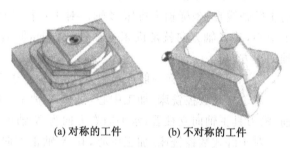

(a) 对称的工件　　　　(b) 不对称的工件

图 3.2-3　工件原点的选择

般取工件其中的一个垂直交角处作为工件原点，如图 3.2-3 b 所示。

利用数控铣床进行零件加工时，其工件坐标系与机床坐标系之间的关系如图 3.2-4 所示。

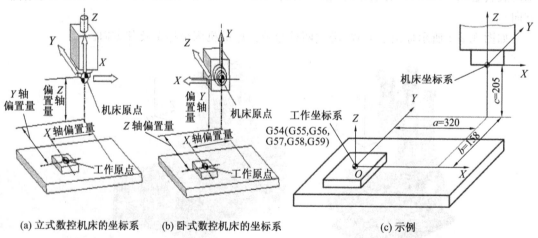

(a) 立式数控机床的坐标系　　　(b) 卧式数控机床的坐标系　　　　(c) 示例

图 3.2-4　工件坐标系和机床坐标系的关系

二、对刀操作

1. 对刀原理

这里所说的对刀就是通过一定方法找出工件原点相对于机床原点的坐标值,如图 3.2-4 所示,其中 a,b,c 就是工件原点相对机床原点分别在 X,Y,Z 向的坐标值。如将 a,b,c 值输入数控系统工件坐标系设定界面 G54 中(图 3.2-5),加工时调用 G54 即可将 O 点作为工件坐标系原点进行零件加工。

2. 对刀方法

(1) 用铣刀直接对刀

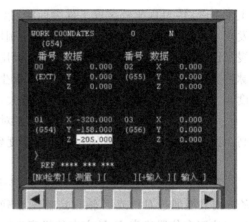

图 3.2-5　工件原点和机床原点的关系

用铣刀直接对刀,就是在工件已装夹完成并在主轴上装入刀具后,通过手摇脉冲发生器(手轮)操作移动工作台及主轴,使旋转的刀具与工件的前(后)、左(右)侧面及工件的上表面(图 3.2-6)做极微量的接触切削(产生切屑或摩擦声)。分别记下刀具在开始做极微量切削时所处的机床(机械)坐标值(或相对坐标值),对这些坐标值做一定的数值处理后就可以设定工件坐标系了。

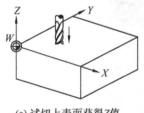
(a) 试切上表面获得 Z 值

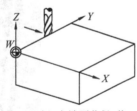
(b) 试切左端面获得 X 值

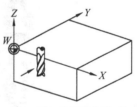
(c) 试切前端面获得 Y 值

图 3.2-6　用铣刀直接对刀

操作过程如下:

① 工件装夹并校正平行后夹紧。

② 在主轴上装入已装好刀具的刀柄。

③ 在 MDI 方式下,输入"M03 S500;",按循环启动键,使主轴旋转。

④ 在手轮方式下,选择手持盒的"X""Y""Z"轴(倍率可以选择×100),移动工作台和主轴,使刀具从左侧接近工件。当刀具接近工件侧面时,倍率选择×10 或×1,此时应一格一格地转动手摇脉冲发生器,注意观察有无切屑(一旦发现有切屑应立即停止脉冲进给)或注意听声(一般刀具与工件微量接触时会发出"嚓嚓嚓"的响声,一旦听到声音应立即停止脉冲进给)。记下此时 X 轴的机床坐标或把 X 轴的相对坐标清零。

⑤ 选择"Z"轴,转动手摇脉冲发生器(倍率选择×100),使主轴上升。当主轴移动到一定高度后,选择"X"轴,移动工作台,用与上一步骤同样的方法试切工件右侧,记下新的 X 轴机床坐标或相对坐标值。

⑥ 采用同样的方法试切工件的前、后表面,获得 Y 轴的机床坐标。

⑦ 对"Z"轴。此时刀具应尽量处在工件要切除部位的上方,转动手摇脉冲发生器,使

主轴下降,待刀具比较接近工件表面时,倍率选小,一格一格地转动手摇脉冲发生器。当发现切屑或观察到工件表面切出一个小圆圈时(也可以在刀具正下方的工件上贴一小片浸了切削液或油的薄纸片,纸片厚度可以用千分尺测量,当刀具把纸片转飞时)停止手摇脉冲发生器的进给,记下此时的 Z 轴机床坐标值(用纸片时应在此值的基础上减去纸片厚度)。然后转动手摇脉冲发生器,倍率选大,使主轴上升。

用铣刀直接对刀时,由于每个操作者对微量切削的感觉程度不同,所以对刀精度并不高。因此这种方法主要应用在对对刀精度要求不高或没有寻边器的场合。

(2)用寻边器对刀

常用的寻边器如图 3.2-7 所示。用寻边器对刀只能确定 X,Y 方向的机床坐标值,而 Z 方向只能通过刀具或 Z 轴设定器配合确定。如图 3.2-8 所示为使用光电式寻边器在 $1\sim4$ 这四个位置确定 X,Y 方向的机床坐标值,在 5 这个位置用刀具确定 Z 方向的机床坐标值。如图 3.2-9 所示为使用偏心式寻边器在 $1\sim4$ 这四个位置确定 X,Y 方向的机床坐标值,在 5 这个位置用刀具确定 Z 方向的机床坐标值。

(a) 偏心式寻边器

(b) 光电式寻边器

图 3.2-7　常用的寻边器

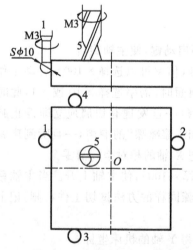

图 3.2-8　光电式寻边器对刀

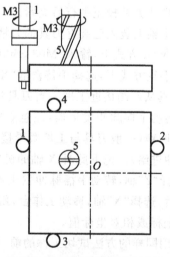

图 3.2-9　偏心式寻边器对刀

使用光电式寻边器时(主轴转速 50～100 r/min),当寻边器 Sϕ10 mm 球头与工件侧面的距离较小时,改变手摇脉冲发生器的倍率为×10 或×1,且一个脉冲一个脉冲地移动,到出现发光或蜂鸣时应停止移动,记下当前位置的机床坐标或将相对坐标清零。在退出时应注意移动方向,以防移动方向发生错误损坏寻边器。一般可以先沿＋Z 方向移动退离工件,然后再做 X,Y 方向移动。使用光电式寻边器对刀时,在装夹过程中必须把工件的各个面擦拭干净,不能影响其导电性。

使用偏心式寻边器的对刀过程如图 3.2-10 所示,图 3.2-10 a 为偏心式寻边器装入主轴没有旋转时;图 3.2-10 b 为主轴旋转时(转速为 200～300 r/min)寻边器的下半部分在弹簧(图 3.2-10 e)的带动下一起旋转,在没有到达准确位置时出现虚像;图 3.2-10 c 为移动到准确位置后上下重合,此时应记录下当前位置的机床坐标值或将相对坐标清零;图 3.2-10 d 为移动过头后的情况,下半部分没有出现虚像。初学者最好使用偏心式寻边器对刀,因为移动方向即便发生错误也不会损坏寻边器。另外,在观察偏心式寻边器的影像时,不能只在一个方向上观察,应在互相垂直的两个方向进行。

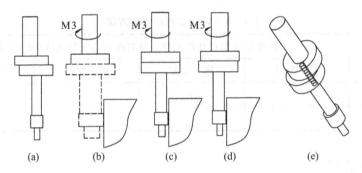

(a)　　(b)　　(c)　　(d)　　(e)

图 3.2-10　偏心式寻边器对刀过程

(3) 用定心锥轴对刀

工件原点与圆形结构回转中心重合时,如图 3.2-11 所示,根据孔径大小选用相应的定心锥轴,使锥轴逐渐靠近基准孔的中心,通过调整锥轴位置,使其能在孔中上下轻松移动,此时机床坐标系中的 X,Y 坐标值即为工件原点的位置坐标。

(4) 用百分表对刀

如图 3.2-12 所示,用磁性表座将百分表粘在机床主轴端面上,通过手动操作,使百分表测头接近工件圆孔;继续调整百分表位置,直到表测头旋转一周时,其指针的跳动量在允许的找正误差内(如 0.02 mm),记下此时机床坐标系中的 X,Y 坐标值,即为工件原点的位置坐标。

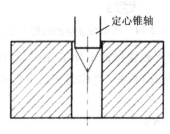

图 3.2-11　利用定心锥轴对刀

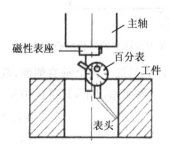

图 3.2-12　利用百分表对刀

3. 对刀后的数值处理和工件坐标系 G54～G59 的设定

通过对刀所得的 5 个机床(机械)坐标值(在实际应用时有时可能只要 3 或 4 个),必须通过一定的数值处理才能确定工件坐标系原点的机床(机械)坐标值。代表性的情况有以下几种。

(1) 工件坐标系的原点与工件坯料的对称中心重合(图 3.2-13)

在这种情况下,其工件坐标系原点的机床(机械)坐标值按以下公式计算:

$$X_{\text{工机}} = (X_{\text{机}1} + X_{\text{机}2})/2$$
$$Y_{\text{工机}} = (Y_{\text{机}3} + Y_{\text{机}4})/2$$

(2) 工件坐标系的原点与工件坯料的对称中心不重合(图 3.2-14)

在这种情况下,其工件坐标系原点的机床(机械)坐标值按以下公式计算:

$$X_{\text{工机}} = (X_{\text{机}1} + X_{\text{机}2})/2 \pm a$$
$$Y_{\text{工机}} = (Y_{\text{机}3} + Y_{\text{机}4})/2 \pm b$$

上式中,a,b 前的正、负号的选取参见表 3.2-1。

表 3.2-1 　a,b 前正负号的选取方法

	工件坐标系原点在以工件坯料对称中心所划区域中的象限			
	第一象限	第二象限	第三象限	第四象限
a	+	−	−	+
b	+	+	−	−

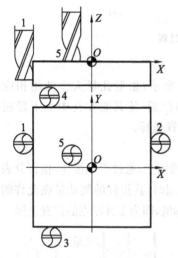

图 3.2-13　原点与坯料的对称中心重合

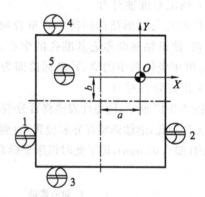

图 3.2-14　原点与坯料的对称中心不重合

(3) 工件坯料只加工两个垂直侧面,其他两侧面因要铣掉而不加工(图 3.2-15)

如图 3.2-15 所示情况下,其工件坐标系原点的机床(机械)坐标值按以下公式计算:

$$X_{\text{工机}} = X_{\text{机}1} + a + R_{\text{刀}}$$
$$Y_{\text{工机}} = Y_{\text{机}3} + b + R_{\text{刀}}$$

对其他侧面情况的计算可参考上式进行。

上面的数值处理结束后,在任何方式下按 ⌨CFS/SET 键或按 [坐标系]进入如图 3.2-16 所示的页面,按 ⌨PAGE↓ 可进入其余设置页面,利用 ⌨←↕→ 可以把光标移动到所需设置的位置。把计算得到的 $X_{工机}$ 和 $Y_{工机}$ 输入 G54 等所要设置的位置,X,Y 两轴的工件坐标系就设置好了。在输入坐标值后,按[输入]或 ⌨INPUT。

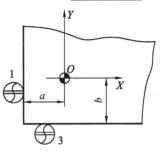

图 3.2-15   仅试切两垂直侧面

```
工件坐标系设定              O1058 N0040

(G54)

    番号  数据        番号    数据
 00   X    0.000     02    X  502.982
(EXT)  Y    0.000    (G55)  Y -234.597
       Z    0.000           Z    0.000


 01    X  477.961    03    X -492.912
(G54)  Y -252.160   (G56)  Y -128.090
       Z    0.000           Z    0.000

>_                         OS100% L  0%

HND   *** *** ***          10:58:39
[补正] [SETING] [坐标系] [    ] [(操作)]
```

图 3.2-16   G54～G56 设置页面

如果采用相对坐标清零的操作,在对刀时就可以省却记录机床(机械)坐标值进行上述数值处理计算的麻烦。例如,在左侧时把 X 的相对坐标清零,到达右侧时可以从相对坐标的显示页面上知道其相对坐标值。如果 X 轴的工件坐标系原点设在工件坯料的中心,只需按页面上的 X 相对坐标值除以 2,然后移动到这个相对坐标位置,进入如图 3.2-17 a所示页面,只需输入"X0",然后按[测量],系统会自动把当前的机床(机械)坐标值输入 G54 等相应的设置位置。也可以在右侧不移动,同样把相对坐标值除以 2,假设计算出来的值为 50.344,那么输入"X50.344",如图 3.2-17 b所示,然后按[测量],系统会自动把偏离当前点 50.344 的工件坐标系原点所处的机床(机械)坐标值输入 G54 等相应的设置位置。Y 轴的设置方法与上述相同。

```
>X0_           OS100% L  0%
HND  *** *** *** 10:59:34
[NO检索] [测量] [   ] [+输入] [输入]
        (a)
```

```
>X50.344_      OS100% L  0%
HND  *** *** *** 10:59:34
[NO检索] [测量] [   ] [+输入] [输入]
        (b)
```

图 3.2-17   设置工件坐标系输入页面

4. 工件坐标系原点 Z0 的设定、刀具长度补偿量的设置

(1)工件坐标系原点 Z0 的设定

在编程时,工件坐标系原点 Z0 一般取在工件的上表面。但在加工中心设置时,工件坐标系原点 Z0 的设定一般采用以下两种方法:

① 工件坐标系原点 Z0 设定在工件的上表面;

② 工件坐标系原点 Z0 设定在机床坐标系的 Z0 处（设置 G54 等时，Z 后面为 0）。

对于第一种方法，必须选择一把刀具为基准刀具（通常选择加工 Z 轴方向尺寸要求比较高的刀具为基准刀具）。第二种方法没有基准刀具，每把刀具通过刀具长度补偿的方法使其仍以工件上表面为编程时的工件坐标系原点 Z0。

具体操作：

① 把 Z 轴设定器（图 3.2-18）放置在工件的水平表面上，主轴上装入已装夹好刀具的各个刀柄刀具，移动 X,Y 轴，使刀具尽可能处于 Z 轴设定器中心的上方；

② 移动 Z 轴，用刀具（主轴禁止转动）压下 Z 轴设定器的圆柱台，使指针指到调整好的"0"位；

图 3.2-18　Z 轴设定器

③ 记录每把刀具当前的机床（机械）坐标值。

也可不使用 Z 轴设定器，而直接用刀具进行操作。使刀具旋转，移动 Z 轴，使刀具接近工件上表面（尽量在工件需被切除的部位）。当刀具刀刃在工件表面切出一个圆圈或把粘在工件表面的薄纸片转飞时，记录每把刀具当前的 Z 轴机床（机械）坐标值。使用薄纸片时，应再减去纸片厚度。

对于第一种方法，除基准刀具外，在使用其他刀具时都必须有刀具长度补偿指令，设置时把基准刀具的 Z 轴机床（机械）坐标值减去 50（Z 轴设定器的高度），然后把此值设置到 G54 或其他工件坐标系的设置位置。如果基准刀具在切削过程中出现折断，那么重新换上刀具后仍以上面的方法进行操作，得到新的机床坐标 Z，用此 Z 值去减工件坐标系原点 G54 等设置处的机床（机械）坐标值，并把此值设置到基准刀具的长度补偿处，用长度补偿的方法弥补其 Z 值方向的工件坐标。另外，所有刀具在取消长度补偿时，Z 点必须为正（如 G49 Z150）；如果 Z 值取得较小或为负的，则可能发生刀具与工件相撞的事故。

对于第二种方法，每把刀具在使用时都必须有长度补偿指令（长度补偿值全部为负），在取消刀具长度补偿时，Z 值不允许为正，必须为 0 或负（如 G49 Z-50），否则主轴会出现向上超程。

（2）刀具长度补偿的设置

对应工件坐标系原点 Z0 的设定方法，刀具长度补偿的设置同样有两种。针对第一种情况，在设置基准刀的长度补偿 H 值时应为 0，其他刀具只需用上面记录的 Z 轴机床（机械）坐标值减去基准刀具的 Z 轴机床（机械）坐标值，把减得的值（有正、负，设置时一律带符号输入，调用长度补偿时一律用 G43）设置到刀具相应的 H 处；对于第二种情况，只需把上面记录的 Z 轴机床（机械）坐标值，都减去 50，然后把计算得到的值（全部为负）设置到刀具相应的 H 处。

如果在加工中心 Z 轴返回参考点的位置上，把 Z 轴的相对坐标预定为"-50"，则在图 3.2-19 中，当刀具与 Z 轴设定器接触，且使指针指在"0"位时，此时的相对坐标值跟刀具与工件上表面直接接触的机床（机械）坐标值是完全相同的，所以在预定的情况下，只需记录下相对坐标值即可，设置 H 时也只需输入此值。

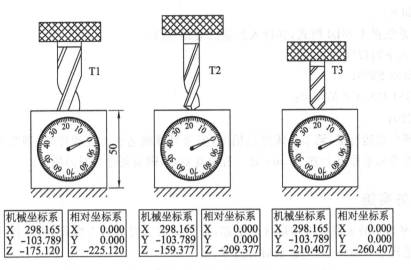

图 3.2-19　工件坐标系 Z0 的设定及长度补偿值的设置

具体操作如下:

在任何方式下按 [CFS/SET] 键或按[补正]进入如图 3.2-20 所示刀具补偿存储器页面,利用 ◁▲▼▷ 可以把光标移动到所要设置的刀具"番号"与"形状(H)"相交的位置,输入所要设置的值,并按[输入]或 [INPUT]。如果按[+输入]则将把当前值与存储器中已有的值叠加。

```
工具补正                    O1058      N0040
番号   形状(H)  摩耗(H)  形状(D)  摩耗(D)
001   -312.039   0.000    5.000    0.000
002   -309.658   0.000    6.000    0.000
003   -298.561   0.000    7.000    0.000
004   -335.175   0.000    8.000    0.000
005   -327.693   0.000    9.000    0.000
006   -297.658   0.000    3.000    0.000
007   -333.621   0.000    4.000    0.000
008   -339.987   0.000   10.000    0.000

现在位置(相对坐标)
  X    359.389           Y   -201.026
  Z   -363.039
>_                        OS100%  L   0%
HND    *** *** ***               10:58:39
[补正] [SETING] [坐标系] [      ] [(操作)]
```

图 3.2-20　刀具补偿存储器页面

如果在加工过程中某刀具折断而需要更换新的刀具,对于方法一,只需把更换后的刀具,压下 Z 轴设定器,把指"0"时的机床坐标减去基准刀具时的机床坐标,并用所得的值(工件上表面必须部分存在,如果上表面已全部被切除,则通过与工作台平面平行的其他平面接触,通过转换得到)重新设置此刀具的长度补偿。而对于方法二,由于不存在基准刀具,只需把刀具"新的机床坐标-50"重新设为此刀具的长度补偿即可。

三、检测工件坐标系原点位置是否正确的操作

在生产过程中,通常用 MDI 方式来检测所设定的工件坐标系原点位置是否正确,其

操作步骤如下：

① 将系统置于 MDI 模式，并进入相应的编程界面。

② 输入下列程序：

　　M03 S500；

　　G54 G90 G0 X0 Y0；

　　Z20；

按循环启动运行键，调节机床进给倍率，安全可靠地运行上述程序段，观察刀具是否运行到工件坐标系原点上方 20 mm 处。若位置不对，则重新进行对刀操作。

任务实施

1. 用平口钳装夹好长方体形状的毛坯，采用试切法完成对刀操作，将工件坐标系原点设置在毛坯上表面中心，请记录对刀过程。

2. 如图 3.2-21 所示工件，各面均完成加工，现需将工件原点精确定位在工件上表面回转中心位置。请讨论对刀方法，并将讨论结果记录下来。

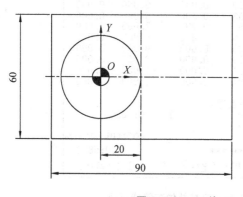 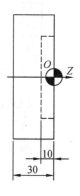

图 3.2-21　工件

知识拓展

在工件的加工过程中，工件装卸、刀具调整等辅助时间在加工周期中占相当大的比例，其中刀具的调整既费时费力，又不易准确，最后还需要试切。统计资料表明，一个工件的加工过程中，纯机动时间大约占总时间的 55%，装夹和对刀等辅助时间占 45%。因此，对刀仪便显示出极大的优越性。

对刀仪的核心部件是由一个高精度的开关（测头），一个高硬度、高耐磨的硬质合金四面体(对刀探针)和一个信号传输接口器组成。四面体探针用于与刀具进行接触,并通过安装在其下的挠性支撑杆,把力传至高精度开关;开关所发出的通、断信号,通过信号传输接口器,传输到数控系统中进行刀具方向识别、运算、补偿、存取等。图 3.3-22 所示为采用自动对刀仪进行对刀操作。

图 3.3-22　自动对刀

 任务评价

根据任务完成过程中的表现,完成任务评价表(表 3.2-2)的填写。

表 3.2-2　任务评价表

项目	评价要素	自我评价	小组评价
操控面板	熟悉操控面板上的按钮名称及作用		
仿真软件	能够熟练使用仿真软件进行练习		
机床基本操作	熟练掌握开、关机操作		
	熟练机床回参考点操作并知晓其作用		
	手动操作熟练		
	手轮操作熟练		
	会查看程序目录并建立新的程序		
	能够快速输入指定程序		
	熟练编辑程序		
	熟练进行 MDI 操作		
	会设置刀具补偿参数		
	了解空运行功能		
	会自动运行程序		
对刀操作	了解机床坐标系、工件坐标系的意义		
	熟练掌握对刀操作		
安全文明生产	正确执行安全技术操作规程,按企业有关的文明生产规定,做到工作地整洁,工件、工具摆放整齐		
综合评价			

项目四

平面铣削

任务一　平行面铣削

任务描述

　　学习平面铣削的相关工艺知识及方法,合理选用刀具及切削参数,掌握直线插补等指令的格式和使用方法,用数控铣床完成类似于如图 4.1-1 所示某模具检具底板平面的铣削,工件材料为 Q235。毛坯余量约为 0.5 mm。生产规模:单件。

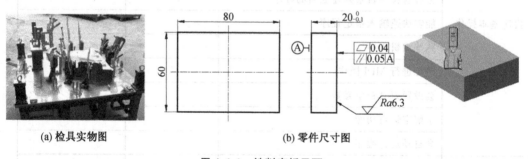

(a) 检具实物图　　　　　　　　(b) 零件尺寸图

图 4.1-1　铣削底板平面

知识链接

一、平面铣削概述

　　平面是组成机械零件的基本表面之一,其质量是用平面度和表面粗糙度来衡量的。平面铣削是铣削加工中最基本的加工内容,在实际生产中应用相当广泛,图 4.1-2 所示为铣削平面的一些实例。

图 4.1-2　进行平面铣削的零件

二、平行面铣削工艺知识准备

1. 周铣和端铣平面

平面大部分是在铣床上加工的,在铣床上获得平面的方法有两种,即周铣和端铣。

以立式数控铣床为例,用分布于铣刀圆柱面上的刀齿进行的铣削,称为周铣(即铣削垂直面),如图 4.1-3a 所示;用分布于铣刀端面上的刀齿进行的铣削,称为端铣,如图 4.1-3b 所示。

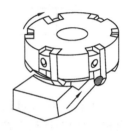

(a) 周铣　　(b) 端铣

图 4.1-3　平面铣削方式

2. 顺铣和逆铣

(1) 顺铣(图 4.1-4a)

铣削时,铣刀刀齿切入工件时的切削厚度最大,然后逐渐减小到零(在切削分力的作用下有让刀现象),对表面没有硬皮的工件易于切入,刀齿磨损小,刀具使用寿命延长 2～3 倍,工件表面质量也有所提高。顺铣时,切削分力与进给方向相同,可节省机床动力。但顺铣在刀齿切入时承受最大的载荷,因而工件有硬皮时,刀齿会受到很大的冲击和磨损,使刀具使用寿命缩短,所以顺铣法不宜加工有硬皮的工件。

(2) 逆铣(图 4.1-4b)

铣削时,铣刀刀齿切入工件时的切削厚度从零逐渐变到最大(在切削分力的作用下有啃刀现象),刀齿载荷逐渐增大。开始切削时,刀刃先在工件表面上滑过一小段距离,并对工件表面进行挤压和摩擦,引起刀具的径向振动,使加工表面产生波纹,加速了刀具的磨损,降低工件表面质量。

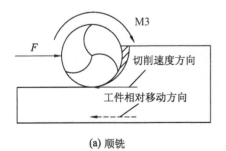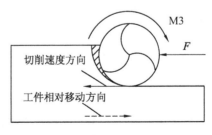

(a) 顺铣　　　　　　　　(b) 逆铣

图 4.1-4　顺铣和逆铣

对于立式数控铣床(加工中心)所采用的立铣刀,装在主轴上时,相当于悬臂梁结构,在切削加工时刀具会产生弹性弯曲变形,如图 4.1-5 所示。

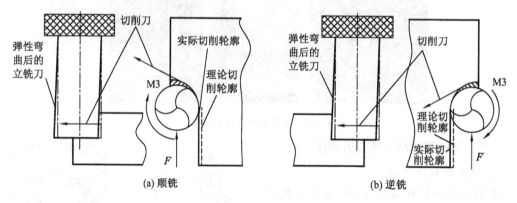

(a) 顺铣　　　　　　　　　　　　　　(b) 逆铣

图 4.1-5　顺铣、逆铣对切削的影响

从图 4.1-5a 可以看出,当用立铣刀顺铣时,刀具在切削时会产生让刀现象,即切削时出现"欠切";而用立铣刀逆铣时(图 4.1-5b),刀具在切削时会产生啃刀现象,即切削时出现"过切"。让刀和啃刀现象在刀具直径越小、刀杆伸出越长时越明显,所以从提高生产率、减小刀具弹性弯曲变形的影响这些方面考虑,应选直径大的刀具,并且在装刀时刀杆应尽量伸出短些。

3. 平面铣削刀路设计

铣削平面的宽度大于面铣刀时,一次进给不能完全加工,要进行多次进给,这就涉及进给路线的设计。平面铣削进给路线的安排比较简单,一般有往复进给和单向进给两种方式,如图 4.1-6 所示。

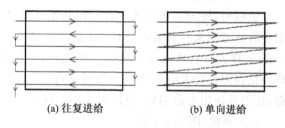

(a) 往复进给　　　　　(b) 单向进给

图 4.1-6　往复进给和单向进给

4. 平面铣削常用刀具类型

(1) 可转位硬质合金面铣刀

这类刀具由一个刀体及若干硬质合金刀片组成,其结构如图 4.1-7 所示,刀片通过夹紧元件夹固在刀体上。按主偏角 κ_r 值的大小分类,可转位硬质合金面铣刀可分为 45°,90° 等类型。

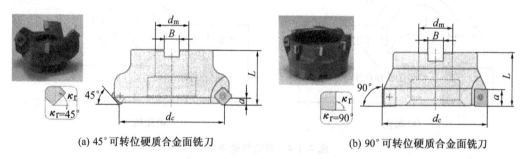

(a) 45°可转位硬质合金面铣刀　　　　　(b) 90°可转位硬质合金面铣刀

图 4.1-7　可转位硬质合金面铣刀

可转位硬质合金面铣刀铣削速度高,加工效率高,所加工的表面质量好,并可加工带有硬皮和淬硬层的工件,因而得到了广泛应用。它适用于平面铣、台阶铣及坡走铣等场合,如图 4.1-8 所示。

(a) 平面铣　　　　(b) 台阶面铣　　　　(c) 坡走铣

图 4.1-8　可转位硬质合金面铣刀的铣削形式

(2) 可转位硬质合金 R 面铣刀

这类刀具的结构与可转位硬质合金面铣刀相似,只是刀片为圆形,如图 4.1-9 所示。可转位 R 面铣刀的圆形刀片结构赋予其更大的使用范围,它不仅能执行平面铣削、坡走铣,还能进行型腔铣、曲面铣、螺旋插补等,如图 4.1-10 所示。

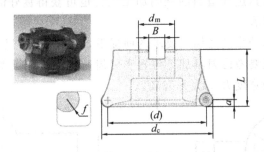

图 4.1-9　可转位硬质合金 R 面铣刀

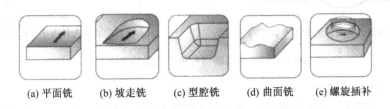

(a) 平面铣　　(b) 坡走铣　　(c) 型腔铣　　(d) 曲面铣　　(e) 螺旋插补

图 4.1-10　可转位硬质合金 R 面铣刀的铣削形式

(3) 立铣刀

在特殊情况下,也可用立铣刀进行平行面铣削。常用立铣刀的结构形式及材料如图 4.1-11 所示。立铣刀的圆柱表面和端面上都有切削刃,它们可同时进行切削,也可单独进行切削。立铣刀圆柱表面的切削刃为主切削刃,端面上的切削刃为副切削刃。主切削刃一般为螺旋齿,可以增加切削平稳性,提高加工精度。由于普通立铣刀端面中心处无切削刃,所以,立铣刀通常不能做轴向进给,端面刃主要用来加工与侧面相垂直的底平面。

(a) 高速钢立铣刀　　　(b) 整体硬质合金立铣刀　　　(c) 可转位立铣刀

图 4.1-11　常用立铣刀结构形式及材料

5. 刀具直径的确定

平面铣削时刀具直径可根据以下方法来确定。

① 最佳铣刀直径应根据工件的宽度来选择，$D \approx (1.3 \sim 1.5) W_{OC}$（切削宽度），如图 4.1-12 a 所示。

② 如果机床功率有限或工件太宽，应根据两次进给或依据机床功率来选择铣刀直径。当铣刀直径不够大时，选择适当的铣削加工位置也可获得良好的效果，此时，$W_{OC} = 0.75D$，如图 4.1-12 b 所示。

一般情况下，在机床功率满足加工要求的前提下，可根据工件尺寸，主要是工件宽度来选择铣刀直径，同时也要考虑刀具加工位置和刀齿与工件接触类型等。进行大平面铣削时，铣刀直径应比切削宽度大 20%～50%。

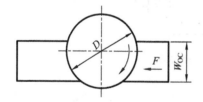 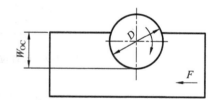

(a) 选择的刀具直径大于工件宽度　　　　　　(b) 选择的刀具直径小于工件宽度

图 4.1-12　平面铣削时铣刀直径的选择

6. 切削用量的选择

平面铣削切削用量主要包括铣削深度 a_p（背吃刀量）、铣削速度 v_c 及进给速度 F，如图 4.1-13 所示。

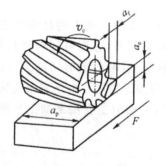 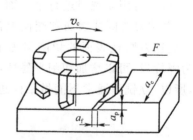

图 4.1-13　铣削用量示意图

（1）背吃刀量 a_p 的选择

在加工平面余量不大的情况下，应尽量一次进给铣去全部的加工余量。只有当工件的加工精度较高时，才分粗、精加工平面；而当加工平面的余量较大、无法一次去除时，则要进行分层铣削。此时背吃刀量 a_p 值可参考表 4.1-1 选择，原则上尽可能选大些，但不能太大，否则会由于切削力过大而造成"闷车"或崩刃现象。

表 4.1-1　铣削深度选择推荐表　　　　　　　mm

工件材料	高速钢铣刀		硬质合金铣刀	
	粗铣	精铣	粗铣	精铣
铸铁	5～7	0.5～1	10～18	1～2
低碳钢	<5	0.5～1	<12	1～2
中碳钢	<4	0.5～1	<7	1～2
高碳钢	<3	0.5～1	<4	1～2

（2）铣削速度 v_c 的确定

当 a_p 选定后，应在保证合理刀具使用寿命的前提下，确定其铣削速度 v_c。在这个基础上，尽量选取较大的铣削速度。粗铣时，确定铣削速度必须考虑机床的许用功率。如果超过机床的许用功率，则应适当降低铣削速度。精铣时，一方面应考虑合理的铣削速度，以抑制积屑瘤的产生，保证表面质量；另一方面，由于刀尖磨损往往会影响加工精度，因此，应选用耐磨性较好的刀具材料，并尽可能使其在最佳铣削速度范围内工作。铣削速度太高或太低，都会降低生产效率。

铣削速度可在表 4.1-2 推荐的范围内选取，并根据实际情况进行试切后加以调整。

表 4.1-2　铣削速度推荐表　　　　　　　m/min

工件材料	铣削速度		说明
	高速钢铣刀	硬质合金铣刀	
低碳钢	20～45	150～190	
中碳钢	20～35	120～150	
合金钢	15～25	60～90	1. 粗铣时取小值，精铣时取大值；
灰口铸铁	14～22	70～100	2. 工件材料强度和硬度较高时取小值，反之取大值；
黄铜	30～60	120～200	3. 刀具材料耐热性好时取大值，反之取小值。
铝合金	112～300	400～600	
不锈钢	16～25	50～100	

在完成 v_c 值的选择后，应根据公式（4.1-1）计算出主轴转速 n 值。

$$n = 1000v_c/(\pi D) \tag{4.1-1}$$

式中：n——主轴转速，r/min；

　　　D——铣刀直径，mm。

（3）确定进给速度 F

在确定好背吃刀量 a_p 及铣削速度 v_c 后，接下来就是确定刀具的进给速度 F，通常根据公式（4.1-2）计算而得。

$$F = fzn \qquad (4.1\text{-}2)$$

式中：f——铣刀每齿进给量，mm/z；

　　　z——铣刀齿数；

　　　n——主轴转速，r/min。

一般来说，粗加工时，限制进给速度的主要因素是切削力，确定进给量的主要依据是机床的强度、刀杆强度、刀齿强度，以及机床、夹具、工件等工艺系统的刚度。在强度、刚度许可的条件下，进给量应尽量取得大些。半精加工和精加工时，限制进给速度的主要因素是加工表面质量，为了减小工艺系统的振动，提高已加工表面的质量，一般应选取较小的进给量。

刀具铣削时的每齿进给量 f 值可参考表 4.1-3 选取。

表 4.1-3　铣刀每齿进给量 f 选择推荐表　　　　　　　　mm/z

刀具名称	高速钢铣刀		硬质合金铣刀	
	铸铁	钢件	铸铁	钢件
圆柱铣刀	0.12～0.20	0.10～0.15	0.2～0.5	0.08～0.20
立铣刀	0.08～0.15	0.03～0.06	0.2～0.5	0.08～0.20
套式面铣刀	0.15～0.25	0.06～0.10	0.2～0.5	0.08～0.20
三面刃铣刀	0.15～0.25	0.06～0.08	0.2～0.5	0.08～0.20

三、程序指令准备

1. 辅助功能指令（M 指令）

辅助功能指令的主要作用是控制机床各种辅助动作及开关状态，如主轴的转动与停止、冷却液的开与关等，通常靠继电器的通断来实现控制过程，用地址字符 M 及两位数字表示。程序的每一个程序段中 M 代码只能出现一次。

常用辅助功能 M 指令及其说明见表 4.1-4。

表 4.1-4　常用辅助功能代码表

指令	功能	指令	功能
M00	程序暂停	M05	主轴停止
M01	程序有条件暂停	M07	第一冷却介质开
M02	程序结束	M08	第二冷却介质开
M03	主轴正转	M09	冷却介质关闭
M04	主轴反转	M30	程序结束（复位）并回到程序头

2. 主轴转速功能指令（S 指令）

主轴转速功能指令也称 S 指令，其作用是指定机床主轴的转速。

指令格式：S □ □
主轴速度

3. 进给速度功能指令（F 指令）

进给速度功能指令也称 F 指令，其作用是指定刀具的进给速度。

指令格式：F □ □
刀具进给速度

进给速度的单位可以是 mm/min，也可以是 mm/r。编程时，程序中若输入了 G94 指令或省略，此时进给速度单位为 mm/min，如输入"F100"，表示刀具进给速度为 100 mm/min；若输入了 G95 指令，则进给速度单位为 mm/r，如输入"F0.1"，表示刀具进给速度为 0.1 mm/r。

4. 准备功能指令（G 指令）

准备功能指令也称 G 指令，是建立机床工作方式的一种指令，由字母 G 加数字构成。进行零件平面加工所需的 G 指令见表 4.1-5。

表 4.1-5   FANUC 0i Mate-MC 部分准备功能指令

指令	功能	指令	功能
G00*	快速定位	G54*～G59	工件坐标系选择
G01	直线插补	G90*	绝对值编程
G17*	XY 平面选择	G91	增量值编程
G18	XZ 平面选择	G94*	每分钟进给
G19	YZ 平面选择	G95	每转进给
G20	英寸输入	G21	毫米输入

注：带"＊"号的 G 指令表示机床开机后的默认状态。

（1）绝对值编程方式（G90）和增量值编程方式（G91）

坐标位置的表示有绝对值和增量值两种。绝对值是以当前坐标系原点为依据来表示坐标位置。增量值是以"前一点"为依据来表示两点间实际的向量值（包括距离和方向）。

FANUC 系统的数控铣/加工中心以 G90 指令设定 X,Y,Z 数值为绝对值；用 G91 指令设定 X,Y,Z 数值为增量值。在同一程序中增量值与绝对值可以混合使用，使用原则是依据被加工工件图样上尺寸的标示，用哪种方式表示较方便就使用哪种。

例如，图 4.1-14 所示的模板工件图中分别用绝对坐标和增量坐标描述 $A \rightarrow B \rightarrow C \rightarrow D \rightarrow A$ 时，各点

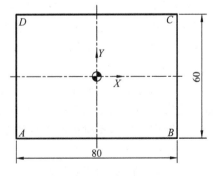

图 4.1-14   模板工件图

坐标值见表 4.1-6。

表 4.1-6 A→B→C→D→A 各点坐标值

轨迹路线	绝对值坐标	增量值坐标
A→B	X40,Y-30	X80,Y0
B→C	X40,Y30	X0,Y60
C→D	X-40,Y30	X-80,Y0
D→A	X-40,Y-30	X0,Y-60

（2）G00——快速定位指令

该指令控制刀具以点定位从当前位置快速移动到坐标系中另一指定位置。

指令格式：G00 X_ Y_ Z_

其中，X_ Y_ Z_ 为刀具运动的终点坐标位置。当使用增量编程时，X_ Y_ Z_ 为目标点相对于刀具当前位置的增量坐标，同时不运动的坐标可以不写。

G00 不用指定移动速度，其移动速度由机床系统参数设定。在实际操作时，也能通过机床操作面板上的旋钮（倍率开关）"F0""F25""F50""F100"对 G00 的移动速度进行调节。刀具以每轴的快速移动定位，移动的实际轨迹通常为折线型轨迹，因此要特别注意采用 G00 方式进、退刀时，刀具相对于工件、夹具所处的位置，以避免在进、退刀过程中发生碰撞。

只要是非切削的移动，通常使用 G00 指令，如由机械原点快速定位至切削起点，切削完成后的 Z 轴退刀及 X,Y 轴的定位等，以节省加工时间。

例如，如图 4.1-15 所示，刀具当前位置在 A 点，指令"G90 G00 X92 Y35；"或"G91 G00 X62 Y-25；"将使刀具沿图示轨迹由 A 点快速定位至 B 点。

G00 快速定位的路径若采用直线型定位方式移动，则每次都要计算其斜率后，再命令 X 轴及 Y 轴移动，如此增加了计算机的负荷，反应速度也较慢，故一般 CNC 系统开机大都自动设定 G00 以斜进45°方式移动。斜进 45°方式（又称为非直线型定位方式）移动时，X,Y 轴都以相同的速率同时移动，再检测已定位至哪一轴坐标位置后，只移动另一轴至坐标点为止。

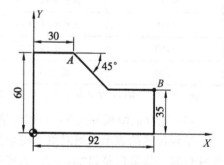

图 4.1-15 G00 编程及刀具移动轨迹

（3）G01——直线插补指令

直线插补指令使机床在各坐标平面内执行直线运动。直线插补指令 G01 一般作为直线轮廓的切削加工运动指令，有时也用作很短距离的空行程运动指令，以防止 G00 指令在短距离高速运动时可能出现的惯性过冲现象。

指令格式：G01 X_ Y_ Z_ F_

其中，X_Y_Z_为刀具运动的目标点坐标，当使用增量编程时，X_Y_Z_为目标点相对于刀具当前位置的增量坐标，同时不运动的坐标可以不写。F_指定刀具切削时的进给速度。

现以图 4.1-16 说明 G01 用法。假设刀尖由程序原点往上铣削轮廓外形。

编程如下：

    %

    G90 G01 Y17 F80；

    X-10 Y30；

    G91 X-40；

    Y-18；

    G90 X-22 Y0；

    X0；

    %

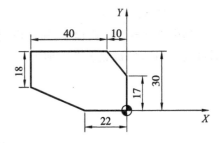

图 4.1-16　G01 编程举例

F 是持续有效指令，故切削速率相同时，下一程序段可省略。G00，G01 也是持续有效（模态）指令。

（4）G17/G18/G19——坐标平面选择指令

应用数控铣床/加工中心进行工件加工前，只有先指定一个坐标平面，即确定一个两坐标的坐标平面，才能使机床在加工过程中正常执行刀具半径补偿及刀具长度补偿功能。坐标平面选择指令的主要功能就是指定加工时所需的坐标平面。

指令格式：G17/G18/G19

其中，G17 表示指定 XY 坐标平面，G18 表示指定 XZ 坐标平面，G19 表示指定 YZ 坐标平面。

一般情况下，机床开机后，G17 为系统默认状态，在编程时 G17 可省略。

（5）G20/G21——单位输入设定指令

单位输入设定指令是用来设置加工程序中坐标值单位是使用英制还是公制。

FANUC 0i Mate-MC 系统采用 G20/G21 来进行英制、公制的切换。英制单位输入 G20；米制单位输入 G21。

（6）G54～G59——工件坐标系选择指令

G54～G59 指令功能就是在加工程序中用零点偏置方法设定工件坐标系原点。

指令格式：G54/G55/G56/G57/G58/G59

为工件设定工件坐标系，能有效地简化零件加工程序，并减少编程错误。例如，加工如图 4.1-17 所示的两型腔，其编程思路如下：

    N10 G54 G00 Z100；

    N20 M03 S500；

    N30 G00 X0 Y0；

    ⋮

    N90 G00 Z100；

    N100 G55；

    N110 G00 X0 Y0；

:
N200 M30;

其中 N10～N90 段程序,通过设定 G54 来完成轮廓 1 的加工;N100～N200 段程序,通过设定 G55 完成轮廓 2 的加工。

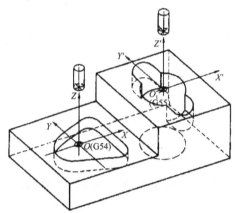

图 4.1-17　工件坐标系在加工中的应用

(7) G94/G95——进给速度单位控制指令

该指令主要用于指定刀具移动时的速度单位。

指令格式:G94/G95

G94 指令指定刀具进给速度单位为 mm/min。

G95 指令指定刀具进给速度单位为 mm/r。

任务实施

1. 确定加工工艺

(1) 确定工件装夹方式

图 4.1-1 所示零件的加工部位为上表面,毛坯的厚度余量平均为 0.5 mm 左右。采用数控铣床加工该零件,其中 $20^{0}_{-0.1}$ 和 Ra 6.3 为重点保证的尺寸和表面质量。采用平口钳进行装夹。

(2) 确定刀具

根据待加工平面的尺寸特点及车间刀具配备情况,决定用 ϕ 32 mm 可转位硬质合金面铣刀铣削工件,同时为了降低因"接刀痕"而产生的平面度误差及表面粗糙度轮廓值,必须选用耐磨性好的刀片材料来加工。

(3) 确定刀具加工路线

因加工平面大,不可能进行一次铣削来完成平面加工,因此本次平面铣时的刀具轨迹选择平行往复铣削方式。如图 4.1-18 所示,坐标原点选在工件上表面中心,刀具中心实际运动轨迹从 $P_0 \rightarrow P_1 \rightarrow P_2 \rightarrow P_3 \rightarrow P_4 \rightarrow P_5$。各点坐标为 $P_0(-60,-20)$,$P_1(60,-20)$,$P_2(60,0)$,$P_3(-60,0)$,$P_4(-60,20)$,$P_5(60,20)$。

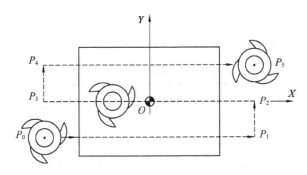

图 4.1-18　刀具中心运动轨迹

（4）确定切削用量

① 背吃刀量 a_p 的选择

毛坯的厚度余量为 0.5 mm 左右，余量不大，使用硬质合金面铣刀可一次进给铣去全部的加工余量，但被加工工件的加工精度要求较高，所以分粗、精加工平面。工件材料为Q235，刀具材料为硬质合金。

参考表 4.1-1 可得，粗加工时 $a_p<7$ mm，而被加工件的毛坯余量为 0.5 mm，还需留0.2 mm余量做精加工，所以 $a_p=0.3$ mm；精加工时，取 $a_p=0.2$ mm 来保证加工精度。

② 铣削速度 v_c 的确定

参考表 4.1-2 得，$v_c=120\sim150$ mm/min，刀具直径为 32 mm，根据式(4.1-1)计算出主轴转速，$n=1000v_c/(\pi D)=1200\sim1500$ r/min，其中粗加工时取较小的值，精加工时取较大的值。

③ 进给速度 F 的确定

铣刀的进给速度大小直接影响工件的表面质量及加工效率，因此进给速度选择得合理与否非常关键。一般来说，粗加工时，每齿进给量应尽量取得大些；半精加工和精加工时，为了提高已加工表面质量，一般应选取较小的每齿进给量。

已知，$n=1200\sim1500$，$z=4$，查表 4.1-3，取 $f=0.08\sim0.20$，根据式(4.1-2)计算进给速度 F。

粗加工时

$$F_{粗}=fzn=1200\times4\times0.2=960 \text{ mm/min}$$

精加工时

$$F_{精}=fzn=1500\times4\times0.08=480 \text{ mm/min}$$

（5）制定加工过程文件

本次加工任务的工序卡内容见表 4.1-7。

表 4.1-7　底板加工工序卡

序号	加工内容	刀具规格	刀号	余量/mm	主轴转速/(r·min⁻¹)	进给速度/(mm·min⁻¹)
1	平面粗加工	φ32 mm 可转位硬质合金面铣刀	1	0.3	1200	960
2	平面精加工	φ32 mm 可转位硬质合金面铣刀	1	0.2	1500	480

2．编制加工程序

本次加工任务的参考程序见表 4.1-8。

表 4.1-8　参考程序

程序内容	注　释
O0001；	程序号
N10 G90 G54；	采用绝对值方式编程，建立坐标系
N20 M03 S1200；	主轴正转，粗加工转速为 1200 r/min（精加工时为 S1500）
N30 M08；	开冷却（气体）
N40 G00 X-60 Y-20；	快速移至 P_0 点上方
N50 Z100；	Z 向下刀
N60 Z2；	
N70 G01 Z0 F100；	Z 向下刀，进给速度为 100 mm/min（Z 值根据粗、精加工时的实际余量确定）
N80 X60 Y-20 F960；	移至 P_1 点，粗加工进给速度为 960 mm/min（精加工时为 F480）
N90 G01 X60 Y0；	切削至 P_2 点
N100 G01 X-60 Y0；	切削至 P_3 点
N110 G01 X-60 Y20；	切削至 P_4 点
N120 G01 X60 Y20；	切削至 P_5 点
N130 G00 Z100 M09；	Z 向抬刀，关冷却
N140 M05；	主轴停转
N150 M30；	程序结束

3．机床操作

（1）开机前的准备

检查机床各油箱油量是否充足，压缩空气压力是否达到工作要求。检查机床操作面板各按键是否处于正常位置。检查机床工作台是否处于中间位置，安全防护门是否关闭。

（2）加工前的准备

① 准备铣刀、游标卡尺、深度千分尺及相关检测工具。

② 依照顺序打开车间的电源、机床主电源、操作箱上的电源开关，开机并回零。

③ 将机床先空运行预热 30 min 左右，特别是主轴与三轴均以最高速率的 50% 运转 10～20 min（当机床第一次操作或长时间停止后，每个滑轨面均须先加润滑油，再让机床开机但运转时间不超过 30 min，以便润滑油泵将油打至滑轨面后再运转）。

④ 用压缩空气吹净刀具、刀柄及其附件，正确安装并夹紧刀具。

（3）安装工件及刀具

清理工作台、夹具、工件，并正确装夹工件，确保工件定位夹紧稳固可靠。通过手动方式将刀具装入主轴中。

（4）对刀，建立工件坐标系

启动主轴，手动对刀，建立工件坐标系。

（5）输入并检验程序

① 将平面铣削的 NC 程序输入数控系统中，检查程序并确保程序正确无误。

② 将当前工件坐标系抬高至一安全高度，设置好刀具等加工参数后，将机床状态调整为"空运行"状态，空运行程序。检查平面铣削轨迹是否正确，是否与机床夹具等发生干涉，如有干涉则要调整程序。

（6）执行零件加工

① 将工件坐标系恢复至原位，取消空运行，对零件进行首次加工。加工时，应确保冷却充分和排屑顺利。

② 应用量具直接在工作台上检测工件相关尺寸，根据测量结果调整 NC 程序或机床坐标系，再次进行零件平面铣削，如此反复，最终将零件尺寸控制在规定的公差范围内。

（7）加工后处理

① 在确保零件加工完成及各尺寸在公差范围内之后，拆除工件，去毛刺，进一步清理工件。

② 清扫机床，擦净刀具、量具等用具，并按规定摆放整齐。

③ 严格按机床操作规程关闭机床。

4．实训过程记录

请根据以上参考工艺和程序，与小组成员讨论，自行编制工艺和程序，并记录任务实施过程：

① 小组是否决定尝试另外一种刀具路径设计？请将确定的加工工艺方案记录下来。

② 记录编写的程序。

③ 机床操作过程中遇到的问题及解决方法：

知识拓展

百分表利用测杆的直线位移,经齿条与齿轮传动,转变为指针的角位移。其结构如图 4.1-19 所示。百分表的刻度盘圆周上刻成 100 等份,当测量杆上移 1 mm 时,通过齿条齿轮传动机构,百分表大指针转动 100 个分度,由此可知,大指针转过一个分度就相当于测量杆移动 0.01 mm。百分表主要应用于平行度、平面度的校正或测量。

使用百分表时,可将表座吸在机床主轴、导轨面或工作台面上,百分表安装在表座杆上,使测头轴线与测量基准面相垂直,测头与测量面接触后,指针转动 2 圈(5 mm 量程的百分表)左右,移动机床工作台,校正被测量面相对于 X 轴、Y 轴或 Z 轴方向的平行度或平面度,如图 4.1-20 所示。

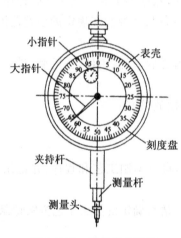

图 4.1-19　百分表的结构

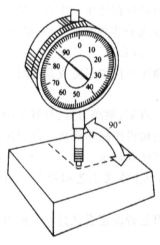

图 4.1-20　百分表的使用

百分表在使用中应注意以下几点:

① 百分表应牢固地装夹在表座上,夹紧力不宜过大,以免使套筒变形而卡住测量杆。此外,应确保测量杆移动灵活。

② 测量头与工件表面接触时,测量杆应有约 1 mm 的压缩量,以保持一定的起始测量力,提高示值的稳定性。在比较测量时,如果存在负向偏差,预压量还要大一些。

③ 为了读数方便,测量前可把百分表的指针指到表盘的零位。绝对测量时,把测量用的平板作为对零位的基准;相对测量时,把量块作为对零位的基准。

④ 测量平面时,测量杆与被测工件表面应垂直,否则将产生测量误差。

⑤ 测量圆柱形工件时,测量杆轴线应与工件直径方向一致。

⑥ 必要时,可根据被测件的形状、表面粗糙度轮廓和材料的不同,选用适当形状的测量头。如用平测头测量球形的工件,用球面测头测量圆柱形或平面的工件,用尖测头或小球面测头测量凹面或形状复杂的表面。

 任务评价

根据任务完成过程中的表现,完成任务评价表(表 4.1-9)的填写。

表 4.1-9　任务评价表

项目	评分要素	配分	评分标准	自我评价	小组评价
编程 (20分)	加工工艺路线制定	5分	加工工艺路线制定正确		
	刀具及切削用量选择	5分	刀具及切削用量选择合理		
	程序编写正确性	10分	程序编写正确、规范		
操作 (30分)	手动操作	10分	对刀操作不正确,扣5分		
	自动运行	10分	程序选择错误,扣5分; 启动操作不正确,扣5分; F,S调整不正确,扣2分		
	参数设置	10分	零点偏置设定不正确,扣 5分; 刀补设定不正确,扣5分		
工件质量 (30分)	形状	10分	有一处过切,扣2分; 有一处残余余量,扣2分		
	尺寸	16分	每超0.02 mm,扣2分		
	表面粗糙度轮廓	4分	每降一级,扣1分		
工、量、刃具 的使用与维护 (10分)	常用工、量、刃具的使用	10分	使用不当,每次扣2分		
安全文明 生产(10分)	正确执行安全技术操作规程,按企业有关的文明生产规定,做到工作地整洁,工件、工具摆放整齐	10分	严格执行制度及规定者,满分; 执行差者,酌情扣分		
小　计					
综合评价					

任务二　台阶面铣削

任务描述

　　学习台阶面铣削的相关工艺知识及方法,合理选用刀具及切削参数,掌握子程序和子程序调用指令的格式和用法,应用数控铣床完成如图 4.2-1 所示某台阶平面的铣削。工件材料为 45 钢,零件毛坯尺寸为 80 mm×75 mm×48 mm。生产规模:单件。

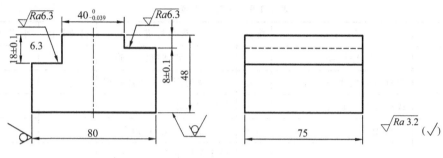

图 4.2-1　台阶面零件图

 知识链接

一、台阶面铣削工艺知识准备

台阶面铣削在刀具、切削用量选择等方面与平行面铣削基本相同,但由于台阶面铣削除要保证其底面精度之外,还应控制侧面精度,如侧面的平面度、侧面与底面的垂直度等,因此,在铣削台阶面时,刀具进给路线的设计与平行面铣削有所不同。以下介绍的是台阶面铣削常用的进刀路线。

1. 一次铣削台阶面

当台阶面深度不大时,在刀具及机床功率允许的前提下,可以一次完成台阶面铣削,刀具进给路线如图 4.2-2 所示。如台阶底面及侧面加工精度要求高,可在粗铣后留0.3～1 mm 余量进行精铣。

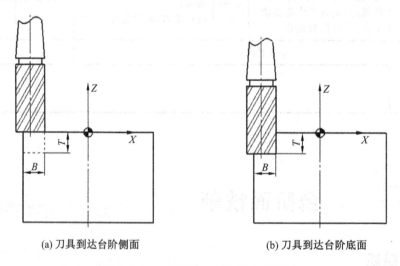

(a) 刀具到达台阶侧面　　　　　　　　(b) 刀具到达台阶底面

图 4.2-2　一次铣削台阶面的进刀路线

2. 在宽度方向分层铣削台阶面

当深度较大,不能一次完成台阶面铣削时,可采取图 4.2-3所示进刀路线,在宽度方向分层铣削台阶面。但这种铣削方式存在"让刀"现象,将影响台阶侧面相对于底面的垂直度。

3. 在深度方向分层铣削台阶面

当台阶面深度很大时，也可采取图 4.2-4 所示进刀路线，在深度方向分层铣削台阶面，但这种铣削方式会使台阶侧面产生"接刀痕"。在生产中，通常采用高精度且耐磨性能好的刀片来消除侧面"接刀痕"或台阶的侧面留 0.2~0.5 mm 余量做一次精铣。

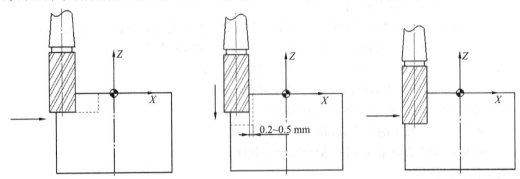

图 4.2-3　在宽度方向分层
铣削台阶面的进刀路线

图 4.2-4　在深度方向分层铣削台阶面的进刀路线

二、程序指令准备

在数控铣/加工中心机床上通常采用子程序调用指令来执行分层铣削。

1. 子程序定义

在一个加工程序中，若有几个连续的程序段完全相同，为了缩短程序，可把重复的程序段单独抽出，编成子程序，进行反复调用。调用子程序的程序称为主程序。

数控机床一般按主程序的指令操作，如果主程序中有调用子程序的指令，则程序转入子程序的指令操作，直到出现返回主程序的指令。

2. 子程序嵌套

在一个子程序中调用另一个子程序，这种编程方式称为子程序嵌套。当主程序调用子程序时，该子程序被认为是一级子程序。数控系统不同，其子程序的嵌套级数也不相同，图 4.2-5 所示为 FANUC 0i-MC 系统四层子程序嵌套。

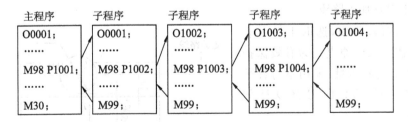

图 4.2-5　FANUC 0i-MC 系统四层子程序嵌套示例

注意

① 当不指定重复次数时，子程序只调用一次，即"M98 P0003"相当于"M98 P10003"。

② 一个调用指令可以重复调用子程序最多达 999 次。

③ 如果用地址 P 指定的子程序号未找到，输出 078 号报警。

3．FAUNC 系统子程序调用指令（M98/M99）

（1）M98——调用子程序

指令格式：M98 P□□□ □□□□；

子程序重复次数   子程序号

其中，在地址 P 后面的若干位数字中，后 4 位表示子程序号，前几位表示子程序调用次数。调用次数前面的 0 可以省略不写；当调用次数为 1 时，可省略。例如：

M98 P0151002   表示调用 O1002 号子程序 15 次；

M98 P2002   表示调用 O2002 号子程序 1 次；

M98 P30004   表示调用 O0004 号子程序 3 次。

（2）M99——子程序调用结束，并返回主程序

FANUC 0i-MC 系统常用 M99 指令结束子程序。

指令格式：M99；

M99 不必在单独程序段指令，如可以编写"G00 X100 Y100 M99；"这样的程序段。

（3）子程序编程应用格式

在 FANUC 0i-MC 系统中，子程序与主程序一样，必须建立独立的文件名，但程序必须用 M99 结束。

▌▌▌▌ 任务实施

1．确定加工工艺

（1）确定工件装夹方式

图 4.2-1 零件的加工部位为台阶表面及侧面，其中 $40_{-0.039}^{0}$，18 ± 0.1，8 ± 0.1 和 Ra 3.2，Ra 6.3 为重点保证的尺寸和表面质量。采用平口钳、垫铁等配合进行装夹。

（2）确定使用刀具

由图 4.2-1 可知，两台阶面的最大宽度为 20 mm，根据车间刀具配备情况，选用 φ25 mm 立铣刀铣削待加工的台阶面，此时刀具直径大于台阶宽度。

（3）确定刀具加工路线

本次加工两台阶面，选取工件上表面中心 O 处作为工作原点。为有效保护刀具，提高加工表面质量，采用不对称顺铣方式铣削工件，XY 向刀路设计如图 4.2-6 所示。

（4）确定切削用量

从零件图 4.2-1 可以看出，两台阶面虽然宽度相等，但左侧台阶深 18 mm，右侧台阶深 8 mm，深度相差较大，因此，尺寸深（8±0.1）mm 的台阶面采用一次粗铣，尺寸深（18±0.1）mm 的台阶面采用

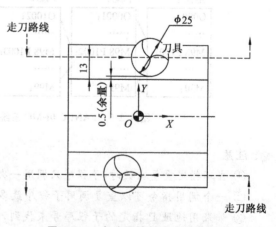

图 4.2-6 台阶面铣削刀路示意图

在深度方向分层粗铣,两台阶底面、侧面各留 0.5 mm 余量进行精加工。

其余切削用量参数的计算在此略写,结果详见表 4.2-1。

(5) 制定加工过程文件

本次加工任务的工序卡内容见表 4.2-1。

表 4.2-1　台阶面零件铣削加工工序卡

序号	加工内容	刀具规格/ mm	刀号	主轴转速/ (r·min⁻¹)	进给速度/ (mm·min⁻¹)
1	粗加工深 8 mm 的阶台平面	φ25	1	250	40～50
2	粗加工深 18 mm 的阶台平面	φ25	1	250	40～50
3	精铣深 8 mm 阶台凸台平面及侧面	φ25	2	400	80～100
4	精铣深 18 mm 阶台凸台平面及侧面	φ25	2	400	80～100

2. 编制加工程序

① 粗加工深 8 mm 的阶台平面的参考程序见表 4.2-2。

表 4.2-2　粗加工深 8 mm 的阶台平面参考程序

程序内容	注　释
O0001;	主程序名
N10 G54 G90 G40 G17 G21;	程序初始化,G54 建立工件坐标系
N20 M03 S250;	主轴正转,转速为 250 r/min
N30 M08;	开冷却液
N40 G00 Z100;	Z 轴快速定位
N50 X-60 Y45;	XY 快速定位
N60 Z5;	快速下刀
N70 G01 Z-7.5 F100;	Z 轴定位到加工深度 Z-7.5(留 0.5 mm 余量)
N80 Y33;	Y 方向进刀(留 0.5 mm 余量)
N90 X60 F50;	X 方向进给
N100 Y45 F100;	Y 方向退刀
N110 G00 Z100 M09;	快速提刀至安全高度,关冷却液
N120 M05;	主轴停转
N130 M30;	程序结束

② 粗加工深 18 mm 的阶台平面的参考程序见表 4.2-3。

表 4.2-3 粗加工深 18 mm 的阶台平面参考程序

主程序	
程序内容	注　释
O0002；	主程序名
N10 G54 G90 G40 G17 G21；	程序初始化,G54 建立工件坐标系
N20 M03 S250；	主轴正转,转速为 250 r/min
N30 M08；	开冷却液
N40 G00 Z100；	Z 轴快速定位
N50 X60 Y-60；	XY 快速定位
N60 Z5；	快速下刀
N70 G01 Z0.5 F100；	Z 轴定位到 Z0.5(留 0.5 mm 余量)
N80 M98 P30010；	重复调用子程序 3 次
N90 G0 Z100 M09；	快速提刀至安全高度,关冷却液
N100 M05；	主轴停转
N110 M30；	程序结束
O0010；	子程序名
N10 G91 G01 Z-6；	Z 轴每次加工深度为 6 mm
N20 G90 X60 Y-33；	绝对 Y 方向进刀(留 0.5 mm 余量)
N30 X-60 F50；	X 方向进给
N40 Y-60 F100；	Y 方向退刀
N50 G00 X60 Y-60；	XY 快速定位
N60 M99；	子程序结束

③ 精铣深 8 mm 阶台凸台平面及侧面参考程序见表 4.2-4。

表 4.2-4 精铣深 8 mm 的阶台凸台平面及侧面参考程序

程序内容	注　释
O0003；	主程序名
N10 G55 G90 G40 G17 G21；	程序初始化,G55 建立工件坐标系
N20 M03 S250；	主轴正转,转速为 250 r/min
N30 M08；	开冷却液
N40 G00 Z100；	Z 轴快速定位
N50 X-60 Y45；	XY 快速定位
N60 Z5；	快速下刀

续表

程序内容	注　释
N70 G01 Z-8 F100；	Z轴定位到加工深度 Z-8
N80 Y32.5；	Y 方向进刀
N90 X60；	X 方向进给
N100 Y45；	Y 方向退刀
N110 G0 Z100 M09；	快速提刀至安全高度,关冷却液
N120 M05；	主轴停转
N130 M30；	程序结束

④ 精铣深 18 mm 阶台凸台平面及侧面参考程序见表 4.2-5。

表 4.2-5　精铣深 18 mm 的阶台凸台平面及侧面参考程序

程序内容	注　释
O0004；	主程序名
N10 G55 G90 G40 G17 G21；	程序初始化,G55 建立工件坐标系
N20 M03 S250；	主轴正转,转速为 250 r/min
N30 M08；	开冷却液
N40 G00 Z100；	Z轴快速定位
N50 X60 Y-45；	XY快速定位
N60 Z5；	快速下刀
N70 G01 Z-18 F100；	Z轴定位到加工深度 Z-18
N80 Y-32.5；	Y 方向进刀
N90 X-60；	X 方向进给
N100 Y45；	Y 方向退刀
N110 G0 Z100 M09；	快速提刀至安全高度,关冷却液
N120 M05；	主轴停转
N130 M30；	程序结束

3. 机床操作

(1) 开机前的准备

检查机床各油箱油量是否充足,压缩空气压力是否达到工作要求。检查机床操作面板各按键是否处于正常位置。检查机床工作台是否处于中间位置,安全防护门是否关闭。

(2) 加工前的准备

① 准备铣刀、游标卡尺、深度千分尺及相关检测工具。

② 依照顺序打开车间的电源、机床主电源、操作箱上的电源开关,开机并回零。

③ 将机床先空运行预热 30 min 左右,特别是主轴与三轴均以最高速率的 50% 运转 10~20 min(当机床第一次操作或长时间停止后,每个滑轨面均须先加润滑油,再让机床开机但运转时间不超过 30 min,以便润滑油泵将油打至滑轨面后再运转)。

④ 用压缩空气吹净刀具、刀柄及其附件,正确安装并夹紧刀具。

(3) 安装工件及刀具

清理工作台、夹具、工件,并正确装夹工件,确保工件定位夹紧稳固可靠。通过手动方式将刀具装入主轴中。

(4) 对刀,建立工件坐标系

启动主轴,手动对刀,建立工件坐标系。由于本次加工使用了粗、精两把铣刀,因而必须用两把刀进行两次对刀,为操作方便,可先用 2 号刀(精铣刀)对刀,建立工件坐标系 G55,再换 1 号刀(粗铣刀)对刀,建立工件坐标系 G54。

(5) 输入并检验程序

① 将平面铣削的 NC 程序输入数控系统中,检查程序并确保程序正确无误。

② 将当前工件坐标系抬高至一安全高度,设置好刀具等加工参数后,将机床状态调整为"空运行"状态,空运行程序。检查平面铣削轨迹是否正确,是否与机床夹具等发生干涉,如有干涉则要调整程序。

(6) 执行零件加工

① 将工件坐标系恢复至原位,取消空运行,对零件进行首次加工。加工时,应确保冷却充分和排屑顺利。

② 应用量具直接在工作台上检测工件相关尺寸,根据测量结果调整 NC 程序或机床坐标系,再次进行零件台阶铣削。如此反复,最终将零件尺寸控制在规定的公差范围内。

(7) 加工后处理

① 在确保零件加工完成及各尺寸在公差范围内之后,拆除工件,去毛刺,进一步清理工件。

② 清扫机床,擦净刀具、量具等用具,并按规定摆放整齐。

③ 严格按机床操作规程关闭机床。

4. 实训过程记录

请根据以上参考工艺和程序,与小组成员讨论,自行编制工艺和程序,并记录任务实施过程:

① 请将小组确定的加工工艺方案记录下来。

② 记录编写的程序。

③ 机床操作过程中遇到的问题及解决方法：

 知识拓展

数控刀具是机械制造中用于切削加工的工具，又称切削工具。广义的切削工具既包括刀具，也包括磨具。同时，"数控刀具"除切削用的刀片外，还包括刀杆和刀柄等附件。

中国早在公元前 28 世纪—公元前 20 世纪，就已出现黄铜锥和紫铜的锥、钻、刀等铜质刀具。战国后期（公元前 3 世纪），由于掌握了渗碳技术，人们制成了铜质刀具。当时的钻头和锯与现代的扁钻和锯已有些相似之处。

刀具的快速发展是在 18 世纪后期，伴随蒸汽机等机器的发展而来的。1783 年，法国的勒内首先制出铣刀。1792 年，英国的莫兹利制出丝锥和板牙。有关麻花钻发明最早的文献记载是在 1822 年，但直到 1864 年才作为商品生产。1868 年，英国的穆舍特制成含钨的合金工具钢。1898 年，美国的 F. W. 泰勒和 M. 怀特发明高速钢。1923 年，德国的施勒特尔发明硬质合金。

由于高速钢和硬质合金的价格比较昂贵，刀具出现焊接和机械夹固式结构。1949—1950 年间，美国开始在车刀上采用可转位刀片，不久即应用在铣刀和其他刀具上。1938 年，德国德古萨公司取得关于陶瓷刀具的专利。1972 年，美国通用电气公司生产了聚晶人造金刚石和聚晶立方氮化硼刀片。这些非金属刀具材料可使刀具以更高的速度切削。1972 年，美国的邦沙和拉古兰发展了物理气相沉积法，在硬质合金或高速钢刀具表面涂覆碳化钛或氮化钛硬质层。表面涂层方法把基体材料的高强度和韧性与表层的高硬度和耐磨性结合起来，从而使这种复合材料具有更好的切削性能。

现今，刀具的种类和作用已经不胜枚举。随着数控机床的不断发展，数控机床刀具种类越来越多，其划分也越来越细，但无论样式如何改变，从总体上看，数控加工刀具必须适应数控机床高速、高效和自动化程度高的特点，而数控刀具中又以数控铣刀应用最为广泛。数控铣刀的种类多种多样，随着数控行业的日益发展，数控铣刀的类型及应用条件和场合也必将发生变化，我们仍要继续对其动态进行关注和研究，这是很有现实意义的。

 任务评价

根据任务完成过程中的表现，完成任务评价表（表 4.2-6）的填写。

表 4.2-6　任务评价表

项目	评分要素	配分	评分标准	自我评价	小组评价
编程 (20分)	加工工艺路线制定	5分	加工工艺路线制定正确		
	刀具及切削用量选择	5分	刀具及切削用量选择合理		
	程序编写正确性	10分	程序编写正确、规范		
操作 (30分)	手动操作	10分	对刀操作不正确,扣5分		
	自动运行	10分	程序选择错误,扣5分; 启动操作不正确,扣5分; F,S调整不正确,扣2分		
	参数设置	10分	零点偏置设定不正确,扣 5分; 刀补设定不正确,扣5分		
工件质量 (30分)	形状	10分	有一处过切,扣2分; 有一处残余余量,扣2分		
	尺寸	16分	每超0.02 mm,扣2分		
	表面粗糙度轮廓	4分	每降一级,扣1分		
工、量、刃具 的使用与维护 (10分)	常用工、量、刃具的使用	10分	使用不当,每次扣2分		
安全文明 生产(10分)	正确执行安全技术操作规程,按企业有关的文明生产规定,做到工作地整洁,工件、工具摆放整齐	10分	严格执行制度及规定者,满分; 执行差者,酌情扣分		
小　计					
综合评价					

项目五

轮廓铣削

 任务描述

　　学习外形轮廓铣削的相关工艺知识及方法,合理选用刀具及切削参数,掌握圆弧插补指令和刀具半径补偿指令的格式和使用方法,熟练操作数控机床完成如图 5.1-1 所示方板零件的外形轮廓铣削。零件材料为 45 钢,毛坯尺寸为 100 mm×80 mm×20 mm。生产规模:单件。

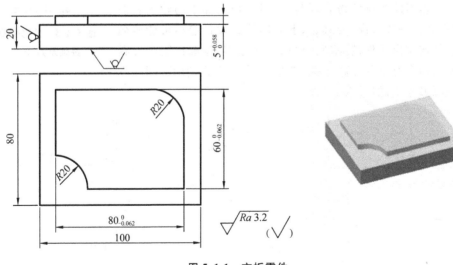

图 5.1-1　方板零件

知识链接

一、外形轮廓铣削工艺知识

　　零件 2D 外形轮廓可以描述成由一系列直线、圆弧或曲线通过拉伸形成的凸形结构，其侧面一般与零件底面垂直。零件 2D 外形轮廓铣削是数控加工中最基本、最常用的切削方式。但凡是复杂的、高精度的二维外形轮廓，都离不开这种加工方式。零件 2D 外形轮廓通常有以下三种结构类型，即单一外形、叠加外形及并列多个外形，如图 5.1-2 所示。铣削零件 2D 外形轮廓主要是控制轮廓的尺寸精度、表面粗糙度及部分结构的形位精度。

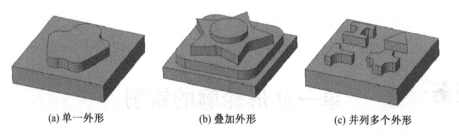

| (a) 单一外形 | (b) 叠加外形 | (c) 并列多个外形 |

图 5.1-2　零件 2D 外形轮廓结构类型

　　外形轮廓铣削如图 5.1-3 所示，轮廓侧面是主要加工内容，其加工精度、表面质量均有较高的要求。因此，合理设计轮廓铣削刀路，选择合适的铣削刀具及切削用量非常重要。

图 5.1-3　外形轮廓铣削示意图

1. 刀路设计

（1）进、退刀路线设计

　　刀具进、退刀路线设计得合理与否，对保证所加工的轮廓表面质量非常重要。一般来说，刀具进、退刀路线的设计应尽可能遵循切向切入、切向切出工件的原则。根据这一原则，轮廓铣削中刀具进、退刀路线通常有三种设计方式，即直线-直线方式，直线-圆弧方式及圆弧-圆弧方式，如图 5.1-4 所示。

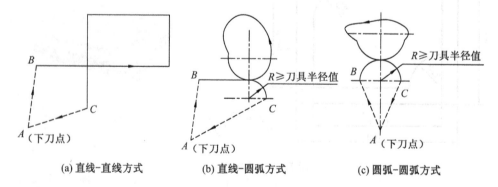

| (a) 直线-直线方式 | (b) 直线-圆弧方式 | (c) 圆弧-圆弧方式 |

图 5.1-4　轮廓铣削进、退刀路线设计

（2）铣削方向选择

通过前面的学习已经知道，进行零件轮廓铣削时有两种铣削方向，即顺铣与逆铣。

顺铣时，切削层厚度从最大开始逐渐减小至零，刀具产生向外"拐"的变形趋势，工件处于"欠切"状态。顺铣时，刀齿处于受压状态，刀具此时无滑移，因而其使用寿命长、所加工工件的表面质量好。

逆铣时，切削层厚度从零逐渐增加到最大，刀具此时因"抓地"效应产生向内"弯"的变形趋势，工件处于"过切"状态。逆铣开始时，由于切削厚度为零，小于铣刀刃口钝圆半径，刀具切不下切屑，刀齿在加工表面上产生小段滑移，刀具与工件表面产生强烈摩擦。这种摩擦一方面使刀刃磨损加剧，另一方面使工件已加工表面产生冷硬现象，从而增大了工件的表面粗糙度轮廓值。

为延长刀具使用寿命和提高工件表面质量，在进行轮廓铣削时，一般都采用顺铣；逆铣一般在铣削带"硬皮"的工件时使用。

（3）Z 向刀路设计

轮廓铣削 Z 向的刀路设计根据工件轮廓深度与刀具尺寸确定。

① 一次铣至工件轮廓深度

当工件轮廓深度尺寸不大、在刀具铣削深度范围之内时，可以采用一次下刀至工件轮廓深度完成工件铣削。刀路设计如图 5.1-5 所示。

立铣刀在粗铣时一次铣削工件的最大深度即背吃刀量 a_p（图 5.1-6），以不超过铣刀半径为原则，通常根据下列几种情况选择：

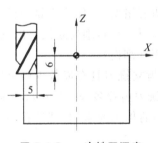 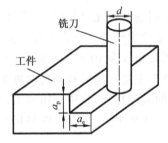

图 5.1-5　一次铣至深度　　　　　图 5.1-6　背、侧吃刀量

a. 当侧吃刀量 $a_e < d/2$（d 为铣刀直径）时，取 $a_p = (1/3 \sim 1/2)d$；

b. 当侧吃刀量 $d/2 \leqslant a_e < d$ 时，取 $a_p = (1/4 \sim 1/3)d$；

c. 当侧吃刀量 $a_e = d$（即满刀切削）时，取 $a_p = (1/5 \sim 1/4)d$。

采用一次铣至工件轮廓深度的进刀方式虽然使 NC 程序变得简单，但这种刀路使刀具受到较大的切削抗力而产生弹性变形，因而影响了工件轮廓侧壁相对底面的垂直度。

② 分层铣至工件轮廓深度

当工件轮廓深度尺寸较大、刀具不能一次铣至工件轮廓深度时，则需采用在 Z 向分多层

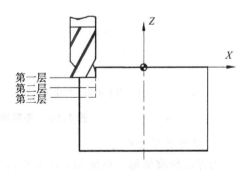

图 5.1-7　Z 向分层铣削

依次铣削工件,最后铣至工件轮廓深度,刀路设计如图 5.1-7 所示。在 Z 向分层铣削工件,有效地解决了工件轮廓侧壁相对底面的垂直度问题,因而在生产中得到了广泛应用。

2. 轮廓铣削刀具

一般情况下,常用立铣刀铣削零件 2D 外形轮廓。立铣刀的结构形状如图 5.1-8 所示,其圆柱表面和端面上都有切削刃。立铣刀圆柱表面的切削刃为主切削刃,端面上的切削刃为副切削刃,它们可同时进行切削,也可单独进行切削。主切削刃一般为螺旋齿,可以增加切削平稳性,提高加工精度。由于普通立铣刀端面中心处无切削刃,所以,立铣刀通常不能做轴向大深度进给,主要用来加工与侧面相垂直的底平面。

整体式立铣刀主要有高速钢立铣刀、整体硬质合金立铣刀两大类型,如图 5.1-8 所示。

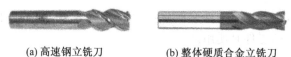

(a) 高速钢立铣刀　　　　(b) 整体硬质合金立铣刀

图 5.1-8　整体式立铣刀

高速钢立铣刀具有韧性好、易于制造、成本低等特点,但由于刀具硬度较低,特别是高温下的硬度低,难以满足高速切削的要求,因而限制了其使用范围。

硬质合金立铣刀具有硬度高、耐磨性好等特性,因而可获得较高的切削速度和较长的使用寿命,以及较高的金属去除率。刃口经过精磨的整体硬质合金立铣刀可以保证所加工零件的形位公差及较高的表面质量,通常作为精铣刀具使用。

为了改善切屑卷曲情况、增大容屑空间、防止切屑堵塞,整体式立铣刀的刀齿数比较少,容屑槽圆弧半径则较大。一般粗齿立铣刀齿数 z 为 3~4,细齿立铣刀齿数 z 为 5~8。标准立铣刀的螺旋角 β 为 40°~45°(粗齿)和 30°~35°(细齿)。

整体式立铣刀主要有粗齿和细齿两种类型,粗齿立铣刀具有齿数少($z=3$~4)、刀齿强度高、容屑空间大等特点,常用于粗加工;细齿立铣刀齿数多($z=5$~8)、切削平稳,适用于精加工,如图 5.1-9 所示。因此,应根据不同工序的加工要求,合理选择不同齿数的立铣刀。

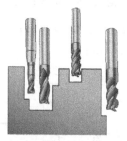

(a) 用于粗加工的粗齿立铣刀　　　(b) 用于精加工的细齿立铣刀

图 5.1-9　不同齿数立铣刀的加工应用

3. 刀具直径的确定

为保证轮廓的加工精度和生产效率,合理确定立铣刀的直径非常重要。一般情况下,在机床功率允许的前提下,工件粗加工时应尽量选择直径较大的立铣刀进行铣削,以便快速去除多余材料,提高生产效率;工件精加工则选择直径相对较小的立铣刀,从而保证轮廓的尺寸精度和表面粗糙度轮廓值。

4. 切削用量的选择

与平面铣削相似,进行零件 2D 轮廓铣削时也应确定刀具切削用量,即背吃刀量 a_p、铣削速度 v_c、进给速度 F。其中 a_p 值的确定在 Z 向刀路设计中已有所述;其他两参数的选择可查表 5.1-1 和表 5.1-2,并参照平面铣削切削用量的确定方法。

表 5.1-1　铣刀的铣削速度　　　　　　　　　　　　　　　　m/min

工件材料	铣刀刃口材料					
	碳素钢	高速钢	超高速钢	合金钢	碳化钛	碳化钨
铝合金	75~150	180~300		240~460		300~600
镁合金		180~270				150~600
钼合金		45~100				120~190
黄铜(软)	12~25	20~25		45~75		100~180
黄铜	10~20	20~40		30~50		60~130
灰铸铁(硬)		10~15	10~20	18~28		45~60
冷硬铸铁			10~15	12~18		30~60
可锻铸铁	10~15	20~30	25~40	35~45		75~110
钢(低碳)	10~14	18~28	20~30		45~70	
钢(中碳)	10~15	15~25	18~28		40~60	
钢(高碳)		10~15	12~20		30~45	
合金钢					35~80	
合金钢(硬)					30~60	
高速钢			12~25		45~70	

表 5.1-2　立铣刀进给量推荐值　　　　　　　　　　　　　　mm/z

工件材料	工件材料硬度(HB)	硬质合金		高速钢	
		端铣刀	立铣刀	端铣刀	立铣刀
低碳钢	150~200	0.20~0.35	0.07~0.12	0.15~0.3	0.03~0.18
中、高碳钢	220~300	0.12~0.25	0.07~0.10	0.1~0.2	0.03~0.15
灰铸铁	180~220	0.2~0.4	0.10~0.16	0.15~0.3	0.05~0.15
可锻铸铁	240~280	0.10~0.3	0.06~0.09	0.1~0.2	0.02~0.08
合金钢	220~280	0.1~0.3	0.05~0.08	0.12~0.20	0.03~0.08
工具钢	36HRC	0.12~0.25	0.04~0.08	0.07~0.12	0.03~0.08
镁合金铝	95~100	0.15~0.38	0.08~0.14	0.2~0.3	0.05~0.15

二、单一外形轮廓铣削程序指令

1. G02/G03——圆弧插补指令

圆弧插补指令使机床在各坐标平面内执行圆弧运动。G02 为顺时针方向圆弧插补指令；G03 为逆时针方向圆弧插补指令。沿着垂直于圆弧所在平面（例如 XY 平面）的坐标轴向其负方向（$-Z$）看去，顺时针方向为 G02，逆时针方向为 G03。

$$指令格式：G17 \begin{Bmatrix} G02 \\ G03 \end{Bmatrix} X\_Y\_ \begin{Bmatrix} R\_ \\ I\_J\_ \end{Bmatrix} F\_;$$

$$G18 \begin{Bmatrix} G02 \\ G03 \end{Bmatrix} X\_Z\_ \begin{Bmatrix} R\_ \\ I\_K\_ \end{Bmatrix} F\_;$$

$$G19 \begin{Bmatrix} G02 \\ G03 \end{Bmatrix} X\_Z\_ \begin{Bmatrix} R\_ \\ J\_K\_ \end{Bmatrix} F\_;$$

其中：

① G17，G18，G19 分别表示 XY，ZX，YZ 平面上的圆弧。默认平面为 G17。

② G02，G03 分别表示顺时针、逆时针方向圆弧切削。

③ X，Y，Z 表示终点坐标位置，可用绝对值（G90）或增量值（G91）表示。

④ R 表示圆弧半径，以半径值表示（以 R 表示者又称为半径法）。圆心角小于 180° 的圆弧 R 为正值，圆心角大于 180° 的圆弧为负值。

⑤ I，J，K 表示从圆弧起点到圆心位置在 X，Y，Z 轴上的分向量（以 I，J，K 表示者又称为圆心法）。X 轴的分向量用地址 I 表示，Y 轴的分向量用地址 J 表示，Z 轴的分向量用地址 K 表示。I，J，K 为零时可以省略，但不能同时为零，否则刀具原地不动或系统发出错误信息。

⑥ F 表示切削进给速率，单位 mm/min。

图 5.1-10 所示为 XY 平面内的圆弧，(X,Y) 为圆弧终点坐标值。在绝对值编程 G90 方式下，圆弧终点坐标是绝对坐标尺寸；在增量值编程 G91 方式下，圆弧终点坐标是相对于圆弧起点的增量值。

I，J 表示圆弧圆心相对于圆弧起点在 X，Y 方向上的增量坐标。即 I 表示圆弧起点到圆心的距离在 X 轴上的投影；J 表示圆弧起点到圆心的距离在 Y 轴上的投影。I，J 的方向与 X，Y 轴的正负方向相对应。图 5.1-10 中 I，J 均为负值。要注意的是 I，J 的值始终属于 X，Y 方向上的坐标增量，与 G90 和 G91 方式无关。

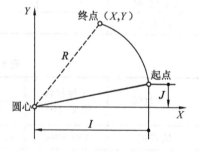

图 5.1-10　XY 平面内的圆弧参数

在使用半径编程时，如图 5.1-11 所示，按几何作图会出现两段起点和半径都相同的圆弧，其中一段圆弧的圆心角 $\alpha > 180°$，另一段圆弧的圆心角 $\alpha < 180°$。编程时规定 R 用正值表示圆心角 $\alpha \leq 180°$ 的圆弧，用负值表示圆心角 $\alpha > 180°$ 的圆弧。即刀具当前所处位置为 P_1 点，指令"G90 G17 G02 X50 Y40 R-30 F120；"将使刀具从 P_1 点沿圆弧 1 路径移动至 P_2 点。指令"G90 G17 G02 X50 Y40 R30 F120；"将使刀具从 P_1 点沿圆弧 2 路径移动至 P_2 点。

在实际加工中,往往要求在工件上加工出一个整圆轮廓。整圆的起点和终点重合,用 R 编程无法定义(因为过一点可以作无数个半径相同的圆),所以只能用圆心坐标编程。如图 5.1-12 所示,从起点开始顺时针切削,整圆程序段为"G90 G02 X80 Y50 I-35 J0 F120;",也可简写为"G02 I-35 F120;"。

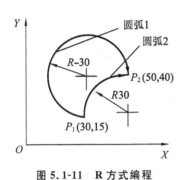

图 5.1-11　R 方式编程

图 5.1-12　整圆编程

2. G40/G41/G42——刀具半径补偿指令

(1) 刀具半径补偿定义

在编制零件轮廓铣削加工程序时,一般以工件的轮廓尺寸作为刀具轨迹,而实际的刀具运动轨迹则与工件轮廓有一偏移量(即刀具半径),如图 5.1-13 所示。数控系统这种编程功能称为刀具半径补偿功能。

(2) 刀具半径补偿指令

① 建立刀具半径补偿

指令格式:$\begin{Bmatrix} G17 \\ G18 \\ G19 \end{Bmatrix} \begin{Bmatrix} G41 \\ G42 \end{Bmatrix} D\_ \begin{Bmatrix} G00 \\ G01 \end{Bmatrix} \alpha\_\beta\_ ;$

其中:

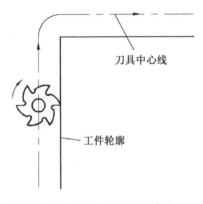

图 5.1-13　刀具半径补偿示意图

a. α,β 为 X,Y,Z 三轴中配合平面选择(G17, G18,G19)之任二轴。如加工 G17 平面则为 X,Y;加工 G18 平面则为 X,Z;加工 G19 平面则为 Y,Z。

b. D 为刀具补偿偏置号,通常在字母 D 后用两位数字表示刀具半径补偿值在刀具参数表中的存放地址。例如,D05 表示补偿偏置号地址为 05 号,05 号地址存放的数据是 12.0,表示铣刀半径为 12 mm。执行 G41 或 G42 指令时,控制器会到 D 所指定的刀具补偿地址获取刀具半径值,以作为补正值的依据。刀具补偿值在加工或试运行之前须设定在补偿存储器中。

c. G41 为刀具半径左补偿指令,G42 为刀具半径右补偿指令,如图 5.1-14 所示。刀具半径补偿方向的判别方法是:沿着刀具的进给方向看,若刀具在工件被切轮廓的左侧,则为刀具半径左补偿,用 G41 指令;反之则为刀具半径右补偿,用 G42 指令。

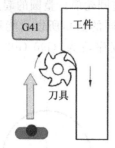

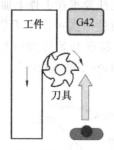

(a) 刀具半径左补偿指令G41　　　　(b) 刀具半径右补偿指令G42

图 5.1-14　刀具半径补偿指令及其判别

② 取消刀具半径补偿

指令格式:G40

G40 为刀具半径补偿取消指令,使用该指令后,G41,G42 指令无效。

刀具半径补偿建立与取消过程如图 5.1-15 所示。

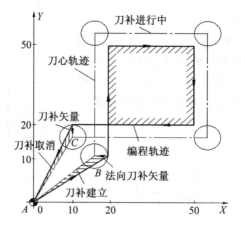

图 5.1-15　刀具半径补偿的建立与取消示意图

③ 刀具半径补偿指令使用注意事项

a. 刀具半径补偿模式的建立与取消程序段只能在 G00 或 G01 插补指令状态下才有效,不得用 G02 和 G03。建立半径补偿时刀具移动的距离(图 5.1-15 中的 AB 段)及取消半径补偿时刀具移动的距离(图 5.1-15 中的 CA 段)均要大于半径补偿值。

b. 当采用"直线-圆弧""圆弧-圆弧"方式切入工件时(图 5.1-4),进、退刀线中的圆弧半径必须大于刀具半径值。

c. 在刀具补偿模式下,一般不允许存在连续两段以上的非补偿平面内移动指令,否则刀具会出现过切等危险动作。

如图 5.1-16 所示,起始点坐标为(0,0),高度在 50 mm 处,使用刀具半径补偿时,由于接近工件及切削工件要有 Z 轴的移动,如果 N40,N50 句连续 Z 轴移动,这时容易出现过切削现象。

O5001；

N10 G90 G54 G00 X0 Y0 M03 S500；

N20 G00 Z50；　　　　　　　安全高度

N30 G41 D01 X20 Y10；　　　　建立刀具半径补偿

N40 Z10；

N50 G01 Z-10.0 F50；　　　　连续两句 Z 轴移动，此时会产生过切削

N60 Y50；

N70 X50；

N80 Y20；

N90 X10；

N100 G00 Z50；　　　　　　　抬刀到安全高度

N110 G40 X0 Y0 M05；　　　　取消刀具半径补偿

N120 M30；

以上程序在运行 N60 时，产生过切现象，如图 5.1-16 所示。原因是当从 N30 刀具补偿建立，进入刀具补偿进行状态后，系统只能读入 N40，N50 两段，但由于 Z 轴是非刀具补偿平面的轴，而且又读不到 N60 以后程序段，也就做不出偏移矢量，刀具确定不了前进的方向。此时，刀具中心未加上刀具补偿而直接移动到了无补偿的 P_1 点。当执行完 N40，N50 后，再执行 N60 段时，刀具中心从 P_1 点移至交点 A，于是发生过切。

为避免过切，可将上面的程序改成下述形式：

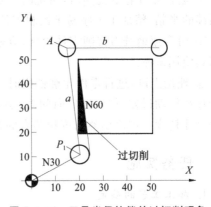

图 5.1-16　刀具半径补偿的过切削现象

O5002；

N10 G90 G54 G00 X0 Y0 M03 S500；

N20 G00 Z50；　　　　　　　安全高度

N30 Z10；

N40 G41 D01 X20 Y10；　　　　建立刀具半径补偿

N50 G01 Z-10.0 F50；

N60 Y50；

⋮

（3）刀具半径补偿功能的应用

通过运用刀具半径补偿功能来编程，可以实现简化编程的目的。可以利用同一加工程序，只需对刀具半径补偿量做相应的设置就可以进行零件的粗加工、半精加工及精加工（图 5.1-17 a），也可用同一程序段加工同一公称尺寸的凹、凸型面（图 5.1-17 b）。

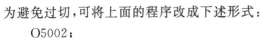

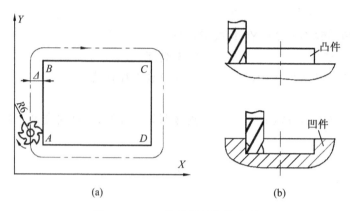

图 5.1-17 刀具半径补偿的应用

三、轮廓铣削注意事项

① 进行零件轮廓铣削时,粗铣时尽量预留较大加工余量(单边余量 0.3～1 mm),以便后续的半精、精加工工序易于控制零件的轮廓度精度。

② 用高速钢铣刀铣削零件轮廓,应采用大流量冷却液冷却,确保刀具冷却充分,以延长刀具使用寿命。

③ 理论上讲,进行零件轮廓铣削时,在 X 向的零件尺寸误差与 Y 向的基本相同。因机床存在传动误差(如丝杆反向间隙)造成 X 向、Y 向各尺寸偏差不一致时,可采取刀补调整尺寸精度与程序调整精度相结合的办法来综合控制零件尺寸精度。

任务实施

1. 加工工艺的确定

(1) 确定工件装夹方式

图 5.1-1 所示零件的加工部位为方板零件侧面轮廓,其中包括直线轮廓及圆弧轮廓,尺寸 $80_{-0.062}^{0}$,$60_{-0.062}^{0}$,$5_{0}^{+0.058}$ 是本次加工重点保证的尺寸,但精度不高;同时轮廓侧面的表面粗糙度轮廓值为 $Ra\,6.3$,表面质量要求一般。零件毛坯为板料,故决定选择平口钳、垫铁等装夹工件。

(2) 确定使用刀具

由于本次加工的方板零件加工精度要求不高,故决定仅用一把 $\phi\,12$ mm 的高速钢立铣刀(3 刃)来完成零件轮廓的粗、精加工。

(3) 确定刀具加工路线

为有效保护刀具,提高加工表面质量,本次加工将采用顺铣方式铣削工件,XY 面内刀路设计如图 5.1-18 所示,刀具 P_0P_1 段轨迹为建立刀具半径左补偿,P_1P_0 段轨迹为取消刀具半径补偿。因零件轮廓深度仅有 5 mm,故 Z 向刀路采用一次铣至工件轮廓深度的方式。

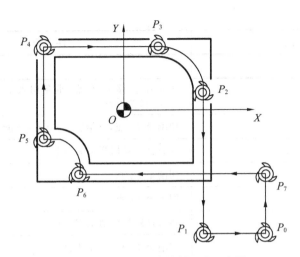

图 5.1-18　方板零件铣削刀路示意图

（4）确定切削用量

采用计算方法选择切削用量,选择结果详见表 5.1-3,在此略写。

（5）制定加工过程文件

本次加工任务的工序卡内容见表 5.1-3。

表 5.1-3　方板零件铣削加工工序卡

序号	加工内容	刀具规格	刀号	刀具半径补偿/mm	主轴转速/$(r \cdot min^{-1})$	进给速度/$(mm \cdot min^{-1})$
1	粗铣削方板零件外轮廓	ϕ12 mm 高速钢 3 刃立铣刀	1	7	350	30
2	半精铣削方板零件外轮廓	ϕ12 mm 高速钢 5 刃立铣刀	2	6.2	400	60
3	精铣削方板零件外轮廓	ϕ12 mm 高速钢 5 刃立铣刀	2	测量后计算得出	400	60

2. 加工程序的编制

坐标原点选在工件上表面中心。方板零件加工参考程序见表 5.1-4。

表 5.1-4　参考程序

程序内容	注　释
O0001;	程序号
N10 G90 G54 G40;	建立坐标系,设定工件原点
N20 M03 S350;	主轴正转,转速 350 r/min
N30 G00 X100 Y-100;	快速移至 P_0 点上方
N40 Z100;	Z 向下刀
N50 Z2;	

续表

程序内容	注　释
N60 Z-5;	
N70 G41 D01 Y-30;	建立刀补,移至 P_7 点,准备切入工件,半精、精铣时"D01"改为"D02"
N80 G01 X-20 F30;	切削至 P_6 点,进给速度 30 mm/min
N90 G03 X-40 Y-10 R20;	逆时针圆弧切削至 P_5 点
N100 G01 X30;	切削至 P_4 点
N110 X20;	切削至 P_3 点
N120 G02 X40 Y10 R20;	顺时针圆弧切削至 P_2 点
N130 Y-100;	切削至 P_1 点,切出工件
N140 G40 G00 X100;	退出刀补,返回至起刀点
N150 G00 Z100;	Z 向抬刀
N160 M05;	主轴停转
N170 M30;	程序结束

3. 数控机床的操作

(1) 开机前的准备

检查机床各油箱油量是否充足,压缩空气压力是否达到工作要求。检查机床操作面板各按键是否处于正常位置。检查机床工作台是否处于中间位置,安全防护门是否关闭。

(2) 加工前的准备

① 准备铣刀、游标卡尺、深度千分尺及相关检测工具。

② 依照顺序打开车间的电源、机床主电源、操作箱上的电源开关,开机并回零。

③ 将机床先空运行预热 30 min 左右,特别是主轴与三轴均以最高速率的 50% 运转 10~20 min(当机床第一次操作或长时间停止后,每个滑轨面均须先加润滑油,再让机床开机但运转时间不超过 30 min,以便润滑油泵将油打至滑轨面后再运转)。

④ 用压缩空气吹净刀具、刀柄及其附件,正确安装并夹紧刀具。

(3) 安装工件及刀具

清理工作台、夹具、工件,并正确装夹工件,确保工件定位夹紧稳固可靠。通过手动方式将刀具装入主轴中。

(4) 对刀,建立工件坐标系

启动主轴,手动对刀,建立工件坐标系。

(5) 输入并检验程序

① 将平面铣削的 NC 程序输入数控系统中,检查程序并确保程序正确无误。

② 将当前工件坐标系抬高至一安全高度,设置好刀具等加工参数后,将机床状态调整为"空运行"状态,空运行程序。检查平面铣削轨迹是否正确,是否与机床夹具等发生干涉,如有干涉则要调整程序。

（6）执行零件加工

① 将工件坐标系恢复至原位，取消空运行，对零件进行首次加工。加工时，应确保冷却充分和排屑顺利。

② 应用量具直接在工作台上检测工件相关尺寸，根据测量结果调整 NC 程序或刀补值，再次进行零件轮廓铣削。如此反复，最终将零件尺寸控制在规定的公差范围内。

（7）加工后处理

① 在确保零件加工完成及各尺寸在公差范围内之后，拆除工件，去毛刺，进一步清理工件。

② 清扫机床，擦净刀具、量具等用具，并按规定摆放整齐。

③ 严格按机床操作规程关闭机床。

4. 实训过程记录

请根据以上参考工艺和程序，与小组成员讨论，自行编制工艺和程序，并记录任务实施过程：

① 请将确定的加工工艺方案记录下来。

② 记录编写的程序。

③ 机床操作过程中遇到的问题及解决方法：

④ 讨论图 5.1-19 所示零件的加工，以及进退刀路线的设计。

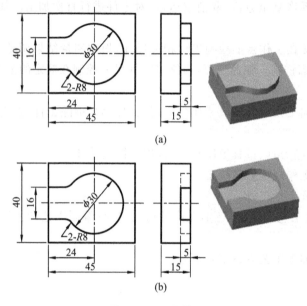

(a)

(b)

图 5.1-19　零件图

知识拓展

一般情况下，要根据工件的生产规模及企业生产条件，最终确定选用何种类型的立铣刀来进行轮廓铣削加工。

可转位硬质合金立铣刀的结构如图 5.1-20 所示，通常作为粗铣刀具或半精铣刀具使用。

与整体式硬质合金立铣刀相比，可转位硬质合金立铣刀的尺寸形状误差相对较差，直径一般大于 10 mm，因而通常作为粗铣刀具或半精铣刀具使用。

图 5.1-20　可转位硬质合金立铣刀

玉米铣刀可分为镶硬质合金刀片玉米铣刀及焊接刀刃玉米铣刀两种类型，其结构如图 5.1-21所示。这种铣刀具有高速、大切深、表面质量好等特点，在生产中常用于大切深的粗铣加工或半精铣加工。

(a) 镶硬质合金刀片玉米铣刀　　　(b) 焊接刀刃玉米铣刀

图 5.1-21　玉米铣刀

任务评价

根据任务完成过程中的表现,完成任务评价表(表5.1-5)的填写。

表5.1-5 任务评价表

项目	评分要素	配分	评分标准	自我评价	小组评价
编程 (20分)	加工工艺路线制定	5分	加工工艺路线制定正确		
	刀具及切削用量选择	5分	刀具及切削用量选择合理		
	程序编写正确性	10分	程序编写正确、规范		
操作 (30分)	手动操作	10分	对刀操作不正确,扣5分		
	自动运行	10分	程序选择错误,扣5分; 启动操作不正确,扣5分; F,S调整不正确,扣2分		
	参数设置	10分	零点偏置设定不正确,扣 5分; 刀补设定不正确,扣5分		
工件质量 (30分)	形状	10分	有一处过切,扣2分; 有一处残余余量,扣2分		
	尺寸	16分	每超0.02 mm,扣2分		
	表面粗糙度轮廓	4分	每降一级,扣1分		
工、量、刃具 的使用与维护 (10分)	常用工、量、刃具的使用	10分	使用不当,每次扣2分		
安全文明 生产(10分)	正确执行安全技术操作规程,按企业有关的文明生产规定,做到工作地整洁,工件、工具摆放整齐	10分	严格执行制度及规定者, 满分; 执行差者,酌情扣分		
小　计					
综合评价					

任务二　叠加型外形轮廓的铣削

任务描述

　　学习叠加型外形轮廓铣削的相关工艺知识及方法,合理选用刀具及切削参数,掌握轮廓倒角和倒圆角指令的格式和使用方法,熟练操作数控机床完成如图 5.2-1 所示塔形零件的外形轮廓铣削。零件材料为 45 钢。生产规模:单件。

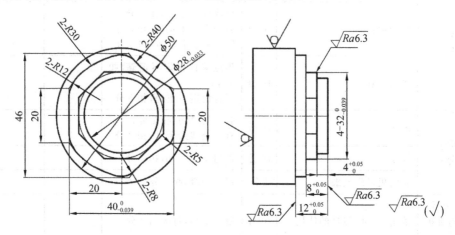

图 5.2-1　塔形零件

知识链接

一、叠加型外形轮廓铣削工艺知识

　　叠加型外形轮廓是指沿 Z 向串联分布的多个轮廓集合,就每个轮廓铣削而言,其所用的刀具、刀路的设计及切削用量的选择与单一型外轮廓基本相同,但从零件整体工艺看,轮廓间铣削的先后顺序将直接影响零件的加工效率甚至尺寸精度和表面质量。因此,如何安排叠加型外形轮廓各轮廓的铣削先后顺序将十分关键。此外,如何快速清除残料也是铣削轮廓时必须考虑的重要问题。

　　1. 叠加型外形轮廓铣削工艺方案

　　(1) 先上后下的工艺方案

　　先上后下的工艺方案,就是按照从上到下的加工顺序,依次对叠加外形轮廓进行铣削的加工方案,如图 5.2-2 所示。这种工艺方案的特点是:每层的铣削深度接近,粗铣轮廓时不需要刀刃很长的立铣刀,切削载荷均匀,但在铣最上层轮廓时,往往不可能一次走刀把零件的所有余量全部清除,必须及时安排残料清除的程序段。

图 5.2-2　先上后下的工艺路线示意图

（2）先下后上的工艺方案

先下后上的工艺方案，就是按照从下到上的加工顺序，依次对叠加外形轮廓进行铣削的加工方案，如图 5.2-3 所示。与先上后下工艺方案相比较，这种工艺方案具有残料清除少、切削效率高之优点，但由于刀具粗铣时各层轮廓深度不一，因而存在着切削负荷不均匀、需要长刃立铣刀等缺点。

图 5.2-3　先下后上的工艺路线示意图

2. 残料的清除方法

（1）通过大直径刀具一次性清除残料

对于无内凹结构且四周余量分布较均匀的外形轮廓，可尽量选用大直径刀具在粗铣时一次性清除所有余量，如图 5.2-4 所示。

（2）通过增大刀具半径补偿值分多次清除残料

对于轮廓中无内凹结构的外形轮廓，可通过增大刀具半径补偿值的方式，分几次切削完成残料清除，如图 5.2-5 所示。

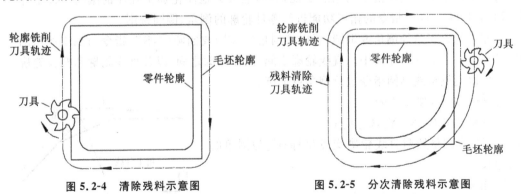

图 5.2-4　清除残料示意图　　　　**图 5.2-5　分次清除残料示意图**

对于轮廓中有内凹结构的外形轮廓，可以忽略内凹形状并用直线替代（在图 5.2-6 中将 AB 处看成直线），然后增大刀具半径补偿值，分几次切削完成残料清除。

（3）通过增加程序段清除残料

对于一些分散的残料，也可通过在程序中增加新程序段清除残料，如图 5.2-7 所示。

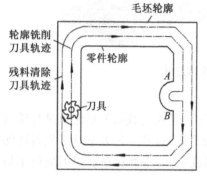

图 5.2-6　清除带内凹结构轮廓残料示意图　　　　**图 5.2-7　增加程序段清除零件残料示意图**

（4）采用手动方式清除残料

当零件残料很少时，可将刀具以 MDI 方式下移至相应高度，再转为手轮方式清除残料，如图 5.2-8 所示。

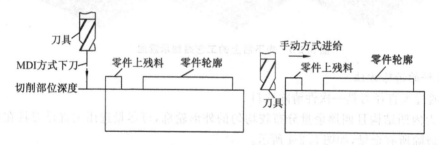

图 5.2-8　采用手动方式清除零件残料示意图

二、叠加型外形轮廓铣削程序指令准备

数控系统中某些编程指令的拓展功能，有时能极大地简化加工程序的编写。以下介绍利用 G01，G02/G03 指令的拓展功能进行零件轮廓的倒角、倒圆铣削。

在零件轮廓拐角处倒角或倒圆，可以将倒角（",C"）或倒圆（",R"）指令与加工拐角的轴运动指令一起写入程序段中。直线轮廓之间、圆弧轮廓之间，以及直线轮廓和圆弧轮廓之间都可以用倒角或倒圆指令进行倒角或倒圆。

1. 轮廓倒角（图 5.2-9）

指令格式：G01 X_ Y_,C_ F_;

X_ Y_ 为倒角处两直线轮廓交点坐标；C_ 为倒角的直角边长。

2. 轮廓倒圆

（1）直线与直线之间圆角（图 5.2-10 a）

指令格式：G01 X_ Y_,R₂_ F_;

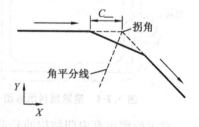

图 5.2-9　轮廓倒角示意图

X_ Y_ 为倒圆处两直线轮廓交点坐标；R_2_ 为圆角半径。

👁 **注意**

利用 G01 指令倒圆,只能用于凸结构圆角,不能用于凹结构圆角。

(2) 直线与圆弧之间圆角(图 5.2-10 b)

指令格式:G01 X_ Y_ ,R_3_ F_ ;

X_Y_为倒圆处直线与圆弧交点坐标;R_3_为倒圆半径。

G03(G02) X_ Y_ R_2_ ;

R_2_为圆弧插补半径。

(3) 圆弧与直线之间圆角(图 5.2-10 c)

指令格式:G03(G02) X_ Y_ R_1_ ,R_3_ F_ ;

X_ Y_为倒圆处圆弧与直线交点坐标;R_1_为圆弧插补半径;R_3_为倒圆半径。

G01 X_ Y_ ;

(4) 圆弧与圆弧之间圆角(图 5.2-10 d)

指令格式:G02(G03) X_ Y_ R_1_ ,R_3_ F_ ;

X_ Y_为倒圆处圆弧与圆弧交点坐标;R_1_为圆弧插补半径;R_3_为倒圆半径。

G02(G03) X_ Y_ R_2_ ;

R_2_为圆弧插补半径。

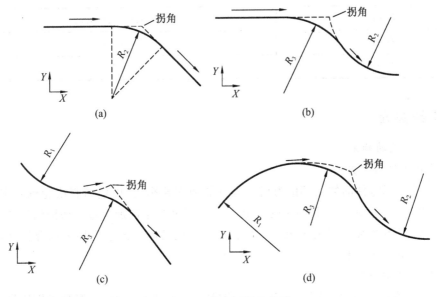

图 5.2-10 轮廓倒圆示意图

如图 5.2-11 所示轮廓,以轮廓中心为工件原点,应用 G01/G02/G03 指令的拓展功能编写轮廓加工程序,其轮廓铣削 NC 程序见表 5.2-1。

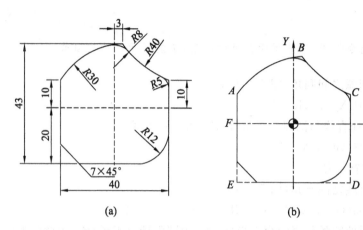

图 5.2-11　轮廓倒角、倒圆编程举例

表 5.2-1　轮廓倒角、倒圆编程示例

轨迹路线	NC 程序
$F \to A$	G01 X-20 Y10 F100
$A \to B$	G02 X3 Y23 R30,R8
$B \to C$	G03 X20 Y10 R40,R5
$C \to D$	G01 X20 Y-20,R12
$D \to E$	X-20,C7
$E \to F$	X-20 Y0

任务实施

1. 加工工艺的确定

(1)确定工件装夹方式

图 5.2-1 所示零件的加工部位为塔形零件的侧面轮廓,其中包括直线轮廓及圆弧轮廓,尺寸 $\phi 28_{-0.033}^{~~0}$,$\phi 40_{-0.039}^{~~0}$ 和均布的 4 个 $32_{-0.039}^{~~0}$ 尺寸是本次加工重点保证的尺寸,同时轮廓侧面的表面粗糙度轮廓值为 $Ra\ 3.2$,加工要求比较高。由于毛坯为圆形钢件,故决定选择三爪卡盘装夹工件。

(2)确定使用刀具

选择一把 $\phi 12$ mm 高速钢立铣刀(3 刃)对零件轮廓进行粗铣,为提高表面质量,用另一把 $\phi 12$ mm 高速钢立铣刀(5 刃)进行半精铣、精铣轮廓。

(3)确定刀具加工路线

采用从上到下的加工方式。为有效保护刀具,提高加工表面质量,采用顺铣方式铣削工件,XY 面中的刀路设计如图 5.2-12 所示。其中图 5.2-12 a,c 采用圆弧进、退刀的方式,图 5.2-12 b 采用法向进刀的方式,零件轮廓每层深度仅有 4 mm,故 Z 向刀路采用一次铣至工件轮廓深度的方式。选取工件上表面中心 O 处作为工件原点,如图 5.2-12 所示。

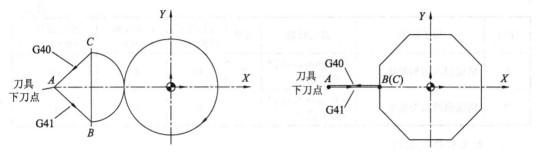

(a) 圆轮廓刀具路径　　　　　　　　　　　　　　(b) 八边形刀具路径

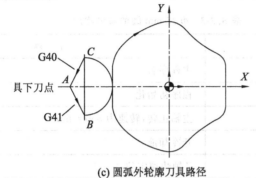

(c) 圆弧外轮廓刀具路径

图 5.2-12　塔形零件铣削刀路示意图

（4）确定切削用量

详见表 5.2-2。

（5）制定加工过程文件

本次加工任务的工序卡内容见表 5.2-2。

表 5.2-2　塔形零件铣削加工工序卡

序号	加工内容	刀具规格	刀号	刀具半径补偿/mm	主轴转速/ $(r \cdot min^{-1})$	进给速度/ $(mm \cdot min^{-1})$
1	粗铣削 ϕ 28 mm 轮廓	ϕ 12 mm 高速钢 3 刃立铣刀	1	$D_1 = 6.4$	350	50
2	粗铣削八边形轮廓	ϕ 12 mm 高速钢 3 刃立铣刀	1	$D_1 = 6.4$	350	50
3	粗铣削圆弧形轮廓	ϕ 12 mm 高速钢 3 刃立铣刀	1	$D_1 = 6.4$	350	50
4	半精铣削 ϕ 28 mm 轮廓	ϕ 12 mm 高速钢 5 刃立铣刀	2	$D_2 = 6.05$	450	80
5	半精铣削八边形轮廓	ϕ 12 mm 高速钢 5 刃立铣刀	2	$D_2 = 6.05$	450	80
6	半精铣削圆弧形轮廓	ϕ 12 mm 高速钢 5 刃立铣刀	2	$D_2 = 6.05$	450	80
7	精铣削 ϕ 28 mm 轮廓	ϕ 12 mm 高速钢 5 刃立铣刀	2	测量后计算得出 D_3	450	80

序号	加工内容	刀具规格	刀号	刀具半径补偿/mm	主轴转速/(r·min⁻¹)	进给速度/(mm·min⁻¹)
8	精铣削八边形轮廓	φ12 mm 高速钢5刃立铣刀	2	D_3	450	80
9	精铣削圆弧形轮廓	φ12 mm 高速钢5刃立铣刀	2	D_3	450	80

2. 加工程序的编制

塔形零件的参考程序见表 5.2-3～5.2-5。

表 5.2-3　φ28 mm 圆的参考程序

程序内容	注　释
O0001；	主程序名
N10 G54 G90 G40 G17 G21；	程序初始化
N20 M03 S350；	主轴正转,转速为 350 r/min
N30 M08；	开冷却液
N40 G00 Z100；	Z 轴快速定位
N50 X-35 Y0；	XY 快速定位
N60 Z5；	Z 轴快速定位安全平面
N70 G01 Z-4 F50；	Z 轴定位,进给速度为 50 mm/min
N80 G41 D1 X-24 Y-10；	建立半径左补偿,Y 方向进给
N90 G03 X-14 Y0 R10；	半径为 10 mm 的逆圆弧进刀
N100 G02 I14；	铣削 φ28 mm 圆
N110 G03 X-24 Y10 R10；	退刀
N120 G40 G01 X-35 Y0；	退刀返回起始点,取消刀具半径补偿
N130 G00 Z100；	快速定位安全高度
N140 M05；	主轴停转
N150 M30；	程序结束

注：① 将 N20 程序段中的"G54"修改为"G55"、N30 程序段修改为"M03 S400 F80"、N90 程序段中的"D1"修改为"D2",即可进行轮廓半精铣。

② 在半精铣程序的基础上,将 N90 程序段中的"D2"修改为"D3",即可进行轮廓精铣。(表 5.2-4 和表 5.2-5 的程序修改方法相同)

表 5.2-4　八边形轮廓的参考程序

程序内容	注释
O0002；	主程序名
N10 G54 G90 G40 G17 G21；	程序初始化
N20 M03 S350；	主轴正转,转速为 350 r/min
N30 M08；	开冷却液
N40 G00 Z100；	Z 轴快速定位
N50 X-35 Y0；	XY 快速定位
N60 Z5；	Z 轴快速定位安全平面
N70 G01 Z-8 F50；	Z 轴定位－8 mm,进给速度为 50 mm/min
N80 G41 D1 X-16；	建立半径左补偿,开始切削八边形轮廓
N90 Y6.627；	
N100 X-6.627 Y16；	
N110 X6.627；	
N120 X16 Y6.627；	
N130 Y-6.627；	
N140 X6.627 Y-16；	
N150 X-6.627；	
N160 X-16 Y-6.627；	
N130 Y0；	
N140 G40 X-35；	退刀,取消半径补偿
N150 G0 Z100；	快速定位安全高度
N160 M05；	主轴停转
N170 M30；	程序结束

表 5.2-5　外轮廓的参考程序

程序内容	注释
O0003；	主程序名
N10 G54 G90 G40 G17 G21；	程序初始化
N20 M03 S350；	主轴正转,转速为 350 r/min
N30 M08；	开冷却液
N40 G00 Z100；	Z 轴快速定位
N50 X-35 Y0；	XY 快速定位

续表

程序内容	注释
N60 Z5；	Z轴快速定位安全平面
N70 G01 Z-12 F50；	Z轴定位,切削进给-12 mm
N80 G41 D1 X-30 Y-10；	建立半径左补偿,Y方向进给
N90 G03 X-20 Y0 R10；	半径为10 mm的逆圆弧进刀
N100 G01 Y10,R12；	X方向进给,倒圆弧R12
N110 G02 X3 Y23 R30,R8；	G02圆弧进给,倒圆弧R8
N120 G03 X20 Y10 R40,R5；	G03圆弧进给,倒圆弧R5
N130 G01 Y-10,R5；	Y方向进给,倒圆弧R5
N140 G03 X3 Y-23 R40,R8；	G03圆弧进给,倒圆弧R8
N150 G02 X-20 Y-10 R30,R12；	G02圆弧进给,倒圆弧R12
N160 G01 Y0；	X方向进给
N170 G03 X-30 Y10 R10；	半径为10 mm的逆圆弧退刀
N180 G40 G01 X-35 Y0；	退刀返回起始点,取消刀具半径补偿
N190 G00 Z100；	快速定位安全高度
N200 M05；	主轴停转
N210 M30；	程序结束

3．数控机床的操作

（1）开机前的准备

检查机床各油箱油量是否充足,压缩空气压力是否达到工作要求。检查机床操作面板各按键是否处于正常位置。检查机床工作台是否处于中间位置,安全防护门是否关闭。

（2）加工前的准备

① 准备铣刀、游标卡尺、深度千分尺及相关检测工具。

② 依照顺序打开车间的电源、机床主电源、操作箱上的电源开关,开机并回零。

③ 将机床先空运行预热30 min左右,特别是主轴与三轴均以最高速率的50%运转10~20 min(当机床第一次操作或长时间停止后,每个滑轨面均须先加润滑油,再让机床开机但运转时间不超过30 min,以便润滑油泵将油打至滑轨面后再运转)。

④ 用压缩空气吹净刀具、刀柄及其附件,正确安装并夹紧刀具。

（3）安装工件及刀具

清理工作台、夹具、工件,并正确装夹工件,确保工件定位夹紧稳固可靠。通过手动方式将刀具装入主轴中。

（4）对刀,建立工件坐标系

启动主轴,手动对刀,建立工件坐标系。

（5）输入并检验程序

① 将平面铣削的 NC 程序输入数控系统中，检查程序并确保程序正确无误。

② 将当前工件坐标系抬高至一安全高度，设置好刀具等加工参数后，将机床状态调整为"空运行"状态，空运行程序。检查平面铣削轨迹是否正确，是否与机床夹具等发生干涉，如有干涉则要调整程序。

（6）执行零件加工

① 将工件坐标系恢复至原位，取消空运行，对零件进行首次加工。加工时，应确保冷却充分和排屑顺利。

② 应用量具直接在工作台上检测工件相关尺寸，根据测量结果调整 NC 程序或刀补值，再次进行零件轮廓铣削。如此反复，最终将零件尺寸控制在规定的公差范围内。

（7）加工后处理

① 在确保零件加工完成及各尺寸在公差范围内之后，拆除工件，去毛刺，进一步清理工件。

② 清扫机床，擦净刀具、量具等用具，并按规定摆放整齐。

③ 严格按机床操作规程关闭机床。

4. 实训过程记录

请根据以上参考工艺和程序，与小组成员讨论，自行编制工艺和程序，并记录任务实施过程：

① 请将确定的加工工艺方案记录下来。

② 记录编写的程序。

③ 机床操作过程中遇到的问题及解决方法：

知识拓展

加工顺序通常包括切削加工工序、热处理工序和辅助工序等，工序安排的科学与否将直接影响到零件的加工质量、生产效率和加工成本。切削加工工序通常按以下原则安排：

① 先粗后精。当加工零件精度要求较高时都要经过粗加工、半精加工、精加工阶段；

如果精度要求更高,还包括光整加工等几个阶段。

② 基准面先行原则。用作精基准的表面应先加工。任何零件的加工过程总是先对定位基准进行粗加工和精加工,例如轴类零件总是先加工中心孔,再以中心孔为精基准加工外圆和端面;箱体类零件总是先加工定位用的平面及两个定位孔,再以平面和定位孔为精基准加工孔系和其他平面。

③ 先面后孔。对于箱体、支架等零件,平面尺寸轮廓较大,用平面定位比较稳定,而且孔的深度尺寸又是以平面为基准的,故应先加工平面、后加工孔。

④ 先主后次。先加工主要表面,后加工次要表面。

 任务评价

根据任务完成过程中的表现,完成任务评价表(表5.2-6)的填写。

表 5.2-6　任务评价表

项目	评分要素	配分	评分标准	自我评价	小组评价
编程 (20分)	加工工艺路线制定	5分	加工工艺路线制定正确		
	刀具及切削用量选择	5分	刀具及切削用量选择合理		
	程序编写正确性	10分	程序编写正确、规范		
操作 (30分)	手动操作	10分	对刀操作不正确,扣5分		
	自动运行	10分	程序选择错误,扣5分; 启动操作不正确,扣5分; F,S调整不正确,扣2分		
	参数设置	10分	零点偏置设定不正确,扣5分; 刀补设定不正确,扣5分		
工件质量 (30分)	形状	10分	有一处过切,扣2分; 有一处残余余量,扣2分		
	尺寸	16分	每超0.02 mm,扣2分		
	表面粗糙度轮廓	4分	每降一级,扣1分		
工、量、刃具的使用与维护 (10分)	常用工、量、刃具的使用	10分	使用不当,每次扣2分		
安全文明生产(10分)	正确执行安全技术操作规程,按企业有关的文明生产规定,做到工作地整洁,工件、工具摆放整齐	10分	严格执行制度及规定者,满分; 执行差者,酌情扣分		
小　计					
综合评价					

任务三 岛屿型外形轮廓的铣削

任务描述

学习岛屿外形轮廓铣削的相关工艺知识及方法,合理选用刀具及切削参数,掌握可编程镜像指令的格式和使用方法,熟练操作数控机床完成如图 5.3-1 所示零件四个结构相同的凸台轮廓铣削加工,零件材料为 45 钢。生产规模:单件。

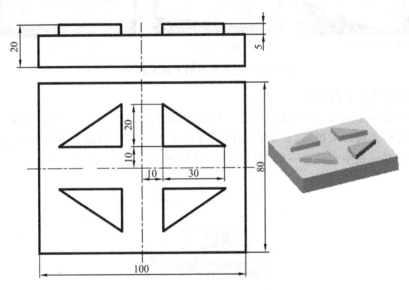

图 5.3-1　均布四凸台零件

 知识链接

一、岛屿型外形轮廓铣削工艺知识

岛屿型外形轮廓是指并联分布的多个凸台轮廓的集合。就每个轮廓铣削而言,其所用的刀具、刀路的设计及切削用量的选择与单一型外轮廓基本相同,但零件的整体工艺安排、刀具大小的选择及残料的高效清除,将直接影响零件的加工质量及生产效率。

1. 岛屿型外形轮廓铣削工艺方案类型

(1) 先外后内的工艺方案

对于各凸台轮廓高度相同(图 5.3-2 a)和凸台轮廓四周高、中间低(图 5.3-2 b)的岛屿型外形轮廓,通常采用先外后内的工艺方案来粗铣零件,即"铣四周轮廓→铣中间轮廓→清除残料"的工艺方案,如图 5.3-3 所示。

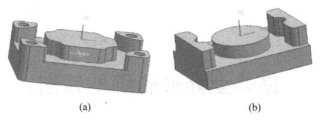

(a)　　　　　　　　　　　　　(b)

图 5.3-2　适于先外后内工艺方案的岛屿型外形轮廓

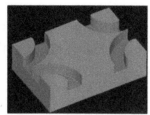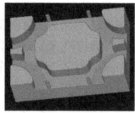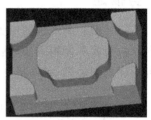

(a) 铣四周轮廓　　　　　(b) 铣中间轮廓　　　　　(c) 清除残料

图 5.3-3　先外后内的工艺方案

（2）先内后外的工艺方案

对于凸台轮廓中间高、四周低的岛屿型外形轮廓（图 5.3-4），为了保证四周凸台之上的残料在清除时为连续切削，通常采用先内后外的工艺方案作为粗铣方案，即"清除高于四周凸台的残料→铣中间轮廓→铣四周凸台→清除残料"，如图 5.3-5 所示。

图 5.3-4　适于先内后外工艺方案的岛屿型外形轮廓

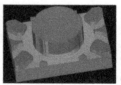

(a) 清除高于四周凸台的残料　　(b) 铣中间轮廓　　　(c) 铣四周凸台　　　(d) 清除残料

图 5.3-5　先内后外的工艺方案

2. 铣削岛屿型外形轮廓刀具直径的选择

由于并联分布多个凸台，因而在铣削岛屿型外形轮廓时，刀具直径不是任意选择的，而是根据各凸台间的最小距离确定的。当然，为提高残料的清除效率，在条件允许的情况下，也可选取比铣削轮廓刀具直径更大的刀具来清除残料。

图 5.3-6 所示零件，除中间的凸台轮廓外，周边还有一处凸台。若要加工整个外轮廓，所用刀具半径最大为 11.213 mm，为安全起见，此处采用 ϕ 10 mm 刀具铣削各凸台。

当完成轮廓铣削后,所留残料如图 5.3-7 所示,可通过选择 ϕ18 mm 或 ϕ20 mm 的刀具一次性加工完成 A 到 B 处所有残料。

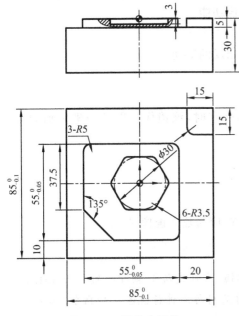

图 5.3-6　双凸台零件

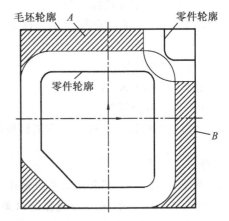

图 5.3-7　双凸台零件铣削刀具直径的选择示例

3. 残料的清除方法

(1) 凸台较多但形状相同且规律分布

如图 5.3-8 所示,用合适的刀具加工完所有轮廓后,所留残料如阴影部分所示。通过一些直线段刀轨编写去除任一小阴影部分(如阴影 A)的程序,然后通过坐标旋转或镜像等功能去除其他部分(B,C,D 处)的残料。

(2) 凸台较多且形状各不相同

如图 5.3-9 所示,用合适的刀具加工完所有轮廓后,所留残料如阴影部分所示。此类残料一般直接通过一些直线段刀轨去除,相关坐标可通过 CAD 软件捕捉点功能获取。

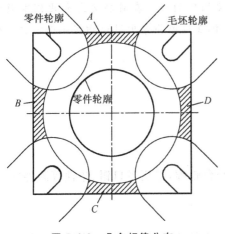

图 5.3-8　凸台规律分布

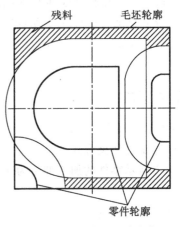

图 5.3-9　凸台不规律分布

二、岛屿型外形轮廓铣削程序指令

当工件相对于某一轴具有对称形状时,可以利用镜像功能和子程序,只对工件的一部分进行编程而能加工出工件的对称部分,这就是镜像功能。

1. 建立可编程镜像功能

当某一轴的镜像有效时,该轴执行与编程方向相反的运动。

指令格式:G51.1 X_ Y_

其中:G51.1 表示可编程镜像指令;

X_ Y_指定对称轴或对称点。当仅有一个坐标字时,该镜像是以某一坐标轴为镜像轴。

2. 取消可编程镜像

指令格式:G50.1 X_ Y_

其中:G50.1 表示取消镜像;

X_ Y_指定对称轴或对称点。取消镜像时 X_ Y_应与建立镜像时一致。

☯ 注意

① 指令"G51.1 X10"表示以某一轴线为对称轴,该轴线与 Y 轴相平行。当 G51.1 指令后有两个坐标字时,表示该镜像是以某一点作为对称点进行镜像。如指令"G51.1 X10 Y10"表示其对称点为(10,10)。

② 如果指定可编程镜像功能,同时又用 CNC 外部开关或 CNC 的设置生成镜像时,则可编程镜像功能首先执行。

③ 在指定平面对某个轴镜像时,使下列指令发生变化:圆弧指令 G02 和 G03 互换,刀具半径补偿 G41 和 G42 互换,坐标旋转 CW 和 CCW(旋转方式)互换。

④ 可编程镜像方式中,返回参考点指令(G27~G30)和改变坐标系指令(G54~G59,G92)不能指定。如果要指定其中的某一个,则必须在取消可编程镜像后指定。

⑤ Z 轴一般都不进行镜像加工。

⑥ CNC 数据处理的顺序是程序镜像—比例缩放—坐标系旋转(将在后续项目中介绍),所以应按顺序指定这些指令;取消时,按相反顺序。在旋转方式或比例缩放方式下不能指定镜像指令 G51.1 或 G50.1 指令,但在镜像指令中可以指定比例缩放指令或坐标系旋转指令。

▮▮▮▮ 任务实施

1. 加工工艺的确定

(1) 确定工件装夹方式

图 5.3-1 所示零件的加工部位为 4 个相同凸台轮廓,采用平口钳、垫铁等附件配合装夹工件。

(2) 确定使用刀具

选用一把 φ12 mm 的高速钢立铣刀(3 刃)对零件轮廓进行粗铣。为提高零件表面加工质量,选用另一把 ϕ 12 mm 的高速钢立铣刀(5 刃)进行轮廓半精铣、精铣。

(3) 确定刀具加工路线

一般情况下,多个结构相同、位置不同的凸台结构,在生产规模为单件加工时,通常先完成其中一个凸台轮廓加工,然后通过改变系统坐标参数或坐标系平移、镜像、旋转等方式,加工另一凸台结构。如图 5.3-10 所示,在加工本零件时,先加工凸台①外轮廓,从 $P_0 \rightarrow P_1 \rightarrow P_2 \rightarrow P_3 \rightarrow P_1 \rightarrow P_0$,其余凸台采用镜像指令完成加工。

(4) 确定切削用量

由于 Z 向下刀深度只有 5 mm,因此采用一次铣至工件轮廓深度的方式完成零件加工。其余参数计算省略,计算结果见表 5.3-1。

(5) 制定加工过程文件

本次加工任务的工序卡内容见表 5.3-1。

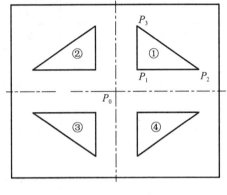

图 5.3-10　加工路线

表 5.3-1　均布双凸台零件铣削加工工序卡

序号	加工内容	刀具规格	刀号	刀具半径补偿/mm	主轴转速/$(r \cdot min^{-1})$	进给速度/$(mm \cdot min^{-1})$
1	粗铣轮廓	ϕ 12 mm 高速钢 3 刃立铣刀	1	$D_1 = 6.5$	350	50
2	半精铣轮廓	ϕ 12 mm 高速钢 5 刃立铣刀	2	$D_2 = 6.1$	400	80
3	精铣轮廓	ϕ 12 mm 高速钢 5 刃立铣刀	2	测量后计算得出 D_3	400	80

2. 加工程序的编制

坐标原点选在工件上表面中心。方板零件参考程序见表 5.3-2。

表 5.3-2　零件加工参考程序

主程序	
O0001;	程序号(主程序)
G90 G54 G40 G00 X0 Y0;	建立坐标系,设定工件原点,定位
M03 S350;	主轴正转,转速为 350 r/min
Z100;	
Z2;	Z 向下刀
G01 Z-5 F50;	
M98 P0100;	调用子程序 O0100,铣凸台①
G51.1 X0;	以 X0 轴镜像
M98 P0100;	调用子程序 O0100,铣凸台②

主程序	
G50.1 X0；	取消镜像
G51.1 X0 Y0；	以 X0 Y0 镜像
M98 P0100；	调用子程序 O0100,铣凸台③
G50.1 X0 Y0；	取消镜像
G51.1 Y0；	以 Y0 轴镜像
M98 P0100；	调用子程序 O0100,铣凸台④
G50.1 Y0；	取消镜像
G00 Z100；	Z 向抬刀
M05；	主轴停转
M30；	程序结束
子程序	
O0100；	程序号（铣外轮廓子程序）
G42 D1 G01 X10 Y10；	建立右刀补,至 P_1 点
X40；	P_2 点
X10 Y30；	P_3 点
Y10；	P_1 点
G40 X0 Y0；	取消刀补,移至 P_0 点
M99；	返回主程序

注:半精铣、精铣时需修改主轴转速、进给速度及刀补号地址

3. 数控机床的操作

（1）开机前的准备

检查机床各油箱油量是否充足,压缩空气压力是否达到工作要求。检查机床操作面板各按键是否处于正常位置。检查机床工作台是否处于中间位置,安全防护门是否关闭。

（2）加工前的准备

① 准备铣刀、游标卡尺、深度千分尺及相关检测工具。

② 依照顺序打开车间的电源、机床主电源、操作箱上的电源开关,开机并回零。

③ 将机床先空运行预热 30 min 左右,特别是主轴与三轴均以最高速率的 50% 运转 10～20 min（当机床第一次操作或长时间停止后,每个滑轨面均须先加润滑油,再让机床开机但运转时间不超过 30 min,以便润滑油泵将油打至滑轨面后再运转）。

④ 用压缩空气吹净刀具、刀柄及其附件,正确安装并夹紧刀具。

（3）安装工件及刀具

清理工作台、夹具、工件,并正确装夹工件,确保工件定位夹紧稳固可靠。通过手动方式将刀具装入主轴中。

（4）对刀,建立工件坐标系

启动主轴,手动对刀,建立工件坐标系。

（5）输入并检验程序

① 将平面铣削的 NC 程序输入数控系统中,检查程序并确保程序正确无误。

② 将当前工件坐标系抬高至一安全高度,设置好刀具等加工参数后,将机床状态调整为"空运行"状态,空运行程序;检查平面铣削轨迹是否正确,是否与机床夹具等发生干涉,如有干涉则要调整程序。

（6）执行零件加工

① 将工件坐标系恢复至原位,取消空运行,对零件进行首次加工。加工时,应确保冷却充分和排屑顺利。

② 应用量具直接在工作台上检测工件相关尺寸,根据测量结果调整 NC 程序或刀补值,再次进行零件轮廓铣削。如此反复,最终将零件尺寸控制在规定的公差范围内。

（7）加工后处理

① 在确保零件加工完成及各尺寸在公差范围内之后,拆除工件,去毛刺,进一步清理工件。

② 清扫机床,擦净刀具、量具等用具,并按规定摆放整齐。

③ 严格按机床操作规程关闭机床。

4. 实训过程记录

请根据以上参考工艺和程序,与小组成员讨论,自行编制工艺和程序,并记录任务实施过程:

① 请将确定的加工工艺方案记录下来。

② 记录编写的程序。

③ 机床操作过程中遇到的问题及解决方法:

知识拓展

数控机床程序编制工作的大部分或全部是由计算机或编程机完成的,即自动程序编制。自动编程是通过数控自动程序编制系统实现的。自动编程系统有硬件及软件两部分：硬件主要是计算机、绘图机、程序传输设备及其他一些外围设备；软件即计算机编程系统，又称编译软件。

自动编程的工作过程包括准备原始数据、输入、翻译、数学处理、后置处理、信息的输出等。自动编程具有数学处理能力强、能快速自动生成数控程序、后置处理程序灵活多变、程序自检纠错能力强、便于实现与数控系统的通信等特点。

CAD/CAM 系统软件是实现图形交互式数控编程不可或缺的应用软件。随着 CAD/CAM 技术的飞跃发展和推广应用，国内外不少公司与研究单位先后推出了各种 CAD/CAM 软件，如 CAXA，UG，CATIA，Cimatron，MasterCAM，SolidCAM 等。

 任务评价

根据任务完成过程中的表现，完成任务评价表（表 5.3-3）的填写。

表 5.3-3　任务评价表

项目	评分要素	配分	评分标准	自我评价	小组评价
编程 （20分）	加工工艺路线制定	5分	加工工艺路线制定正确		
	刀具及切削用量选择	5分	刀具及切削用量选择合理		
	程序编写正确性	10分	程序编写正确、规范		
操作 （30分）	手动操作	10分	对刀操作不正确，扣5分		
	自动运行	10分	程序选择错误，扣5分； 启动操作不正确，扣5分； F,S调整不正确，扣2分		
	参数设置	10分	零点偏置设定不正确，扣5分； 刀补设定不正确，扣5分		
工件质量 （30分）	形状	10分	有一处过切，扣2分； 有一处残余余量，扣2分		
	尺寸	16分	每超0.02 mm，扣2分		
	表面粗糙度轮廓	4分	每降一级，扣1分		
工、量、刃具的使用与维护 （10分）	常用工、量、刃具的使用	10分	使用不当，每次扣2分		
安全文明生产（10分）	正确执行安全技术操作规程，按企业有关的文明生产规定，做到工作地整洁，工件、工具摆放整齐	10分	严格执行制度及规定者，满分； 执行差者，酌情扣分		
小　计					
综合评价					

项目六

型腔铣削

 任务描述

　　学习开放型腔铣削的相关工艺知识及方法,合理选用刀具及切削参数,掌握换刀指令和刀具长度补偿指令的格式和使用方法,熟练操作数控机床完成如图 6.1-1 所示开放型腔零件的铣削。零件材料为 45 钢。生产规模:单件。

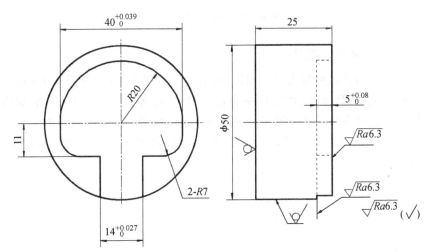

图 6.1-1　开放型腔零件

 知识链接

一、型腔铣削概述

　　这里所说的型腔主要是指 2D 型腔。它主要是由一系列直线、圆弧或曲线相连,并对实体挖切形成的凹形结构轮廓,其侧壁通常与底面垂直,如图 6.1-2 所示。

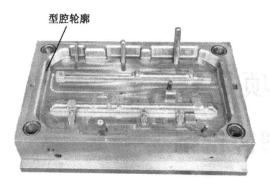

型腔轮廓

图 6.1-2　型腔零件

　　按照结构形式，2D 型腔可分为开放型腔、封闭型腔、复合型腔，如图 6.1-3 所示。与 2D 外形轮廓铣削相似，型腔铣削也主要是控制轮廓的尺寸精度、表面粗糙度及部分结构的形位精度。

(a) 开放型腔　　　　　　　(b) 封闭型腔　　　　　　　(c) 复合型腔

图 6.1-3　型腔分类

二、开放型腔铣削工艺知识

　　开放型腔的结构特点是轮廓曲线不封闭，留有一个或多个开口，如图 6.1-4 所示。铣削开放型腔时的工艺、刀具选择、切削用量确定、残料清除等方法与 2D 外形轮廓铣削基本相同，其进、退刀线通常设计在轮廓开口的延长线上，如图 6.1-5 所示。由于加工中排屑较 2D 外形轮廓困难，因此必须喷注大流量的冷却液，冲走刀具周围的切屑，带走切削热以冷却刀具。

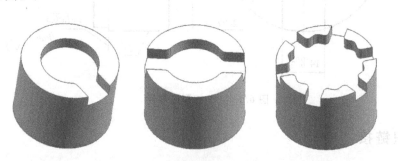

图 6.1-4　开放型腔的结构类型

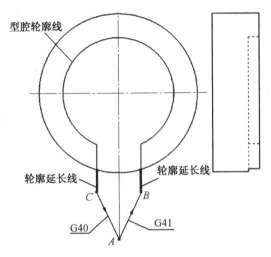

图 6.1-5　开放型腔数控铣削的进退刀设计

三、程序指令

数控加工中心可自动换刀,适于多工序加工。因此,必须掌握换刀、刀具长度补偿等指令,同时还应学会应用子程序调用指令编程。

1. 加工中心换刀指令

(1) 刀具指令 T

指令格式: T□□

━━━━━━ 刀具号

(2) 换刀指令 M06

指令格式:M06 T□□

加工中心的刀库类型有两种,一种为无臂斗笠式刀库(图 6.1-6 a),另一种为有臂链式刀库(图 6.1-6 b)。

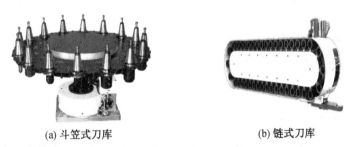

(a) 斗笠式刀库　　　　　　　　　　　　　　(b) 链式刀库

图 6.1-6　加工中心刀库的类型

① 无臂斗笠式刀库换刀

无臂斗笠式刀库换刀共有三个动作:

动作一:主轴上升到换刀参考点,之后主轴准停。

动作二:刀库靠向主轴,打开防护门;主轴松刀,并上升到第二换刀参考点,卸下刀具。

动作三:刀库转动到要更换的刀位号,主轴下行并抓刀;刀库复位。

斗笠式刀库换刀属于固定刀号式(如 1 号刀必须置入刀具库 1 号位内)换刀,其编程格式:M06 T□□

例如,执行"M06 T02;",主轴上的刀具先装回刀库,再旋转至 2 号刀位,将 2 号刀装上主轴孔内。

② 有臂链式刀库换刀

有臂链式刀库换刀属于无固定刀号式(如 1 号刀不一定置入刀具库 1 号位内,其刀具库上的刀号与设定的刀号由控制器的 PLC 管理)换刀。此种换刀方式的 T 指令预置下一把要换的刀具,刀具库将被呼叫的刀具转至换刀位置,但无换刀动作,执行到 M06 时才换刀。因此 T 指令可在换刀指令 M06 之前设定,以节省换刀时等待刀具的时间。

有臂链式刀库换刀编程格式见表 6.1-1。

表 6.1-1　有臂链式刀库换刀编程示例

程序指令	说　明
T01;	1 号刀就换刀位置
……	
M06 T03;	执行 M06 指令,将 1 号刀换到主轴孔内,3 号刀就换刀位置
……	
M06 T04;	执行 M06 指令,将 3 号刀换到主轴孔内,4 号刀就换刀位置
……	
M06 T05;	执行 M06 指令,将 4 号刀换到主轴孔内,5 号刀就换刀位置

2. G27/G28/G29——自动返回参考点指令

(1) G27——返回参考点校验指令

指令格式:G27 X_ Y_ Z_

X_ Y_ Z_为参考点在工件坐标系中的坐标值,可以校验刀具是否能够定位到参考点上。

在该指令下,被指令的轴以快速移动方式返回到参考点,然后自动减速并在指定坐标值做定位检验。如定位到参考点,则该轴参考点信号灯亮;如不一致,则信号灯不亮,需重新再做检查。

(2) G28——自动返回参考点指令

指令格式:G28 X_ Y_ Z_

X_ Y_ Z_为中间点坐标值,可任意设置。机床先移动到这个中间点,而后返回参考点。设置中间点是为了防止刀具返回参考点时与工件或夹具发生运动干涉。

例如:G90 G00 X100 Y200 Z300;

　　　G28 X200 Y300;　　　　中间点是(200,300)

　　　G28 Z350;　　　　　　　中间点是(200,300,350)

（3）G29——自动从参考点返回

指令格式：G29 X_ Y_ Z_

X_ Y_ Z_为返回的终点坐标值。在返回过程中，刀具从任意点先移到 G28 所确定的中间点定位，然后再向终点移动。

如图 6.1-7 所示，加工后刀具已定位到点 A(100,170)，取点 B(200,270) 为中间点，点 C(500,100) 为执行 G29 时应达到的点。编写的程序如下：

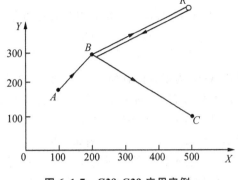

图 6.1-7　G28,G29 应用实例

  G91 G28 X100 Y100；   刀具轨迹为 $A{\rightarrow}B{\rightarrow}R$

  M06；

  G29 X300 Y-170；   刀具轨迹为 $R{\rightarrow}B{\rightarrow}C$

执行刀具交换时，并非在任何位置均可交换，各制造厂商依其设计的不同，设置在一安全位置，实施刀具交换动作，以避免与床台或工件发生碰撞。Z 轴的机械原点位置是远离工件最远的安全位置，故一般在 Z 轴先回归机械原点后，才能执行换刀指令。因此，换刀指令、刀具指令及自动返回参考点三指令组合，即形成完整的加工中心换刀程序。表 6.1-2 所示的 NC 程序，列出了需在 Z 向回原点的无臂斗笠式刀库的换刀过程。

表 6.1-2　无臂斗笠式刀库换刀编程示例

程序指令	说　明
G91 G28 Z0；	Z 轴回原点
M06 T03；	执行 M06 指令，将 3 号刀换到主轴孔内
……	
G91 G28 Z0；	Z 轴回原点
M06 T04；	执行 M06 指令，将 4 号刀换到主轴孔内
……	
G91 G28 Z0；	Z 轴回原点
M06 T05；	执行 M06 指令，将 5 号刀换到主轴孔内
……	

3. G43/G44/G49——刀具长度补偿指令

应用加工中心切削零件时，通常加工一个工件要使用几把刀具，这些刀具长度不一样，如果根据这些刀具来改变程序是非常麻烦的。因此，在 CNC 中要进一步测出每把刀具相对于基准刀具的长度差，并将这个差值输入加工中心的刀具长度补偿参数中，这样，在加工时调用这个长度差进行自动补偿，就不用因换刀而改变程序了。这种功能叫作刀具长度补偿。

G43/G44/G49 是 FAUNC 数控系统的刀具长度补偿指令。

（1）G43/G44——建立刀具长度补偿指令

指令格式：$\begin{Bmatrix} G43 \\ G44 \end{Bmatrix} H\_ \begin{Bmatrix} G00 \\ G01 \end{Bmatrix} Z\_ F\_;$

其中：G43 为正方向补偿，G44 为负方向补偿；Z_为补偿轴方向的终点坐标值；H_为刀具长度补偿偏置号，通常在字母 H 后用两位数字表示刀具半径补偿值在刀具参数表中的存放地址。在该地址中输入当前刀具相对于基准刀具（指建立工件坐标系的刀具）的长度差值 $\Delta = L_{当前刀具} - L_{基准刀具}$。例如，H05 表示补偿偏置号地址为 05 号，05 号地址存放的数据是 20.0，表示长度补偿量为 12 mm。执行 G43 或 G44 指令时，控制器会到 H 所指定的刀具补偿地址获取刀具补偿量，以作为补偿值的依据。刀具长度补偿值在加工或试运行之前须设定在补偿存储器中。与补偿号 00 即 H00 相对应的补偿量，始终意味着零。不能设定与 H00 相对应的补偿量。

根据上述指令，把 Z 轴移动指令的终点位置加上（G43）或减去（G44）补偿存储器设定的补偿值。

如图 6.1-8 所示，当前刀具长度为 120 mm，建立工件坐标系的基准刀具长度为 100 mm，则当前刀具相对于基准刀具的长度补偿值 $\Delta = 120 - 100 = 20$ mm。将该值输入数控系统刀具长度补偿参数栏中（图 6.1-8 b 中的"形状 H001"处），即建立起 H01 = 20 mm 的刀具长度补偿值。

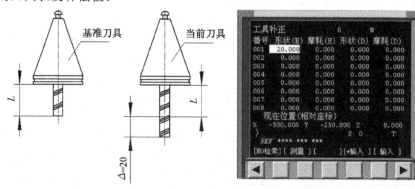

(a) 刀具长度补偿值的获取   (b) 将刀具长度补偿值输入数控系统

图 6.1-8　刀具长度补偿的建立

G43 为刀具长度正补偿，即将 Z 坐标尺寸字与 H 代码中长度补偿的量 Δ 相加，按其结果进行 Z 轴运动。G44 为刀具长度负补偿，即将 Z 坐标尺寸字与 H 代码中长度补偿的量 Δ 相减，按其结果进行 Z 轴运动。

补偿值的符号为负时，分别变为反方向。G43，G44 为模态 G 代码，直到同一组的其他 G 代码出现之前均有效。

（2）G49——取消刀具长度补偿的指令

指令格式：G49/H00 或 G49 $\begin{Bmatrix} G00 \\ G01 \end{Bmatrix} Z\_ F\_;$

指令 G49 或 H00 表示取消补偿。一旦设定了 G49 或 H00，立即取消补偿。

变更补偿号及补偿量时，仅变更新的补偿量，并不把新的补偿量加到旧的补偿量上。

（3）刀具长度补偿指令编程应用格式

刀具长度补偿指令编程应用格式如下：

	……	
G43/G44 H_ G00 Z_；	建立补偿程序段
……	切削加工程序段
G49 G00 Z_；	补偿撤销程序段
……	
M30；	

例如，当运行下列程序时，刀具 T1，T3 的运动情况如图 6.1-9 所示。

G91 G28 Z0；	
M06 T1；	换 1 号刀
G54 G90 G00 X0 Y0；	
M03 S500；	
G00 Z30；	T1 刀尖运动至点 $A(0,0,30)$ 处
M05；	
G91 G28 Z0；	
M06 T3；	换 3 号刀
G54 G90 G00 X100 Y0；	
M03 S500；	
G43 H03 G00 Z30；	T3 刀尖运动至点 $A'(100,0,30)$ 处
X200 Y0；	T3 刀尖运动至点 $A''(200,0,30)$ 处
G49；	取消刀具长度补偿，此时 T3 刀尖在 A'' 点下方 20 mm
……	

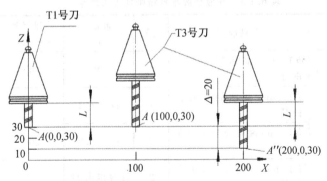

图 6.1-9　刀具长度补偿应用实例

（4）使用刀具长度补偿指令时的注意事项

① 对于初学者，为避免产生混淆，强烈建议仅用 G43 执行刀具长度补偿。

② 使用刀具长度补偿指令时，刀具只能有 Z 轴的移动量；若有其他轴向的移动，则会出现警示画面。这就意味着数控系统不能执行"G43/G44 G0 X_ Y_"程序段。

③ 为防止撞刀，应先将刀具移至某一安全位置，再执行刀具长度补偿取消。

任务实施

1. 确定加工工艺

(1)确定工件装夹方式

图 6.1-1 所示零件的加工部位为零件的开放型腔轮廓，其中包括直线轮廓及圆弧轮廓，尺寸 $14^{+0.027}_{0}$，$5^{+0.08}_{0}$ 和 $40^{+0.039}_{0}$ 是本次加工须重点保证的尺寸；同时轮廓侧面的表面粗糙度轮廓值为 $Ra\,3.2$，要求比较高。由于零件毛坯为 $\phi 50$ mm 圆形钢件，且为批量生产，故决定选择专用夹具装夹工件。

(2)确定使用刀具

选用一把 $\phi 12$ mm 的高速钢 3 刃立铣刀对零件轮廓进行粗铣，为提高表面质量，降低刀具磨损，选用另一把 $\phi 12$ mm 的整体硬质合金 3 刃立铣刀进行轮廓半精铣、精铣。

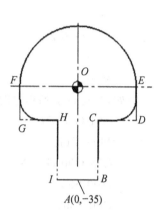

图 6.1-10   刀路设计

(3)确定刀具加工路线

为有效保护刀具，提高加工表面质量，采用顺铣方式铣削工件。XY 向刀路设计如图 6.1-10 所示($A\rightarrow B\rightarrow C\rightarrow D\rightarrow E\rightarrow F\rightarrow G\rightarrow H\rightarrow I\rightarrow A$)，选取工件上表面中心作为工件原点，沿内腔轮廓走刀，同时延伸如图 6.1-10 虚线所示。因零件轮廓深度仅有 5 mm，故 Z 向刀路采用一次铣至工件轮廓深度的方式。

(4)确定切削用量

加工参数选择详见表 6.1-3。

(5)制定加工过程文件

本次加工任务的工序卡内容见表 6.1-3。

表 6.1-3   开放型腔零件铣削加工工序卡

序号	加工内容	刀具规格	刀号	余量/mm	主轴转速/$(\text{r}\cdot\text{min}^{-1})$	进给速度/$(\text{mm}\cdot\text{min}^{-1})$
1	铣削工件上表面	$\phi 12$ mm 高速钢 3 刃立铣刀	1	无	400	70
2	粗铣开放型腔	$\phi 12$ mm 高速钢 3 刃立铣刀	1	$D_1=6.4$	400	50
3	半精铣开放型腔	$\phi 12$ mm 硬质合金 3 刃立铣刀	2	$D_2=6.2$	2000	400
4	精铣开放型腔	$\phi 12$ mm 硬质合金 3 刃立铣刀	2	计算得出 D_3	2000	400

2. 编制加工程序

零件加工参考程序见表 6.1-4。

表 6.1-4　参考程序

主程序	
程序内容	注　释
O0001；	主程序名
N10 T1 M06；	换 1 号刀
N20 G54 G90 G40 G17；	程序初始化
N30 M03 S400；	主轴正转,转速为 400 r/min
N40 G00 G43 Z100 H01 D1；	Z 轴快速定位,执行补偿 H1D1
N50 M08；	开冷却液
N60 X0 Y-35；	下刀前定位(A 点)
N70 Z5；	快速下刀
N80 G01 Z0 F50；	下刀至 Z0 高度
N90 M98 P2；	调用子程序 1 次
N100 G00 G49 Z150；	抬刀并撤销高度补偿
N110 M05；	主轴停转
N120 T2 M06；	换 2 号刀
N130 G54 G90 G40 G17；	程序初始化
N140 M03 S2000；	主轴正转,转速为 2000 r/min
N150 M08；	开冷却液
N160 G00 G43 Z100 H2 D2；	Z 轴快速定位,执行补偿 H2D2
N170 X0 Y-35；	下刀前定位(A 点)
N180 Z5；	快速下刀
N190 G01 Z0；	下刀至 Z0 高度
N200 M98 P2；	调用子程序 1 次
N210 G00 Z100 D3；	抬刀设置补偿
N220 M05；	主轴停转
N230 M01；	程序暂停
N240 M03 S2000；	主轴正转,转速为 2000 r/min
N250 Z5；	快速下刀
N260 G01 Z0 F400；	下刀至 Z0 高度
N270 M98 P2；	调用子程序 1 次
N280 G00 G49 Z150；	抬刀并撤销高度补偿

续表

主程序	
程序内容	注　释
N290 M05;	主轴停转
N300 M09;	关冷却液
N310 M30;	程序结束

子程序	
程序内容	注　释
O0002;	子程序名
N10 G91 G01 Z-5;	Z 向下刀至铣深
N20 G90 G41 X7;	法线执行刀具半径补偿至 B 点
N30 Y-11;	直线插补铣削至 C 点
N40 X20,R7;	采用倒圆角指令铣削至 D 点
N50 Y0;	直线插补铣削至 E 点
N60 G03 X-20 Y0 R20;	圆弧插补铣削至 F 点
N70 G01 Y-11,R7;	采用倒圆角指令铣削至 G 点
N80 X-7;	直线插补铣削至 H 点
N90 Y-35;	直线插补铣削至 I 点
N100 G40 G01 X0;	撤销刀具半径补偿,回 A 点
N110 M99;	子程序结束

3. 机床操作

(1)开机前的准备

检查机床各油箱油量是否充足,压缩空气压力是否达到工作要求。检查机床操作面板各按键是否处于正常位置。检查机床工作台是否处于中间位置,安全防护门是否关闭。

(2) 加工前的准备

① 准备铣刀、游标卡尺、深度千分尺及相关检测工具。

② 依照顺序打开车间的电源、机床主电源、操作箱上的电源开关,开机并回零。

③ 将机床先空运行预热 30 min 左右,特别是主轴与三轴均以最高速率的 50% 运转 10～20 min(当机床第一次操作或长时间停止后,每个滑轨面均须先加润滑油,再让机床开机但运转时间不超过 30 min,以便润滑油泵将油打至滑轨面后再运转)。

④ 用压缩空气吹净刀具、刀柄及其附件,正确安装并夹紧刀具。

(3) 安装工件及刀具

清理工作台、夹具、工件,并正确装夹工件,确保工件定位夹紧稳固可靠。通过手动方式将刀具装入主轴中。

（4）对刀，建立工件坐标系

启动主轴，手动对刀，建立工件坐标系。

（5）输入并检验程序

① 将平面铣削的 NC 程序输入数控系统中，检查程序并确保程序正确无误。

② 将当前工件坐标系抬高至一安全高度，设置好刀具等加工参数后，将机床状态调整为"空运行"状态，空运行程序；检查平面铣削轨迹是否正确，是否与机床夹具等发生干涉，如有干涉则要调整程序。

（6）执行零件加工

① 将工件坐标系恢复至原位，取消空运行，对零件进行首次加工。加工时，应确保冷却充分和排屑顺利。

② 进行零件首件加工时，当数控系统完成零件半精铣削程序段后，机床暂停。此时操作者应使用相应量具测量型腔的深度及轮廓尺寸，根据测量的深度尺寸调整工件坐标系原点参数，根据测量的轮廓尺寸调整刀具半径补偿 D_3 值，然后再按"程序启动"键，进行型腔精铣加工，保证相关尺寸误差在要求的公差范围内。通过首件加工得到合理的切削参数及刀具参数后，后续的零件即进入全自动连续加工过程。这时操作者控制机床进行连续自动加工，中途无须暂停。

（7）加工后处理

① 在确保零件加工完成及各尺寸在公差范围内之后，拆除工件，去毛刺，进一步清理工件。

② 清扫机床，擦净刀具、量具等用具，并按规定摆放整齐。

③ 严格按机床操作规程关闭机床。

4. 实训过程记录

请根据以上参考工艺和程序，与小组成员讨论，自行编制工艺和程序，并记录任务实施过程：

① 请将确定的加工工艺方案记录下来。

② 记录编写的程序。

③ 机床操作过程中遇到的问题及解决方法：

④ 思考并完成如图 6.1-11 和图 6.1-12 所示开放型腔零件的加工工艺设计、程序编制、仿真模拟加工。零件材料为 45 钢。

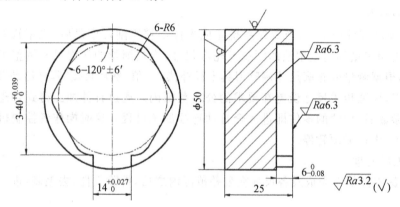

图 6.1-11　开放型腔零件一

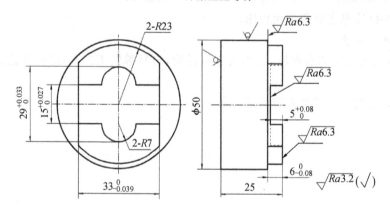

图 6.1-12　开放型腔零件二

知识拓展

各类 CAD/CAM 软件的日趋普及，特别是在数控三维曲面加工中，手工编程几乎已无用武之地。但是数控系统提供了用户宏程序功能，使用户可以对数控系统进行一定的功能扩展。使用宏程序进行编程，可以使用变量并为其赋值，变量之间可以进行运算，程序运行可以跳转，对于有规律的形状或尺寸可以用最短的程序段表示出来，具有极好的易读性和易修改性；编写出的程序简洁、逻辑严密、通用性极强，而且机床在执行此类程序时,较执行 CAD/CAM 软件生成的程序更加快捷,反应更迅速。

普通加工程序直接用数值指定 G 代码和移动距离,如 G01 和 X100.0。使用用户宏程序时,数值可以直接指定或用变量指定。变量用变量符号(♯)和后面的变量号指定,例如,♯1。表达式也可以用于指定变量号,此时表达式必须封闭在括号中,例如,♯[♯1＋♯2－12]。当用变量时,变量值可用程序或用 MDI 面板上的操作改变,例如,♯1＝♯2＋100,G01 X♯1 F300。

变量根据变量号可以分成四种类型,见表 6.1-5。

表 6.1-5　变量的类型

变量号	变量类型	功　能
♯0	空变量	该变量总是空,没有值能赋给该变量
♯1—♯33	局部变量	局部变量只能用于宏程序中存储数据,如运算结果。断电时,局部变量被初始化为空。调用宏程序时,自变量对局部变量赋值
♯100—♯199 ♯500—♯999	公共变量	公共变量在不同的宏程序中的意义相同。当断电时,变量♯100—♯199初始化为空。变量♯500—♯999 的数据保存,即使断电也不会丢失
♯1000	系统变量	系统变量用于读和写 CNC 运行时各种数据的变化,如刀具的当前位置和补偿值

变量的算术和逻辑运算如表 6.1-6 所示。

表 6.1-6　变量的运算

功　能	格　式	功　能	格　式
定义	♯i＝♯j;	平方根	♯i＝SQRT[♯j];
加法	♯i＝♯j＋♯k;	绝对值	♯i＝ABS[♯j];
减法	♯i＝♯j－♯k;	舍入	♯i＝ROUNG[♯j];
乘法	♯i＝♯j＊♯k;	上取整	♯i＝FIX[♯j];
除法	♯i＝♯j/♯k;	下取整	♯i＝FUP[♯j];
正弦	♯i＝sin[♯j];	自然对数	♯i＝LN[♯j];
反正弦	♯i＝asin[♯j];	指数函数	♯i＝EXP[♯j];
余弦	♯i＝cos[♯j];	或	♯i＝♯jOR♯k;
反余弦	♯i＝acos[♯j];	异或	♯i＝♯jXOR♯k;
正切	♯i＝tan[♯j];	与	♯i＝♯jAND♯k;
反正切	♯i＝atan[♯j]		

宏程序的控制指令起到控制程序流向的作用,如分支语句"GOTO　n;"为无条件转移语句,而"IF[条件表达式]　GOTO　n;"为有条件转移语句。

以下为循环指令:

WHILE[条件表达式]　DO　m(m＝1、2、3);

……

END m;

当条件满足时，就循环执行 WHILE 与 END 之间的程序段；当条件不满足时，就跳出循环执行下一个程序段。

条件式的种类见表 6.1-7。

表 6.1-7 条件式的种类

条件式	意　义	条件式	意　义
♯i EQ ♯j	等于（＝）	♯i GT ♯j	大于（＞）
♯i NE ♯j	不等于（≠）	♯i LE ♯j	小于等于（≤）
♯i GE ♯j	大于等于（≥）	♯i LT ♯j	小于（＜）

如图 6.1-13 所示，为用宏程序编制抛物线 $Y＝X^2/8$ 在区间 $[0,16]$ 内的程序。

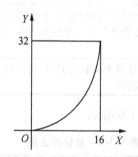

图 6.1-13 抛物线宏程序编程

O8002;

♯10＝0; X 坐标变量

♯11＝0; Y 坐标变量

G00 X0.0 Y0.0;   定位到起刀点

M03 S600;

WHILE［♯10 LE 16］DO 1; $X≤16$ 时，执行循环 1

♯10＝♯10＋0.08; X 坐标每次循环增加 0.08

♯11＝♯10 * ♯10/8;   根据抛物线公式 $Y＝X^2/8$ 计算 Y 坐标

G01 X［♯10］Y［♯11］F100;   直线插补走到新的轨迹线上的点

END 1;   循环 1 结束标志

M05;

M30;

任务评价

根据任务完成过程中的表现，完成任务评价表（表 6.1-8）的填写。

表 6.1-8　任务评价表

项目	评分要素	配分	评分标准	自我评价	小组评价
编程 (20分)	加工工艺路线制定	5分	加工工艺路线制定正确		
	刀具及切削用量选择	5分	刀具及切削用量选择合理		
	程序编写正确性	10分	程序编写正确、规范		
操作 (30分)	手动操作	10分	对刀操作不正确,扣5分		
	自动运行	10分	程序选择错误,扣5分; 启动操作不正确,扣5分; F,S调整不正确,扣2分		
	参数设置	10分	零点偏置设定不正确,扣5分; 刀补设定不正确,扣5分		
工件质量 (30分)	形状	10分	有一处过切,扣2分; 有一处残余余量,扣2分		
	尺寸	16分	每超0.02 mm,扣2分		
	表面粗糙度轮廓	4分	每降一级,扣1分		
工、量、刃具的使用与维护 (10分)	常用工、量、刃具的使用	10分	使用不当,每次扣2分		
安全文明生产(10分)	正确执行安全技术操作规程,按企业有关的文明生产规定,做到工作地整洁,工件、工具摆放整齐	10分	严格执行制度及规定者,满分; 执行差者,酌情扣分		
小　计					
综合评价					

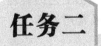 封闭型腔铣削

 任务描述

　　学习封闭型腔铣削的相关工艺知识及方法,合理选用刀具及切削参数,掌握应用螺旋插补指令或直线插补指令进行螺旋下刀或斜向下刀的技巧,熟练操作数控机床完成如图 6.2-1所示零件的封闭型腔铣削。零件材料为45钢。生产规模:单件。

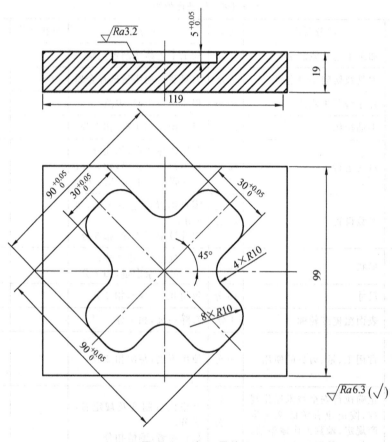

图 6.2-1 加工零件图

 知识链接

一、封闭型腔铣削工艺知识

封闭型腔的结构如图 6.2-2 所示,其轮廓曲线首尾相连,形成一个闭合的凹轮廓。与开放型腔相比,由于封闭型腔轮廓是闭合的,粗铣时切屑难以排出,散热条件差,故要求刀具应有较好的红硬性能,机床应有足够的功率及良好的冷却系统。同时,加工工艺的合理与否也直接影响型腔的加工质量。以下将介绍封闭型腔铣削的工艺方法及常用刀具。

1. 封闭型腔铣削工艺方法

在进行封闭型腔粗铣时,通常有以下几种工艺方法。

(1)经预钻孔下刀方式粗铣型腔

就是事先在下刀位置预钻一个孔,然后立铣刀从预钻孔处下刀,将余量去除,如图 6.2-3所示。这种工艺方法能简化编程,但立铣刀在切削过程中,多次切入、切出工件,振动较大,对刃口的安全性有负面作用。对于深度较大的型腔,立铣刀通常为长刃玉米铣刀,此时要求机床功率较大,且工艺系统刚度好。

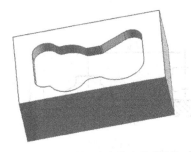

图 6.2-2　封闭型腔的结构类型

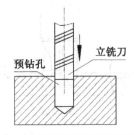

图 6.2-3　通过预钻孔下刀铣型腔

（2）以啄钻下刀方式粗铣型腔

就是铣刀像钻头一样沿轴向垂直切入一定深度，然后使用周刃进行径向切削，如此反复一层一层铣削，直至型腔加工完成，如图 6.2-4 所示。

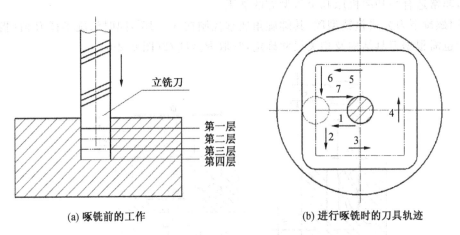

(a) 啄铣前的工作　　　　(b) 进行啄铣时的刀具轨迹

图 6.2-4　通过啄铣方式铣型腔

执行这种铣削方式时应注意三方面问题：

① 每次啄铣深度由刀具中心刃可切削的深度决定，对于无中心刃立铣刀，每次啄铣深度不应超过刀具端面中心凹坑深度。

② 由于立铣刀无定心功能，啄铣时刀具会发生剧烈晃动，因此不可贴着型腔侧壁下刀，否则会过切侧壁，从而影响尺寸精度及表面质量。

③ 采用啄铣排屑较为困难，因此要采取有效措施将切屑从型腔中及时排出。

（3）以坡走下刀方式粗铣型腔

以坡走下刀方式粗铣型腔，就是刀具以斜线方式切入工件来达到 Z 向进刀的目的，也称斜线下刀方式。使用具有坡走功能的立铣刀或面铣刀，在 X，Y 或 Z 轴方向进行线性坡走，可以达到刀具在轴向的最大切深。坡走铣下刀的最大优点在于有效地避免了啄铣时刀具端面中心处切削速度过低的缺点，极大地改善了刀具切削条件，延长了刀具使用寿命，提高了切削效率，广泛应用于大尺寸的型腔开粗。但执行坡走铣时坡走角度 α 必须根据刀具直径、刀片、刀体下面的间隙等刀片尺寸及背吃刀量 a_p 的情况来确定，一般小于 $3°$，如图 6.2-5所示。

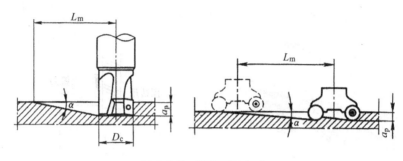

图 6.2-5　坡走下刀方式

（4）以螺旋下刀方式粗铣型腔

在主轴的轴向采用三轴联动螺旋圆弧插补切进工件材料，如图 6.2-6 所示。以螺旋下刀铣削型腔时，可使切削过程稳定，能有效避免轴向垂直受力所造成的振动，且下刀时空间小，非常适合小功率机床和窄深型腔的加工。

采用螺旋下刀方式粗铣型腔，其螺旋角通常控制在 $5°\sim15°$，同时螺旋半径 R 值（指刀心轨迹）也需根据刀具结构及相关尺寸确定，常取 $R \geqslant D_c/2$（图 6.2-6）。

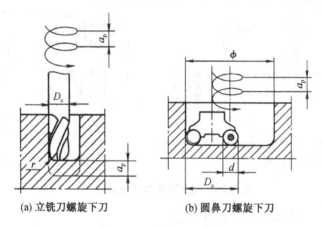

（a）立铣刀螺旋下刀　　　　　（b）圆鼻刀螺旋下刀

图 6.2-6　螺旋下刀方式

2. 封闭型腔铣削刀具

（1）整体硬质合金立铣刀

切削速度较高且刀具使用寿命较长，适合于高速铣削。刃口经过精磨的整体硬质合金立铣刀可以保证所加工的零件形位公差和较高的表面质量。刀具直径可以做得比较小，甚至可以小于 0.5 mm，但刀具的成本和其重磨与重涂层的成本比较高。

（2）可转位硬质合金立铣刀

具有较高的切削速度、进给量、切削宽度和切削深度，金属去除率高，通常作为粗铣和半精铣刀具。刀片可以更换，刀具的成本低，但刀具的尺寸形状误差相对较大，直径一般大于 10 mm。

（3）高速钢立铣刀

刀具的总成本比较低，易于制造较大尺寸刀具和异形刀具。刀具的韧性较好，可以进行粗加工，但在精加工型面时会因为刀具弹性变形而产生尺寸误差。切削速度相对较低，刀具使用寿命相对较短。

精加工型腔时,根据型腔凹角半径选择刀具的直径:最大刀具直径≤最小型腔凹角半径。

二、程序指令

加工封闭型腔时,执行螺旋线插补指令或直线插补指令能实现螺旋线或斜向下刀。

1. G02/G03——螺旋插补指令

该指令控制刀具在 G17/G18/G19 指定的平面内做圆弧插补运动,同时在垂直圆弧平面的直线轴上做直线运动。

在 XY 平面内做圆弧插补运动,在 Z 向做直线移动的螺旋插补指令格式为

$$\text{G17} \begin{Bmatrix} \text{G02} \\ \text{G03} \end{Bmatrix} \text{X\_ Y\_ Z\_} \begin{Bmatrix} \text{R\_} \\ \text{I\_J\_} \end{Bmatrix} \text{F\_}$$

其中:X_ Y_ Z_为螺旋线终点坐标值;指令中的 F 用来指定刀具沿圆弧的进给速度。沿另一轴的切削速度 $f = F \times$ 直线轴的长度/圆弧的长度。其余参数含义与圆弧插补指令相同,在此略写。

如图 6.2-7 所示,刀具从点 A 以螺旋插补方式到达点 B,其加工程序段为

......

G17 G03 X5 Y0 Z-1 I-5 J0 F40;

......

螺旋线插补只能对圆弧进行刀具半径补偿,在指定螺旋线插补的程序段中不能指定刀具半径与长度补偿。

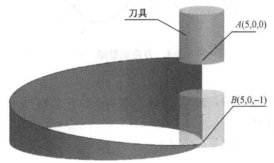

图 6.2-7　螺旋线插补示例

2. G01——直线插补指令

直线插补指令的格式:G01 X_ Y_ Z_ F_

运用该指令可以实现剖走方式下刀,即斜线进刀。

任务实施

1. 确定加工工艺

(1) 确定工件装夹方式

图 6.2-1 所示零件的加工部位为方板零件中的型腔。型腔轮廓包括直线轮廓及圆弧

轮廓,尺寸 $30^{+0.05}_{0}$,$90^{+0.05}_{0}$,$45°$,$4×R10$,$80×R10$ 是本次加工重点保证的尺寸,但精度要求不高;同时轮廓侧面的表面粗糙度轮廓值为 $Ra\,6.3$,表面质量要求一般,型腔底面的表面粗糙度要求为 $Ra\,3.2$,表面质量要求较高。零件毛坯为板料,故决定选择平口钳、垫铁等附件配合装夹工件。

（2）确定使用刀具

选用一把 $\phi12\,mm$ 三刃高速钢立铣刀对零件轮廓进行粗铣。为提高表面质量、降低刀具磨损,选用另一把 $\phi12\,mm$ 三刃整体硬质合金立铣刀进行轮廓半精铣、精铣。

（3）确定刀具加工路线

为有效保护刀具、提高加工表面质量,采用顺铣方式铣削工件。

中间型腔 XY 向刀路设计如图 6.2-8 所示（$A→B→C→D→E→F→\cdots→M→\cdots→N→\cdots→P→Q→R→C→S→A$）。$Z$ 向刀路采用螺旋下刀方式,A 点为下刀点。

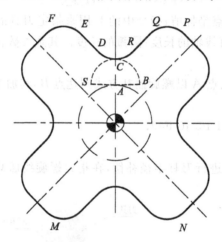

图 6.2-8　刀路示意图

（4）确定切削用量

采用计算方法选择切削用量,选择结果详见表 6.2-1,在此略写。

（5）制定加工过程文件

本次加工任务的工序卡内容见表 6.2-1。

表 6.2-1　方板零件型腔铣削加工工序卡

序号	加工内容	刀具规格	刀号	刀具半径补偿/mm	主轴转速/$(r \cdot min^{-1})$	进给速度/$(mm \cdot min^{-1})$
1	工件上表面铣削	可转位硬质合金面铣刀		无		
2	粗铣削方板零件型腔	$\phi12\,mm$ 高速钢 3 刃立铣刀	1	5.5	350	30
3	半精铣削方板零件型腔	$\phi12\,mm$ 整体硬质合金立铣刀	2	5.2	2000	400
4	精铣削方板零件型腔	$\phi12\,mm$ 整体硬质合金立铣刀	2	测量后计算得出	2000	400

2. 编制加工程序

坐标原点选在工件上表面中心。方板零件型腔加工的参考程序见表6.2-2。

表 6.2-2　中间型腔铣削程序

程序内容	注　释
O0001；	主程序名
N10 T1 M06；	换1号刀
N20 G54 G90 G40 G17；	程序初始化
N30 M03 S350；	主轴正转,转速为 350 r/min
N40 G00 G43 H01 Z100；	Z 轴快速定位,执行补偿 H1
N50 M08；	开冷却液
N60 X0 Y15；	下刀前定位(A 点)
N70 Z5；	快速下刀
N80 G01 Z0 F30；	下刀至 Z0 高度
N90 G02 I0 J-15 Z-5；	沿着半径为 15 的圆螺旋下刀
N100 G41 D01 G01 X10 Y15.36；	建立刀补进刀到 B 点
N110 G03 X0 Y25.36 R10；	圆弧切入轮廓 C 点
N120 G02 X-7.071 Y28.284 R10；	D 点
N130 G01 X-14.142 Y35.355；	E 点
N140 G03 X-28.284 Y35.355 R10；	F 点
N150 G01 X-35.355 Y28.284；	
N160 G03 Y14.142 R10；	
N170 G01 X-28.284 Y7.071；	
N180 G02 Y-7.071 R10；	
N190 G01 X-35.355 Y-14.142；	
N200 G03 Y-28.284 R10；	
N210 G01 X-28.284 Y-35.355；	
N220 G03 X-14.142 R10；	
N230 G01 X-7.071 Y-28.284；	
N240 G02 X7.071 R10；	
N250 G01 X14.142 Y-35.355；	
N260 G03 X28.284 R10；	
N270 G01 X35.355 Y-28.284；	
N280 G03 Y-14.142 R10；	
N290 G01 X28.284 Y-7.071；	
N300 G02 Y7.071 R10；	
N310 G01 X35.355 Y14.142；	
N320 G03 Y28.284 R10；	

续表

程序内容	注　释
N330 G01 X28.284 Y35.355；	P 点
N340 G03 X14.142 R10；	Q 点
N350 G01 X7.071 Y28.284；	R 点
N360 G02 X0 Y25.355 R10；	C 点
N370 G03 X-10 Y15.355 R10；	S 点
N380 G40 G01 X0 Y15；	取消刀具半径补偿,退出轮廓到 A 点
N390 G00 Z100；	抬刀到安全高度
N400 M05；	主轴停转
N410 M30；	程序结束

注意

　　轮廓的半精加工、精加工采用换刀、修改程序中主轴转速、进给速度、刀补参数完成。中间型腔余量采用手动移动刀具去除。

　　3. 机床操作

　　(1) 开机前的准备

　　检查机床各油箱油量是否充足,压缩空气压力是否达到工作要求。检查机床操作面板各按键是否处于正常位置。检查机床工作台是否处于中间位置,安全防护门是否关闭。

　　(2) 加工前的准备

　　① 准备铣刀、游标卡尺、深度千分尺及相关检测工具。

　　② 依照顺序打开车间的电源、机床主电源、操作箱上的电源开关,开机并回零。

　　③ 将机床先空运行预热 30 min 左右,特别是主轴与三轴均以最高速率的 50% 运转 10～20 min(当机床第一次操作或长时间停止后,每个滑轨面均须先加润滑油,再让机床开机但运转时间不超过 30 min,以便润滑油泵将油打至滑轨面后再运转)。

　　④ 用压缩空气吹净刀具、刀柄及其附件,正确安装并夹紧刀具。

　　(3) 安装工件及刀具

　　清理工作台、夹具、工件,并正确装夹工件,确保工件定位夹紧稳固可靠。通过手动方式将刀具装入主轴中。

　　(4) 对刀,建立工件坐标系

　　启动主轴,手动对刀,建立工件坐标系。

　　(5) 输入并检验程序

　　① 将平面铣削的 NC 程序输入数控系统中,检查程序并确保程序正确无误。

　　② 将当前工件坐标系抬高至一安全高度,设置好刀具等加工参数后,将机床状态调整为"空运行"状态,空运行程序;检查平面铣削轨迹是否正确,是否与机床夹具等发生干涉,如有干涉则要调整程序。

（6）执行零件加工

将工件坐标系恢复至原位，取消空运行，对零件进行加工。加工时，应确保冷却充分和排屑顺利。

（7）加工后处理

① 在确保零件加工完成及各尺寸在公差范围内之后，拆除工件，去毛刺，进一步清理工件。

② 清扫机床，擦净刀具、量具等用具，并按规定摆放整齐。

③ 严格按机床操作规程关闭机床。

4. 实训过程记录

请根据以上参考工艺和程序，与小组成员讨论，自行编制工艺和程序，并记录任务实施过程：

① 请将确定的加工工艺方案记录下来。

② 记录编写的程序。

③ 机床操作过程中遇到的问题及解决方法：

④ 思考并完成如图 6.2-9～图 6.2-12 所示封闭型腔零件的加工工艺设计、程序编制、仿真模拟加工。零件材料为 45 钢。

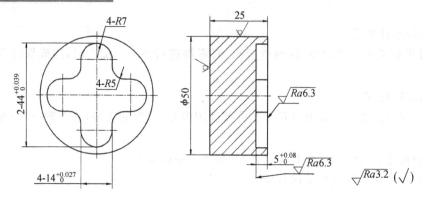

图 6.2-9　单一封闭型腔零件一

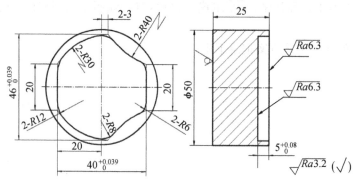

图 6.2-10　单一封闭型腔零件二

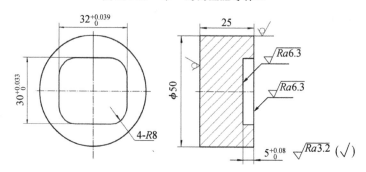

图 6.2-11　单一封闭型腔零件三

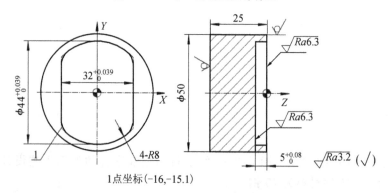

1点坐标(-16,-15.1)

图 6.2-12　单一封闭型腔零件四

知识拓展

封闭型腔凹角的加工主要有以下几种方法。

（1）使用与凹角半径相等的立铣刀直接切入

在凹角处粗加工时采用与圆角半径相等的立铣刀直接切入，刀具半径即为凹角半径。这种加工方案的优点是能简化编程，但缺点是刀具在圆角处突然增大而引起刀具震颤，从而影响加工质量及刀具使用寿命。

（2）采用比凹角半径更小的立铣刀切削

采用一个更小直径的立铣刀铣凹角，在圆角处铣刀的可编程半径应比刀具半径大15%。例如：加工半径为 10 mm 的凹角圆弧，使用刀具的半径为 $(10/2) \times 0.85 = 4.25$ mm，故选择直径为 8 mm（半径为 4 mm）的立铣刀。

（3）采用比凹角半径大的立铣刀切削

采用大直径的铣刀加工型腔凹角可获得较高金属去除率，加工时刀具预留余量，再使用后续的刀具做插铣或摆线铣。

螺旋插补铣孔宏程序如下：

O0001;	
♯1＝30;	孔直径
♯2＝20;	孔深
♯3＝20;	刀具直径
♯4＝0;	Z 坐标
♯5＝1;	每层下刀深度
♯6＝[♯1－♯3]/2;	刀具中心的回转直径
G54 G90 G00 X0 Y0 Z50;	
S2000 M03;	
G0 X♯6;	G0 快速移动到下刀点的上方
Z[－♯4＋1];	G0 下降至 Z－♯4 面上 1.处，即 Z1.处
G1Z－♯4 F200;	Z 方向 G1 下降至当前开始加工深度 Z－♯4
WHILE[♯4LT♯2]DO 1;	当加工深度♯4 小于孔深♯2 时，循环程序 1
♯4＝♯4＋♯5;	每层下刀深度
G3I－♯6Z－♯4F500;	G03 逆时针螺旋加工至下一层
END1;	循环 1 结束
G3I－♯6;	达到圆孔深度，G03 逆时针走一整圆
G1X[♯6－1];	G01 向中心退回 1，即退刀
G0Z50;	
M30;	

 任务评价

根据任务完成过程中的表现，完成任务评价表（表 6.2-3）的填写。

表 6.2-3　任务评价表

项目	评分要素	配分	评分标准	自我评价	小组评价
编程 (20分)	加工工艺路线制定	5分	加工工艺路线制定正确		
	刀具及切削用量选择	5分	刀具及切削用量选择合理		
	程序编写正确性	10分	程序编写正确、规范		
操作 (30分)	手动操作	10分	对刀操作不正确,扣5分		
	自动运行	10分	程序选择错误,扣5分; 启动操作不正确,扣5分; F,S调整不正确,扣2分		
	参数设置	10分	零点偏置设定不正确,扣5分; 刀补设定不正确,扣5分		
工件质量 (30分)	形状	10分	有一处过切,扣2分; 有一处残余余量,扣2分		
	尺寸	16分	每超0.02 mm,扣2分		
	表面粗糙度轮廓	4分	每降一级,扣1分		
工、量、刃具 的使用与维护 (10分)	常用工、量、刃具的使用	10分	使用不当,每次扣2分		
安全文明 生产(10分)	正确执行安全技术操作规程,按企业有关的文明生产规定,做到工作地整洁,工件、工具摆放整齐	10分	严格执行制度及规定者,满分; 执行差者,酌情扣分		
小　计					
综合评价					

任务三　复合型腔铣削

 任务描述

学习复合型腔铣削的相关工艺知识及方法,合理选用刀具及切削参数,掌握坐标系旋转指令的格式和使用方法,熟练操作数控机床完成如图 6.3-1 所示零件的铣削加工。零件材料为 45 钢。生产规模:单件。

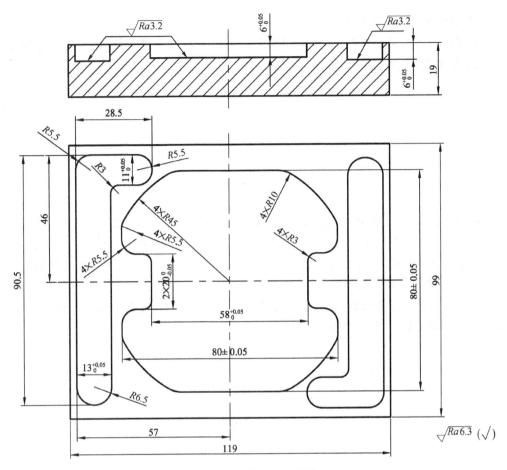

图 6.3-1 复合型腔零件

知识链接

一、复合型腔铣削工艺知识

复合型腔是指由多个型腔按一定形式组合而成。按型腔的组合方式可分为串联分布、并联分布及带孤岛型,如图 6.3-2 所示。就单个型腔加工而言,其加工工艺方法、所用刀具等与前两个任务所述基本相同,但如何总体安排这些型腔加工工艺,是进行复合型腔加工必须考虑的一个问题。

(a) 串联分布

(b) 并联分布

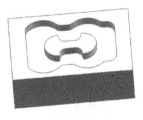
(c) 带孤岛型

图 6.3-2 复合型腔

1. 串联型复合型腔铣削工艺

对于串联分布的复合型腔,通常采用先上后下的工艺方案进行铣削,即先铣上层型腔,再铣下层型腔,如图 6.3-3 所示。

图 6.3-3　先上后下

在粗加工阶段,为了提高材料去除效率,常采用较大直径刀具粗铣上层腔型,然后再用较小直径刀具粗铣下层型腔;在半精、精加工阶段,为保证各型腔尺寸精度的一致性,常用一把耐磨性好的精铣刀(如整体式硬质合金立铣刀)完成零件所有型腔轮廓的精加工。

2. 并联型复合型腔铣削工艺

对于并联分布的复合型腔,通常采用基准优先的工艺原则决定各个型腔的加工顺序,即先铣具有基准功能的型腔,再铣其他型腔,如图 6.3-4 所示。

图 6.3-4　基准优先

3. 带孤岛型复合型腔铣削工艺

对于带孤岛的复合型腔,铣削时不仅要考虑型腔轮廓精度,还要兼顾孤岛轮廓精度,因而通常采用先腔后岛的工艺方案,即先加工型腔轮廓,再加工孤岛轮廓,如图 6.3-5 所示。

图 6.3-5　先腔后岛

加工带孤岛的复合型腔时,要注意以下两方面问题:

① 刀具直径确定要合理,以确保刀具在轮廓铣削时不与另一轮廓产生干涉,同时刀具刚性要足够。

② 有时可能会在孤岛和型腔轮廓间出现残料,对于零件为单件生产且残料少时,可

用手动方式去除;对于零件为批量生产或工件残料较多时,应编写专门的程序以自动方式去除残料。

二、程序指令

在加工复合型腔轮廓时,为了简化编程,有时需要对工件坐标系进行平移或旋转。

1. G52——坐标系平移指令

当在工件坐标系中编制程序时,为了方便编程,可以设定工件坐标系的子坐标系。子坐标系称为局部坐标系。

指令格式:G52 X_ Y_ Z_

其中:X_ Y_ Z_为子坐标系原点相对于当前工件坐标系原点的坐标值。

当局部坐标系设定时,后面的以绝对值方式(G90)指令的移动是局部坐标系中的坐标值。在工件坐标系中用 G52 指定局部坐标系的新零点,可以改变局部坐标系。

为了取消局部坐标系并在工件坐标系中指定坐标值,应使局部坐标系零点与工件坐标系零点一致。

例如,如图 6.3-6 所示,指令"G52 X25 Y30 Z40;"将当前工件坐标系平移到位置(25,30,40),形成新的子坐标系。

执行指令"G52 X0 Y0 Z0;",系统则取消坐标系平移。

例如,加工图 6.3-7 所示的方形型腔,应用 G52 指令编写的加工程序如下:

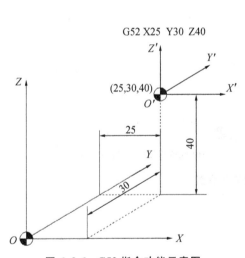

图 6.3-6　G52 指令功能示意图

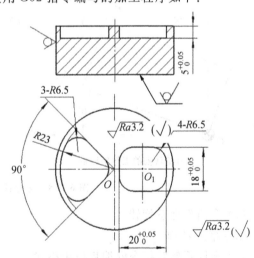

图 6.3-7　型腔加工应用

```
G54 G90 G40 G49 G00 Z100;
……
G52 X12 Y0;              在 O₁ 点创建一子坐标系
G00 X0 Y0;              刀具移动至新坐标系原点 O₁ 正上方,坐标系平移有效
……                    执行右侧方形型腔加工
G00 Z100;
G52 X0 Y0;             取消坐标系平移
```

G00 X-13 Y0;   刀具移动至(−13,0)正上方,取消坐标系平移有效

……   执行左侧扇形型腔加工

> **👁 注意**
>
> 局部坐标系设定不改变工件坐标系和机床坐标系。复位时是否清除局部坐标系,取决于系统参数的设定。G52 暂时清除刀具半径补偿中的偏置。

2. G68/G69——坐标系旋转指令

对于某些围绕中心旋转得到的特殊轮廓加工,如果根据旋转后的实际加工轨迹进行编程,就可能使坐标计算的工作量大大增加。而通过图形旋转功能,可以大大简化编程的工作量。

(1)建立坐标系旋转

指令格式:G68 X_ Y_ R_

其中:X_ Y_为旋转中心坐标值;R_为旋转角度,取值范围为−360°～360°,不足 1°的角度以小数表示,如 10°54′用 10.9°表示。逆时针旋转时,R 取正值,反之,R 取负值。

当执行"G68 X0 Y0 R_"程序段时,可认为将当前工件坐标系旋转某一角度,如图 6.3-8所示为工件坐标系旋转 20°。

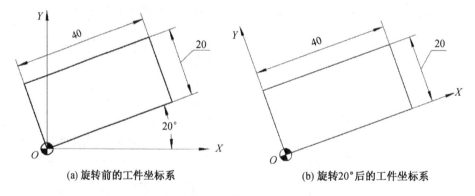

(a) 旋转前的工件坐标系   (b) 旋转20°后的工件坐标系

图 6.3-8　坐标系旋转示意图

(2)取消坐标系旋转

指令格式:G69

(3)坐标系旋转指令的编程应用格式

……

G68 X_ Y_ R_;   建立图形旋转

……   在旋转状态下加工零件

G69;   取消图形旋转状态

G00 X_ Y_;   执行移动指令后,图形旋转取消有效

……

(4)使用坐标系旋转指令的注意事项

① 旋转中心位置不同,旋转后图形各点坐标也不相同。因此,一般先将工件原点平

移至旋转中心（用 G52 指令），然后执行"G68 X0 Y0 R_;"程序段进行相当于工件坐标系旋转的操作，此时编程会变得非常简单。

② G68，G69 两指令必须成对使用，缺一不可。

③ 在 G69 程序段之后，必须有移动指令控制刀具在旋转的坐标平面移动，以确保取消旋转有效。

④ 在有坐标系平移、坐标系旋转、半径补偿等指令共存的情况下，建立上述状态各指令的先后顺序是"先平移，后旋转，再刀补"，而取消上述状态各指令的先后顺序是"先刀补，后旋转，再平移"。

完成图 6.3-9 所示轮廓加工，编写的 NC 程序见表 6.3-1。

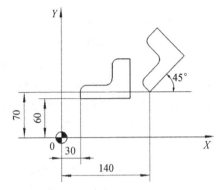

图 6.3-9　坐标系平移、旋转编程示例

表 6.3-1　编程示例

程序内容	注　释
O0001；	程序名
G54 G90 G00 Z100；	程序开始
⋮	
G52 X30 Y60；	绝对值平移坐标系
⋮	
M98 P100；	调用子程序，加工图形
⋮	
G52 X140 Y70；	绝对值平移坐标系
G68 X0 Y0 R45；	增量值旋转坐标系
M98 P100；	调用子程序，加工图形
⋮	
G00 Z100；	抬刀
G69；	取消坐标系旋转
G52 X0 Y0；	取消坐标系平移
G00 X100 Y100；	
⋮	

▮▮▮▮ 任务实施

1. 确定加工工艺

（1）确定工件装夹方式

图 6.3-1 所示零件的加工部位为方板零件 3 个型腔，型腔轮廓包括直线轮廓及圆弧轮廓，尺寸 $11^{+0.05}_{0}$，$13^{+0.05}_{0}$，$20v-0.05$，$58^{+0.05}_{0}$，80 ± 0.05 是本次加工重点保证的尺寸，但精度要求不高；同时轮廓侧面的表面粗糙度轮廓值为 $Ra\,6.3$，表面质量要求一般；型腔底面的表面粗糙度轮廓值为 $Ra\,3.2$，表面质量要求较高。零件毛坯为板料，故决定选择平口钳、垫铁等附件配合装夹工件。

（2）确定使用刀具

选用一把 $\phi10\,mm$ 的三刃高速钢立铣刀对零件轮廓进行粗铣。为提高表面质量、降低刀具磨损，选用另一把 $\phi10\,mm$ 的三刃整体硬质合金立铣刀进行轮廓半精铣、精铣。

（3）确定刀具加工路线

为有效保护刀具，提高加工表面质量，采用顺铣方式铣削工件。

中间型腔 XY 向刀路设计如图 6.3-10 a 所示（$A{\to}B{\to}C{\to}D{\to}E{\to}\cdots{\to}M{\to}N{\to}\cdots{\to}P{\to}Q{\to}B{\to}A$）。$Z$ 向刀路采用螺旋下刀方式，A 点为下刀点。

左侧型腔因型腔为一窄槽，不适宜采用螺旋下刀方式，故 Z 向刀路采用斜线下刀方式，AB 段为斜线下刀路线。XY 向刀路设计如图 6.3-10 b 所示（$B{\to}C{\to}D{\to}E{\to}\cdots{\to}I{\to}J{\to}C{\to}B$）。右侧型腔与左侧型腔相对于原点对称，采用坐标系旋转指令完成加工（也可采用镜像指令加工）。

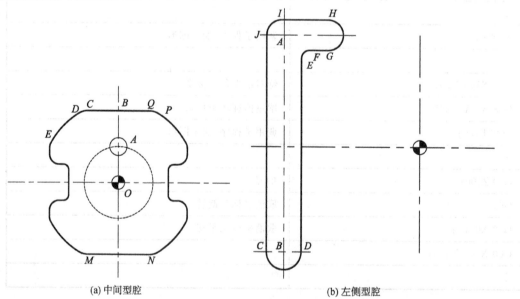

(a) 中间型腔　　　　(b) 左侧型腔

图 6.3-10　刀路示意图

（4）确定切削用量

采用计算方法选择切削用量，选择结果详见表 6.3-2，在此略写。

（5）制定加工过程文件

本次加工任务的工序卡内容见表 6.3-2。

表 6.3-2　方板零件铣削加工工序卡

序号	加工内容	刀具规格	刀号	刀具半径补偿/mm	主轴转速/(r·min⁻¹)	进给速度/(mm·min⁻¹)
1	工件上表面铣削	φ30 mm 可转位硬质合金面铣刀	3	无	1500	500
2	粗铣削方板零件型腔	φ10 mm 高速钢 3 刃立铣刀	1	5.5	400	50
3	半精铣削方板零件型腔	φ10 mm 整体硬质合金立铣刀	2	5.2	2000	400
4	精铣削方板零件型腔	φ10 mm 整体硬质合金立铣刀	2	测量后计算得出	2000	400

2．编制加工程序

坐标原点选在工件上表面中心。方板型腔零件加工参考程序见表 6.3-3 和表 6.3-4。

表 6.3-3　中间型腔铣削程序

程序内容	注　释
O0001；	主程序名
N10 T1 M06；	换 1 号刀
N20 G54 G90 G40 G17 G69；	程序初始化
N30 M03 S400；	主轴正转，转速为 400 r/min
N40 G00 G43 H01 Z100；	Z 轴快速定位，执行补偿 H1
N50 M08；	开冷却液
N60 X0 Y20；	下刀前定位（A 点）
N70 Z5；	快速下刀
N80 G01 Z0 F30；	下刀至 Z0 高度
N90 G03 I0 J-20 Z-5；	螺旋下刀
N100 G41 D01 G01 X0 Y40 F50；	建立刀补进刀到 B 点
N110 G01 X-18.028 Y40；	C 点
N120 G03 X-23.179 Y38.571 R10；	D 点
N130 X-39.304 Y21.914 R45；	E 点
N140 X-40 Y19.235 R5.5；	
N150 G01 Y15.5；	
N160 G03 X-34.5 Y10 R5.5；	
N170 G01 X-32；	
N180 G02 X-29 Y7 R3；	
N190 G01 Y-7；	

程 序 内 容	注　　释
N200 G02 X-32 Y-10 R3；	
N210 G01 X-34.5；	
N220 G03 X-40 Y-15.5 R5.5；	
N230 G01 Y-19.235；	
N240 G03 X-39.304 Y-21.914 R5.5；	
N250 X-23.179 Y-38.571 R45；	
N260 X-18.028 Y-40 R10；	
N270 G01 X18.028；	
N280 G03 X23.179 Y-38.571 R10；	
N290 X39.304 Y-21.914 R45；	
N300 X40 Y-19.235 R5.5；	
N310 G01 Y-15.5；	
N320 G03 X34.5 Y-10 R5.5；	
N330 G01 X32；	
N340 G02 X29 Y-7 R3；	
N350 G01 Y7；	
N360 G02 X32 Y10 R3；	
N370 G01 X34.5；	
N380 G03 X40 Y15.5 R5.5；	
N390 G01 Y19.235；	
N400 G03 X39.304 Y21.914 R5.5；	
N410 X23.179 Y38.571 R45；	P 点
N420 X18.028 Y40 R10；	Q 点
N430 G01 X0；	A 点
N440 G40 Y20；	取消刀具半径补偿,退出轮廓
N450 G00 Z100；	抬刀到安全高度
N460 M05；	主轴停转
N470 M30；	程序结束

表 6.3-4　两侧型腔铣削程序

程 序 内 容	注　　释
O0002；	主程序名
N10 T1 M06；	换 1 号刀
N20 G54 G90 G40 G17 G69；	程序初始化
N30 M03 S400；	主轴正转,转速为 400 r/min
N40 G00 G43 H01 Z100；	Z 轴快速定位,执行补偿 H1

续表

程序内容	注　释
N50 M08；	开冷却液
N60 M98 P0003；	调用子程序,加工左侧型腔
N70 G00 Z100；	抬刀到安全高度
N80 G68 X0 Y0 R180；	建立坐标系旋转指令
N90 M98 P0003；	调用子程序,加工右侧型腔
N100 G00 Z100；	抬刀到安全高度
N110 G69；	取消坐标系旋转
N120 G00 X0 Y0；	
N130 M05；	主轴停转
N140 M30；	程序结束
O0003；	子程序名
N10 G00 X-50.5 Y40.5；	下刀前定位(A 点)
N20 Z5；	快速下刀
N30 G01 Z0 F30；	下刀至 Z0 高度
N40 G01 Y-38 Z-6 F30；	斜线下刀到 B 点
N50 G41 D01 G01 X-57 Y-38 F50；	建立刀补进刀到 C 点
N60 G03 X-44 R6.5；	D 点
N70 G01 Y32；	E 点
N80 G02 X-41 Y35 R3；	F 点
N90 G01 X34；	G 点
N100 G03 Y46 R5.5；	H 点
N110 G01 X-51.5；	I 点
N120 G03 X-57 Y40.5 R5.5；	J 点
N130 G01 Y-38；	C 点
N140 G40 G01 X-50.5；	取消刀具半径补偿,退出轮廓到 B 点
N150 M99；	返回主程序

👁️ **注意**

　　轮廓的半精加工、精加工采用换刀、修改程序中主轴转速、进给速度、刀补参数完成。右边型腔也可在左边型腔加工程序基础上用镜像指令“G51.1 X0 Y0;”加工完成。中间型腔余量采用手动移动刀具去除。

　　3. 机床操作

　　(1) 开机前的准备

　　检查机床各油箱油量是否充足,压缩空气压力是否达到工作要求。检查机床操作面板各按键是否处于正常位置。检查机床工作台是否处于中间位置,安全防护门是否关闭。

（2）加工前的准备

① 准备铣刀、游标卡尺、深度千分尺及相关检测工具。

② 依照顺序打开车间的电源、机床主电源、操作箱上的电源开关，开机并回零。

③ 将机床先空运行预热 30 min 左右，特别是主轴与三轴均以最高速率的 50% 运转 10～20 min（当机床第一次操作或长时间停止后，每个滑轨面均须先加润滑油，再让机床开机但运转时间不超过 30 min，以便润滑油泵将油打至滑轨面后再运转）。

④ 用压缩空气吹净刀具、刀柄及其附件，正确安装并夹紧刀具。

（3）安装工件及刀具

清理工作台、夹具、工件，并正确装夹工件，确保工件定位夹紧稳固可靠。通过手动方式将刀具装入主轴中。

（4）对刀，建立工件坐标系

启动主轴，手动对刀，建立工件坐标系。

（5）输入并检验程序

① 将平面铣削的 NC 程序输入数控系统中，检查程序并确保程序正确无误。

② 将当前工件坐标系抬高至一安全高度，设置好刀具等加工参数后，将机床状态调整为"空运行"状态，空运行程序；检查平面铣削轨迹是否正确，是否与机床夹具等发生干涉，如有干涉则要调整程序。

（6）执行零件加工

将工件坐标系恢复至原位，取消空运行，对零件进行加工。加工时，应确保冷却充分和排屑顺利。

（7）加工后处理

① 在确保零件加工完成及各尺寸在公差范围内之后，拆除工件，去毛刺，进一步清理工件。

② 清扫机床，擦净刀具、量具等用具，并按规定摆放整齐。

③ 严格按机床操作规程关闭机床。

4. 实训过程记录

请根据以上参考工艺和程序，与小组成员讨论，自行编制工艺和程序，并记录任务实施过程：

① 请将确定的加工工艺方案记录下来。

② 记录编写的程序。

③ 机床操作过程中遇到的问题及解决方法：

④ 思考并完成如图 6.3-11～图 6.3-17 所示型腔零件的加工工艺设计、程序编制、仿真模拟加工。

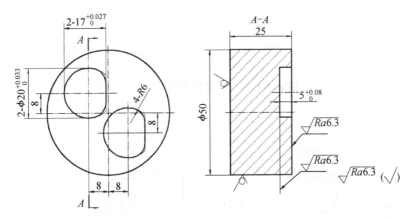

图 6.3-11　偏移槽零件一

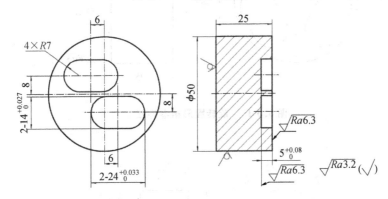

图 6.3-12　偏移槽零件二

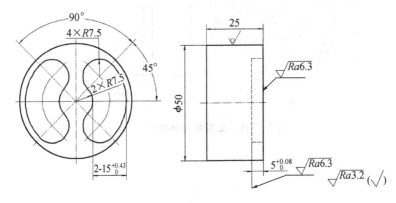

图 6.3-13　旋转腰形槽零件一

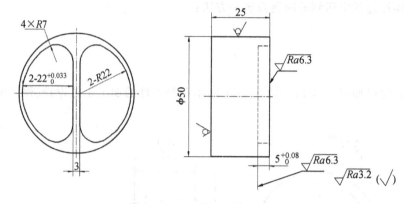

图 6.3-14　旋转腰形槽零件二

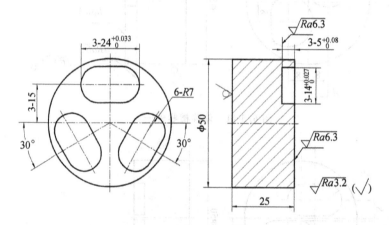

图 6.3-15　旋转腰形槽零件三

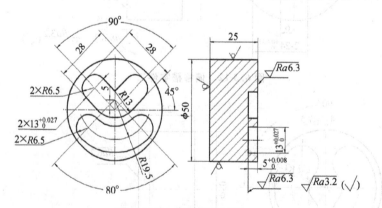

图 6.3-16　型腔综合零件一

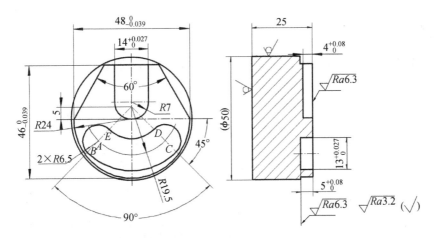

图 6.3-17 型腔综合零件二

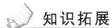 **知识拓展**

螺旋插补铣螺纹 M30×1.5 宏程序见表 6.3-5。

表 6.3-5 铣螺纹程序

程序内容	注 释
G54 G90 G17;	坐标系原点建立在孔的中心,底孔事先加工好
M03 S3500;	单刃切削,高转速,小吃刀,快进给
G00 Z50;	
G00 X0 Y0;	
G00 Z3;	安全高度,定位值是螺距的整倍数
♯1＝0.3;	齿高切深赋值
N10 ♯2＝10.25＋♯1;	ϕ 28.5 的孔,单边 14.25 mm,刀具半径 4 mm,刀具往内偏移到 10.25 mm 定位
G02 X♯2 Y0 I［♯2/2］J0 F300;	以半圆形式切入
♯3＝1.5;	螺距 P
N20 G02 X♯2 Y0 Z♯3 I－♯2 J0 F3000;	插补螺纹,到 Z1.5 的高度
♯3＝♯3－1.5;	
IF［♯3 GE －15.1］GOTO20;	螺纹切削孔深 15 mm
G02 X0 Y0 I－［♯2/2］J0 F300;	半圆形式切出,刀具到中心
G00 Z3;	抬刀到安全高度,前后一致
♯1＝♯1＋0.2;	切削齿高,往 X 方向增大
IF［♯1 LE 0.91］GOTO10;	加工到齿高
G01 X0 Y0 F300;	退刀
G00 Z100;	抬刀
M30;	

 **任务评价**

根据任务完成过程中的表现,完成任务评价表(表 6.3-6)的填写。

表 6.3-6　任务评价表

项目	评分要素	配分	评分标准	自我评价	小组评价
编程 (20分)	加工工艺路线制定	5分	加工工艺路线制定正确		
	刀具及切削用量选择	5分	刀具及切削用量选择合理		
	程序编写正确性	10分	程序编写正确、规范		
操作 (30分)	手动操作	10分	对刀操作不正确,扣5分		
	自动运行	10分	程序选择错误,扣5分; 启动操作不正确,扣5分; F,S调整不正确,扣2分		
	参数设置	10分	零点偏置设定不正确,扣 5分; 刀补设定不正确,扣5分		
工件质量 (30分)	形状	10分	有一处过切,扣2分; 有一处残余余量,扣2分		
	尺寸	16分	每超0.02 mm,扣2分		
	表面粗糙度轮廓	4分	每降一级,扣1分		
工、量、刃具 的使用与维护 (10分)	常用工、量、刃具的使用	10分	使用不当,每次扣2分		
安全文明 生产(10分)	正确执行安全技术操作规程,按企业有关的文明生产规定,做到工作地整洁,工件、工具摆放整齐	10分	严格执行制度及规定者, 满分; 执行差者,酌情扣分		
小　计					
综合评价					

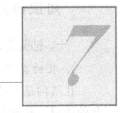

项目七

孔类零件加工

 任务描述

学习孔钻削的相关工艺知识及方法,合理选用钻孔刀具及切削参数,掌握钻孔循环指令的格式和使用方法,熟练操作数控机床完成如图 7.1-1 所示零件孔的加工。零件材料为 45 钢,已完成上下平面、φ60 mm 凸台及周边轮廓的加工。

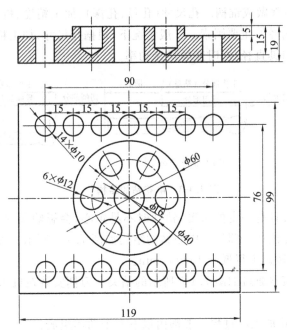

图 7.1-1 零件图纸

知识链接

一、钻孔工艺知识

1. 孔的类型

孔结构是零件的重要组成要素之一,它在机器的运行中通常起着连接、导向、定位、配合的作用。孔的类型按是否穿通零件可分为通孔、盲孔;按组合形式可分为单一孔及复杂孔(如沉头孔、埋头孔等);按几何形状可分为直孔、锥孔、螺纹孔等,如图 7.1-2 所示。

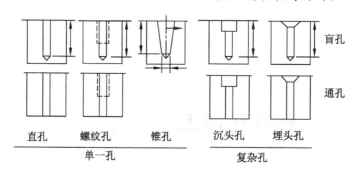

图 7.1-2　孔的类型

2. 钻孔刀具

普通麻花钻是钻孔最常用的刀具,通常用高速钢制造,其外形结构如图 7.1-3 所示。普通麻花钻有直柄和锥柄之分,钻头直径在 13 mm 以下的一般为直柄,当钻头直径等于或超过 13 mm 时,则通常做成锥柄。孔尺寸(孔径、孔深)、加工精度、机床功率、刀具规格是影响钻削刀具直径选择的重要因素。一般情况下,根据孔尺寸、加工精度及刀具厂商提供的刀具规格来选择刀具直径,同时兼顾机床功率。

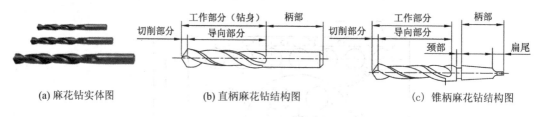

(a) 麻花钻实体图　　　(b) 直柄麻花钻结构图　　　(c) 锥柄麻花钻结构图

图 7.1-3　麻花钻的结构

由于麻花钻的横刃具有一定的长度,钻孔时不易定心,会影响孔的定心精度,因此通常用中心钻在平面上先预钻一凹坑。中心钻的结构如图 7.1-4 所示。由于中心钻的直径较小,加工时机床主轴转速不得低于 1000 r/min。

麻花钻和中心钻通常通过图 7.1-5 所示的钻夹头刀柄安装在机床主轴上。

3. 钻孔过程

如图 7.1-6 所示,孔加工的过程一般都由以下 5 个动作组成:

① 动作 1:快速定心(A→B),快速定位到孔中心上方。

② 动作 2:快速接近工件(B→R),刀具沿 Z 方向快速运动到参考平面。

③ 动作 3：孔加工（$R \to Z$），孔加工过程（钻孔、铰孔、攻螺纹等）。

④ 动作 4：孔底动作（Z 点），例如孔底暂停。

⑤ 动作 5：刀具快速退回，根据需要，可以用 G98 返回到初始平面（$Z \to B$）或用 G99 返回到参考平面（$Z \to R$）。

图 7.1-4　中心钻实体图　　　图 7.1-5　钻夹头　　　图 7.1-6　孔加工的 5 个动作

4. 钻孔的注意事项

① 孔加工刀具多为定尺寸刀具，如钻头、铰刀等。在加工过程中，刀具磨损造成的形状和尺寸的变化会直接影响被加工孔的精度。

② 由于受被加工孔直径大小的限制，切削速度很难提高，从而影响了加工效率和加工表面质量，尤其是在对小尺寸孔进行精密加工时，为达到所需的速度，必须使用专门的装置，因此对机床的性能也提出了很高的要求。

③ 刀具的结构受孔直径和长度的限制，加工时，由于轴向力的影响，刀具容易产生弯曲变形和振动，从而影响孔的加工精度。孔的长径比（孔深度与直径之比）越大，其加工难度越高。

④ 孔加工时，刀具一般在半封闭的空间工作。由于切屑排除困难，冷却液难以进入加工区域，导致切削区域热量集中，温度较高，散热条件不好，从而影响刀具使用寿命和钻削加工质量。

在孔加工过程中，必须解决好冷却、排屑、刚性导向和速度问题。这是确保加工质量的关键。

二、程序指令

在进行孔加工编程时可以使用多条 G00，G01 等指令完成这一过程，但这样做较为烦琐。因此，针对钻孔、铰孔、镗孔、攻螺纹等这类典型的加工程序，数控系统提供了编制简化程序的手段——固定循环指令。这种指令可以用一个程序段完成用多个程序段指令的加工操作。

采用立式数控铣床及加工中心进行钻孔加工，主要使用 G81 固定循环指令。

指令格式：$\genfrac{}{}{0pt}{}{\text{G98}}{\text{G99}}$ G81 X_ Y_ Z_ R_ F_ K_ ；

其中：G98，G99 为到达孔底后快速返回点平面的选择，G98 返回初始平面，G99 返回参考平面；G81 表示钻孔循环指令；X_ Y_ 表示孔的 X，Y 坐标；Z_ 表示孔孔底位置；F_ 为钻孔时的进给速度(mm/min);R_表示参考平面的位置坐标;K_为重复次数,不指定时默认为1。

任务实施

1. 确定加工工艺

(1)确定工件装夹方式

用平口虎钳装夹工件,用百分表找正。安装寻边器,确定工件零点为坯料上表面的中心,设定工件坐标系。

(2)确定使用刀具

选择合适的钻头并对刀,设定加工相关参数,选择自动加工方式加工零件。刀具卡见表7.1-1。

表 7.1-1　刀具卡

刀具号	刀具名称	刀具规格	刀具材料
T1	中心钻	A5	高速钢
T2	麻花钻	ϕ 12 mm	高速钢
T3	麻花钻	ϕ 10 mm	高速钢
T4	麻花钻	ϕ 16 mm	高速钢

(3)确定刀具加工路线

工件上要加工的孔共 21 个,孔的直径有 10 mm,12 mm 和 16 mm 三种,故需要分别使用ϕ 10 mm,ϕ 12 mm,ϕ 16 mm 钻头进行加工,钻孔前用 A5 中心钻进行点钻。

该工件材料为 45 钢,切削性能较好,孔直径尺寸精度不高,可以一次完成钻削加工。孔的位置没有特殊要求,可以按照图纸的基本尺寸进行编程。环形分布的孔为盲孔,当钻到孔底部时应使刀具在孔底停留一段时间,由于孔较深,应使刀具在钻削过程中适当退刀以利于排出切屑。

先用ϕ 12 mm 钻头钻削中间的孔和环形分布的 6 个孔,钻完第一个孔后刀具退到孔上方 2 mm 处,再快速定位到第二个孔上方,钻削第二个孔,直到孔全钻完。然后换ϕ 10 mm钻头并快速定位到右上方第一个孔的上方,钻完一个孔后刀具退到这个孔上方 2 mm处,再快速定位到第 2 个孔上方,钻削第二个孔,直到 7 个孔全钻完再钻下方 7 个孔。最后换ϕ 16 mm 钻头扩中间的孔。

(4)确定切削用量

合理选择切削用量,见表7.1-2。

(5)制定加工过程文件

本次加工任务的工序卡内容见表7.1-2。

表 7.1-2　工序卡

序号	加工内容	刀具规格	刀具号	主轴速度/ (r · min⁻¹)	进给速度/ (mm · min⁻¹)
1	钻中心孔	A5 中心钻	T1	1000	30
2	钻 ϕ12 mm 及 ϕ16 mm 孔	ϕ12 mm 麻花钻	T2	600	100
3	钻 ϕ10 mm 孔	ϕ10 mm 麻花钻	T3	750	100
4	扩 ϕ16 mm 孔	ϕ16 mm 麻花钻	T4	450	100

2. 编制加工程序

编制加工程序,零件加工参考程序见表 7.1-3。

表 7.1-3　参考程序

程序内容	注　释
O0001;	程序号
N10 G90 G54 G40 G17 G69;	程序初始化
N20 M06 T01;	换 1 号刀,A5 中心钻
N30 G00 G43 H1 Z100;	执行 1 号长度补偿,Z 轴快速定位,快速到安全高度
N40 M03 S1000;	1000 r/min 点钻
N50 M08;	开冷却液
N60 G99 G82 X-20 Y0 Z-1 R2 P2000 F30;	点钻 6 个环形分布孔
N70 X-10 Y13.72;	
N80 X10;	
N90 X20 Y0;	
N100 X10 Y-13.72;	
N110 X-10;	
N120 X0 Y0;	点钻中心位置的 ϕ16 mm 孔
N130 X-45 Y38 R-3 Z-6;	点钻 ϕ10 mm 孔
N140 X-30;	
N150 X-15;	
N160 X0;	
N170 X15;	
N180 X30;	
N190 G98 X45;	注意:提刀到初始平面,安全高度
N200 G99 X-45 Y-38;	
N210 X-30;	

程序内容	注　释
N220 X-15；	
N230 X0；	
N240 X15；	
N250 X30；	
N260 G98 X45；	
N270 M09；	关闭冷却液
N280 M05；	主轴停转
N290 G91 G28 Z0；	Z轴返回参考点
N300 M06 T02；	换2号刀，ϕ12 mm 麻花钻
N310 G00 G43 H2 Z100；	执行2号长度补偿，Z轴快速定位，快速到安全高度
N320 M03 S600；	600 r/min 钻孔
N330 M08；	开冷却液
N340 G99 G82 X-20 Y0 Z-15 R2 P2000 F100；	钻6个环形分布孔，盲孔，孔底停留2 s，孔深15 mm
N350 X-10 Y13.72；	
N360 X10；	
N370 X20 Y0；	
N380 X10 Y-13.72；	
N390 X-10；	
N400 G98 X0 Y0 Z-23；	中心位置ϕ16 mm 孔钻通
N410 M09；	关闭冷却液
N420 M05；	主轴停转
N430 G91 G28 Z0；	Z轴返回参考点
N440 M06 T03；	换3号刀，ϕ10 mm 麻花钻
N450 G00 G43 H3 Z100；	执行3号长度补偿，Z轴快速定位，快速到安全高度
N460 M03S750；	750 r/min 钻孔
N470 M08；	开冷却液
N480 G99 G81 X-45 Y38 Z-23 R-3 F100；	钻14个ϕ10 mm 孔，通孔
N490 X-30；	
N500 X-15；	

程序内容	注　释
N510 X0;	
N520 X15;	
N530 X30;	
N540 G98 X45;	注意:提刀到初始平面,安全高度
N550 G99 X-45 Y-38;	
N560 X-30;	
N570 X-15;	
N580 X0;	
N590 X15;	
N600 X30;	
N610 G98 X45;	
N620 M09;	关闭冷却液
N630 M05;	主轴停转
N640 G91 G28 Z0;	Z 轴返回参考点
N650 M06 T04;	换 4 号刀,φ16 mm 麻花钻
N660 G00 G43 H4 Z100;	执行 4 号长度补偿,Z 轴快速定位,快速到安全高度
N670 M03S450;	450 r/min 扩孔
N680 M08;	开冷却液
N690 G98 G81 X0 Y0 Z-25 R2 F100;	
N700 M09;	关闭冷却液
N710 M05;	主轴停转
N720 M30;	程序结束

3．机床操作

(1)开机前的准备

检查机床各油箱油量是否充足,压缩空气压力是否达到工作要求。检查机床操作面板各按键是否处于正常位置。检查机床工作台是否处于中间位置,安全防护门是否关闭。

(2)加工前的准备

① 准备铣刀、游标卡尺、深度千分尺及相关检测工具。

② 依照顺序打开车间的电源、机床主电源、操作箱上的电源开关,开机并回零。

③ 将机床先空运行预热 30 min 左右,特别是主轴与三轴均以最高速率的 50％运转 10～20 min(当机床第一次操作或长时间停止后,每个滑轨面均须先加润滑油,再让机床开机但运转时间不超过 30 min,以便润滑油泵将油打至滑轨面后再运转)。

④ 用压缩空气吹净刀具、刀柄及其附件，正确安装并夹紧刀具。

（3）安装工件及刀具

清理工作台、夹具、工件，并正确装夹工件，确保工件定位夹紧稳固可靠。通过手动方式将刀具装入主轴中。

（4）对刀，建立工件坐标系

启动主轴，手动对刀，建立工件坐标系。

（5）输入并检验程序

① 将平面铣削的 NC 程序输入数控系统中，检查程序并确保程序正确无误。

② 将当前工件坐标系抬高至一安全高度，设置好刀具等加工参数后，将机床状态调整为"空运行"状态，空运行程序；检查平面铣削轨迹是否正确，是否与机床夹具等发生干涉，如有干涉则要调整程序。

（6）执行零件加工

将工件坐标系恢复至原位，取消空运行，对零件进行加工。加工时，应确保冷却充分和排屑顺利。

（7）加工后处理

① 在确保零件加工完成及各尺寸在公差范围内之后，拆除工件，去毛刺，进一步清理工件。

② 清扫机床，擦净刀具、量具等用具，并按规定摆放整齐。

③ 严格按机床操作规程关闭机床。

4. 实训过程记录

请根据以上参考工艺和程序，与小组成员讨论，自行编制工艺和程序，并记录任务实施过程：

① 请将确定的加工工艺方案记录下来。

② 记录编写的程序。

③ 机床操作过程中遇到的问题及解决方法：

④ 阅读如图 7.1-7 所示零件孔的参考 NC 程序,请在表 7.1-4 中填写程序注释。

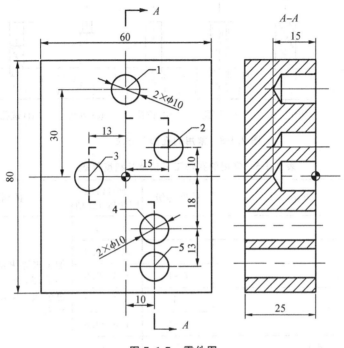

图 7.1-7　零件图

表 7.1-4　孔的参考 NC 程序

程序内容	注　释
……	
G00 Z100;	
G90 G99 G81 X0 Y30 Z-15 R2 Q5 F40;	
X15 Y10;	
X-13 Y0;	
X10 Y-18 Z-28;	
G98 Y-31;	
G80;	
……	

知识拓展

常用的孔加工方法主要有钻孔、扩孔、铰孔、镗孔、攻丝、铣孔等,如图 7.1-8 所示。表 7.1-5列出了常用的孔加工方法及其精度等级。

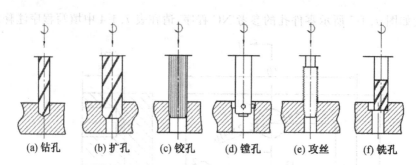

图 7.1-8　常用的孔加工方法

表 7.1-5　常用的孔加工方法及其精度等级

序号	加工方案	精度等级	表面粗糙度轮廓 Ra 值	适用范围
1	钻	11～13	50～12.5	加工未淬火钢及铸铁的实心毛坯，也可用于加工有色金属（但加工表面质量较差）
2	钻—铰	9	3.2～1.6	
3	钻—粗铰—精铰	7～8	1.6～0.8	
4	钻—扩	11	6.3～3.2	
5	钻—扩—铰	8～9	1.6～0.8	
6	钻—扩—粗铰—精铰	7	0.8～0.47	
7	粗镗（扩孔）	11～13	6.3～3.2	除淬火钢外的各种材料，毛坯有铸出孔或锻出孔
8	粗镗（扩孔）—半精镗（精扩）	8～9	3.2～1.6	
9	粗镗（扩孔）—半精镗（精扩）—精镗	6～7	1.6～0.8	

当确定钻削刀具类型及直径后，钻孔刀具切削用量最好使用刀具厂商推荐的切削用量，这样才能在保证加工精度及刀具使用寿命的前提下，最大限度地发挥刀具潜能，提高生产效率。表 7.1-6 列出了高速钢钻头钻孔切削用量的推荐值。

表 7.1-6　高速钢钻孔切削用量推荐值

工件材料	工件材料牌号或硬度	切削用量	钻头直径 d/mm			
			1～6	6～12	12～22	22～50
铸铁	160～200 HBS	v/(m·min^{-1})	16～24			
		f/(mm·r^{-1})	0.07～0.12	0.12～0.2	0.2～0.4	0.4～0.8
	200～240 HBS	v/(m·min^{-1})	10～18			
		f/(mm·r^{-1})	0.05～0.1	0.1～0.18	0.18～0.25	0.25～0.4
	240～400 HBS	v/(m·min^{-1})	5～12			
		f/(mm·r^{-1})	0.03～0.08	0.08～0.15	0.15～0.2	0.2～0.3

续表

工件材料	工件材料牌号或硬度	切削用量	钻头直径 d/mm			
			1～6	6～12	12～22	22～50
钢	35,45	v/(m·min^{-1})	8～25			
		f/(mm·r^{-1})	0.05～0.1	0.1～0.2	0.2～0.3	0.3～0.45
	15Cr,20Cr	v/(m·min^{-1})	12～30			
		f/(mm·r^{-1})	0.05～0.1	0.1～0.2	0.2～0.3	0.3～0.45
	合金钢	v/(m·min^{-1})	8～15			
		f/(mm·r^{-1})	0.03～0.08	0.05～0.15	0.15～0.25	0.25～0.35

工件材料	工件材料牌号或硬度	切削用量	钻头直径 d/mm		
			3～8	8～28	25～50
铝	纯铝	v/(m·min^{-1})	20～50		
		f/(mm·r^{-1})	0.03～0.2	0.06～0.5	0.15～0.8
	铝合金(长切屑)	v/(m·min^{-1})	20～50		
		f/(mm·r^{-1})	0.05～0.25	0.1～0.6	0.2～1.0
	铝合金(短切屑)	v/(m·min^{-1})	20～50		
		f/(mm·r^{-1})	0.03～0.1	0.05～0.15	0.08～0.36
铜	黄铜、青铜	v/(m·min^{-1})	60～90		
		f/(mm·r^{-1})	0.06～0.15	0.15～0.3	0.3～0.75
	硬青铜	v/(m·min^{-1})	25～45		
		f/(mm·r^{-1})	0.05～0.15	0.12～0.25	0.25～0.5

 任务评价

根据任务完成过程中的表现,完成任务评价表(表 7.1-7)的填写。

表 7.1-7　任务评价表

项目	评分要素	配分	评分标准	自我评价	小组评价
编程 (20分)	加工工艺路线制定	5分	加工工艺路线制定正确		
	刀具及切削用量选择	5分	刀具及切削用量选择合理		
	程序编写正确性	10分	程序编写正确、规范		
操作 (30分)	手动操作	10分	对刀操作不正确,扣5分		
	自动运行	10分	程序选择错误,扣5分; 启动操作不正确,扣5分; F,S调整不正确,扣2分		
	参数设置	10分	零点偏置设定不正确,扣5分; 刀补设定不正确,扣5分		

续表

项目	评分要素	配分	评分标准	自我评价	小组评价
工件质量 （30分）	形状	10分	有一处过切，扣2分； 有一处残余余量，扣2分		
	尺寸	16分	每超0.02 mm，扣2分		
	表面粗糙度轮廓	4分	每降一级，扣1分		
工、量、刃具的使用与维护（10分）	常用工、量、刃具的使用	10分	使用不当，每次扣2分		
安全文明生产（10分）	正确执行安全技术操作规程，按企业有关的文明生产规定，做到工作地整洁，工件、工具摆放整齐	10分	严格执行制度及规定者，满分； 执行差者，酌情扣分		
小　计					
综合评价					

任务二　深孔加工

 任务描述

学习深孔钻削的相关工艺知识及方法，合理选用钻孔刀具及切削参数，掌握深孔钻削指令的格式和使用方法，熟练操作数控机床完成如图7.2-1所示零件孔的加工。零件材料为45钢。

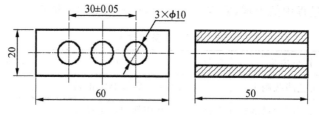

图7.2-1　零件图纸

知识链接

一、深孔加工工艺知识

1. 深孔

所谓深孔，一般是指孔的深度与孔的直径比大于5的孔。

深孔加工一般有以下特点：

　　① 刀杆受孔径的限制,直径小、长度大,造成刚性差、强度低,切削时易产生振动、波纹、锥度,而影响深孔的直线度和表面质量。

　　② 在钻孔和扩孔时,冷却润滑液在没有采用特殊装置的情况下,难以输入切削区,使刀具使用寿命缩短,而且排屑也困难。

　　③ 在深孔的加工过程中,不能直接观察刀具切削情况,只能凭工作经验听切削时的声音、看切屑、手摸振动与工件温度、观仪表(油压表和电表),来判断切削过程是否正常。

　　④ 对于切屑排除困难,必须采用可靠的手段进行断屑及控制切屑的长短与形状,以利于顺利排除,防止切屑堵塞。

　　⑤ 为了保证深孔加工顺利并达到要求的加工质量,应增加刀具内(或外)排屑装置、刀具引导和支承装置及高压冷却润滑装置。

　　⑥ 刀具散热条件差,切削温度升高,使刀具的使用寿命缩短。

　　2. 深孔加工刀具

　　图 7.2-2 所示为加工深孔用钻头。

图 7.2-2　深孔加工钻头

二、加工指令

采用立式数控铣床及加工中心进行深孔加工,主要使用 G73 或 G83 固定循环指令。

1. G73 深孔钻固定循环指令

G73 为深孔钻固定循环指令(断屑并不排屑)。该指令以间歇进给方式钻削工件,当加工至一定深度时,钻头上抬一距离 d,因而钻孔时具有断屑不排屑之特点,主要适用于深孔加工。指令动作如图 7.2-3 所示。

指令格式:$\begin{matrix} G98 \\ G99 \end{matrix}$ G73 X_ Y_ Z_ R_ F_ Q_ K_;

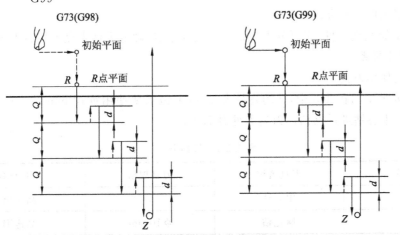

图 7.2-3　G73 指令运动示意图

　　其中:Q_ 为每次钻深;图 7.2-3 中的 d 表示刀具每次向上抬起的距离,由数控系统531#参数确定,一般取默认值;其余各参数含义与 G81 指令完全相同。

2. G83 深孔钻固定循环指令

与 G73 相比, G83 深孔钻固定循环指令 (断屑并排屑) 也是以间歇进给方式钻削工件, 当加工至一定深度后, 钻头上抬至参考平面, 因而钻孔时具有断屑、排屑之特点, 主要适用于深孔加工。指令动作如图 7.2-4 所示。

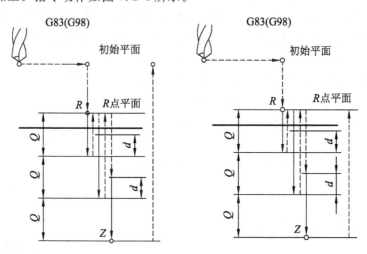

图 7.2-4 G83 指令运动示意图

指令格式: $\dfrac{G98}{G99}$ G83 X_ Y_ Z_ R_ F_ Q_ K_;

该指令各参数含义与 G73 指令完全相同。

任务实施

1. 确定加工工艺

(1) 确定工件装夹方式

用平口虎钳装夹工件, 用百分表找正。安装寻边器, 确定工件零点为坯料上表面的中心, 设定工件坐标系。

(2) 确定使用刀具

工件上要加工的孔共 3 个, 孔的直径为 10 mm, 故需要使用 ϕ 10 mm 钻头进行加工, 钻孔前用 A5 中心钻进行点钻。刀具卡见表 7.2-1。

表 7.2-1 刀具卡

刀具号	刀具名称	刀具规格	刀具材料
T1	中心钻	A5	高速钢
T2	麻花钻	ϕ 10 mm	高速钢

(3) 确定刀具加工路线

该工件材料为 45 钢, 切削性能较好, 孔直径尺寸精度不高, 可以一次完成钻削加工。孔的位置没有特殊要求, 可以按照图纸的基本尺寸进行编程。由于孔的深度较深, 应使刀具在钻削过程中适当退刀以利于排出切屑。三个孔的加工顺序为依次从左到右进行钻削。

（4）确定切削用量

合理选择切削用量，工序卡见表 7.2-2。

（5）制定加工过程文件

本次加工任务的工序卡内容见表 7.2-2。

表 7.2-2　工序卡

序号	加工内容	刀具规格	刀具号	主轴转速/ (r·min⁻¹)	进给速度/ (mm·min⁻¹)
1	钻中心孔	A5 中心钻	T1	1000	30
2	钻 φ10 mm 孔	φ10 mm 麻花钻	T2	750	100

2. 编制加工程序

编制加工程序，零件加工参考程序见表 7.2-3。

表 7.2-3　参考程序

程序内容	注　释
O0001；	程序号
N10 G90 G54 G40 G17 G69；	程序初始化，以工件上表面中心为原点建立 G54 坐标系
N20 M06 T01；	换 1 号刀，A5 中心钻
N30 G00 G43 H1 Z100；	执行 1 号长度补偿，Z 轴快速定位，快速到安全高度
N40 M03 S1000；	转速为 1000 r/min，点钻
N50 M08；	开冷却液
N60 G99 G82 X-15 Y0 Z-1 R2 P2000 F30；	点钻 3 个孔
N70 X0；	
N80 G98 X15；	注意：提刀到初始平面，安全高度
N90 G80；	取消钻孔循环
N100 M09；	关闭冷却液
N110 M05；	主轴停转
N120 G91 G28 Z0；	Z 轴返回参考点
N130 M06 T02；	换 2 号刀，φ10 mm 麻花钻
N140 G00 G43 H2 Z100；	执行 2 号长度补偿，Z 轴快速定位，快速到安全高度
N150 M03 S750；	转速为 750 r/min，钻孔
N160 M08；	开冷却液

程序内容	注　释
N170 G99 G83 X-15 Y0 Z-55 R2 Q5 F100；	钻孔，深孔啄钻
N180 X0；	
N190 G98 X15；	
N200 G80；	
N210 M09；	关闭冷却液
N220 M05；	主轴停转
N230 M30；	程序结束

3. 机床操作

(1) 开机前的准备

检查机床各油箱油量是否充足，压缩空气压力是否达到工作要求。检查机床操作面板各按键是否处于正常位置。检查机床工作台是否处于中间位置，安全防护门是否关闭。

(2) 加工前的准备

① 准备铣刀、游标卡尺、深度千分尺及相关检测工具。

② 依照顺序打开车间的电源、机床主电源、操作箱上的电源开关，开机并回零。

③ 将机床先空运行预热 30 min 左右，特别是主轴与三轴均以最高速率的 50% 运转 10~20 min（当机床第一次操作或长时间停止后，每个滑轨面均须先加润滑油，再让机床开机但运转时间不超过 30 min，以便润滑油泵将油打至滑轨面后再运转）。

④ 用压缩空气吹净刀具、刀柄及其附件，正确安装并夹紧刀具。

(3) 安装工件及刀具

清理工作台、夹具、工件，并正确装夹工件，确保工件定位夹紧稳固可靠。通过手动方式将刀具装入主轴中。

(4) 对刀，建立工件坐标系

启动主轴，手动对刀，建立工件坐标系。

(5) 输入并检验程序

① 将平面铣削的 NC 程序输入数控系统中，检查程序并确保程序正确无误。

② 将当前工件坐标系抬高至一安全高度，设置好刀具等加工参数后，将机床状态调整为"空运行"状态，空运行程序；检查平面铣削轨迹是否正确，是否与机床夹具等发生干涉，如有干涉则要调整程序。

(6) 执行零件加工

将工件坐标系恢复至原位，取消空运行，对零件进行加工。加工时，应确保冷却充分和排屑顺利。

(7) 加工后处理

① 在确保零件加工完成及各尺寸在公差范围内之后，拆除工件，去毛刺，进一步清理工件。

② 清扫机床,擦净刀具、量具等用具,并按规定摆放整齐。

③ 严格按机床操作规程关闭机床。

4. 实训过程记录

请根据以上参考工艺和程序,与小组成员讨论,自行编制工艺和程序,并记录任务实施过程:

① 请将确定的加工工艺方案记录下来。

② 记录编写的程序。

③ 机床操作过程中遇到的问题及解决方法:

④ 编写程序加工如图 7.2-5 所示的零件孔。

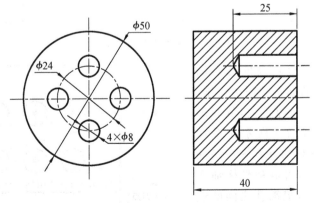

图 7.2-5　零件图

知识拓展

锪孔是指在已加工的孔上加工圆柱形沉头孔、锥形沉头孔和凸台断面等,如图 7.2-6 所示。锪孔时使用的刀具称为锪钻,一般用高速钢制造。加工大直径凸台断面的锪钻,可用硬质合金重磨式刀片或可转位式刀片,用镶齿或机夹的方法,固定在刀体上制成,如图 7.2-7 所示。

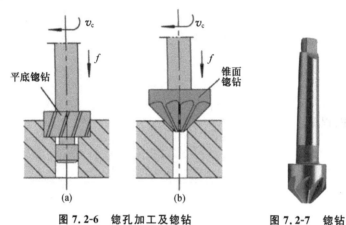

图 7.2-6   锪孔加工及锪钻   图 7.2-7   锪钻

孔加工路线安排一般寻求最短加工路线,减少空刀时间以提高加工效率,如图 7.2-8 所示。图 7.2-8 a 为零件上的孔系分布图,图 7.2-8 b 所示的走刀路线为先加工完外圆孔后,再加工内圆孔,图 7.2-8 c 所示的走刀路线最短,可节省定位时间。

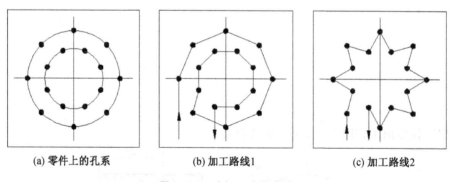

(a) 零件上的孔系   (b) 加工路线1   (c) 加工路线2

图 7.2-8   孔加工路线安排

对于位置精度要求较高的孔系加工,需要特别注意孔的加工顺序的安排,避免将坐标轴的反向间隙带入,从而影响位置精度。如图 7.2-9 所示孔系加工,采用 $A→1→2→3→4→B→5→6→7→8$ 的顺序进行加工,可避免坐标轴 X 方向的反向间隙带入,提高孔之间的位置精度。

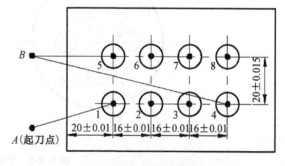

图 7.2-9   孔加工路线

任务评价

根据任务完成过程中的表现,完成任务评价表(表 7.2-4)的填写。

表 7.2-4　任务评价表

项目	评分要素	配分	评分标准	自我评价	小组评价
编程 (20分)	加工工艺路线制定	5分	加工工艺路线制定正确		
	刀具及切削用量选择	5分	刀具及切削用量选择合理		
	程序编写正确性	10分	程序编写正确、规范		
操作 (30分)	手动操作	10分	对刀操作不正确,扣5分		
	自动运行	10分	程序选择错误,扣5分; 启动操作不正确,扣5分; F,S调整不正确,扣2分		
	参数设置	10分	零点偏置设定不正确,扣5分; 刀补设定不正确,扣5分		
工件质量 (30分)	形状	10分	有一处过切,扣2分; 有一处残余余量,扣2分		
	尺寸	16分	每超0.02 mm,扣2分		
	表面粗糙度轮廓	4分	每降一级,扣1分		
工、量、刃具的使用与维护 (10分)	常用工、量、刃具的使用	10分	使用不当,每次扣2分		
安全文明生产(10分)	正确执行安全技术操作规程,按企业有关的文明生产规定,做到工作地整洁,工件、工具摆放整齐	10分	严格执行制度及规定者,满分; 执行差者,酌情扣分		
小　计					
综合评价					

任务三　铰孔加工

 任务描述

学习铰孔的相关工艺知识及方法,合理选用刀具及切削参数,掌握铰孔加工指令的格式和使用方法,熟练操作数控机床完成如图 7.3-1 所示零件孔的加工。零件材料为 45

钢,已完成上下平面及周边的加工。

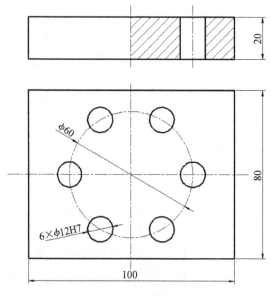

图 7.3-1　零件图纸

 知识链接

一、铰孔工艺知识

1. 铰孔加工

一般精度要求较高(孔的精度等级为 IT6～IT10)的配合孔,在完成孔的粗加工后,必须安排相应的半精、精加工工序。对于孔径≤30 mm 的连接孔,通常采用铰削对其进行精加工。

2. 铰孔刀具

铰孔加工刀具通常使用铰刀。数控铣床及加工中心上经常使用的铰刀有通用标准铰刀、机夹硬质合金刀片的单刃铰刀和浮动铰刀等。

通用标准铰刀如图 7.3-2 所示,有直柄、锥柄和套式三种。直柄铰刀的直径为 6～20 mm,小孔直柄铰刀的直径为 1～6 mm;锥柄铰刀的直径为 10～32 mm;套式铰刀的直径为 25～80 mm。

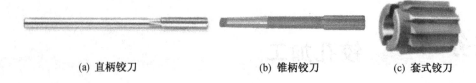

(a) 直柄铰刀　　　　　　(b) 锥柄铰刀　　　　　(c) 套式铰刀

图 7.3-2　通用标准铰刀

如图 7.3-3 所示,通用标准铰刀有 4～12 齿,由工作部分、颈部、柄部三部分组成。工作部分包括切削部分与校准部分。切削部分为锥形,主要担负切削工作。校准部分包括圆柱部分和倒锥部分,圆柱部分保证铰刀直径和便于测量,倒锥部分可减少铰刀与孔壁的摩擦,减少孔径扩大量。校准部分的作用是校正孔径、修光孔壁和导向。

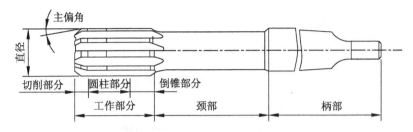

图 7.3-3   通用标准铰刀结构示意图

使用通用标准铰刀铰孔时,加工精度等级为 IT8～IT9、表面粗糙度轮廓 Ra 值为 $0.8～1.6\ \mu m$。在生产中,为了保证加工精度,铰孔时的铰削余量预留要适中,表 7.3-1 列出了铰孔加工余量推荐值。

表 7.3-1   铰削余量推荐值(直径量)   mm

孔的直径	≤ϕ8	ϕ8～ϕ20	ϕ21～ϕ32	ϕ33～ϕ50	ϕ51～ϕ70
铰孔余量	0.1～0.2	0.15～0.25	0.2～0.3	0.25～0.35	0.25～0.35

3. 铰孔的精度及误差分析

铰孔过程中,由于工艺制定、刀具参数设置等方面的原因会出现一系列问题。具体问题及产生原因见表 7.3-2。

表 7.3-2   铰孔的精度及误差分析

项目	出现问题	产生原因
铰孔	孔径扩大	铰孔中心与底孔中心不一致
		进给量或铰削余量过大
		切削速度太高,铰刀热膨胀
		切削液选用不当或没加切削液
	孔径缩小	铰刀磨损或铰刀已钝
		铰铸铁时以煤油作切削液
	孔呈多边形	铰削余量太大,铰刀振动
		铰孔前钻孔不圆
	表面粗糙度质量差	铰孔余量太大或太小
		铰刀切削刃不锋利
		切削液选用不当或没加切削液
		切削速度过大,产生积屑瘤
		孔加工固定循环选择不合理,进退刀方式不合理
		容屑槽内切屑堵塞

二、加工指令

铰孔一般用 G85 循环指令。

指令格式：$\begin{matrix} \text{G98} \\ \text{G99} \end{matrix}$ G85 X_ Y_ Z_ R_ F_ K_；

使用该指令铰孔时，刀具以切削进给方式加工到达孔底后，以切削速度回退 R 点平面，指令动作及步骤如图 7.3-4 所示。

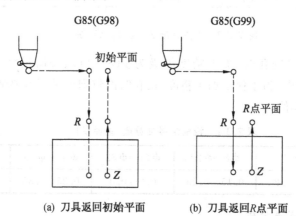

图 7.3-4 G85 指令运动示意图

任务实施

1. 确定加工工艺

（1）确定工件装夹方式

用平口虎钳装夹工件，用百分表找正。安装寻边器，确定工件零点为坯料上表面的中心，设定工件坐标系。

（2）确定使用刀具

选择合适的钻头、铰刀并对刀，设定加工相关参数，选择自动加工方式加工零件。刀具见表 7.3-3。

表 7.3-3 刀具卡

刀具号	刀具名称	刀具规格	刀具材料
T1	中心钻	A5	高速钢
T2	麻花钻	ϕ 11.8	高速钢
T3	铰刀	ϕ 12H7	硬质合金

（3）确定刀具加工路线

该工件材料为 45 钢，切削性能较好，孔直径尺寸精度要求较高，需要钻孔后进行铰孔。孔的位置没有特殊要求，可以按照图纸的基本尺寸进行编程。环形分布的孔为通孔，加工时可取 3～5 mm 刀具超越量。

工件上要加工的孔共 6 个,孔的直径为 12 mm,需要分别使用 ϕ 11.8 mm 钻头、ϕ 12 mm 铰刀进行加工,钻孔前用 A5 中心钻进行点钻。

（4）确定切削用量

合理选择切削用量,见表 7.3-4。

（5）制定加工过程文件

本次加工任务的工序卡内容见表 7.3-4。

表 7.3-4　工序卡

序号	加工内容	刀具规格	刀具号	主轴转速/ (r・min^{-1})	进给速度/ (mm・min^{-1})
1	钻中心孔	A5 中心钻	T1	1000	30
2	钻孔	ϕ 11.8 mm 麻花钻	T2	600	100
3	铰孔	ϕ 12H7 铰刀	T3	150	50

2. 编制加工程序

编制加工程序,零件加工参考程序见表 7.3-5。

表 7.3-5　参考程序

程序内容	注　释
O0001;	程序号
N10 G90 G54 G40 G17 G69;	程序初始化
N20 M06 T01;	换 1 号刀,A5 中心钻
N30 G00 G43 H1 Z100;	执行 1 号长度补偿,Z 轴快速定位,快速到安全高度
N40 M03 S1000;	转速为 1000 r/min,点钻
N50 M08;	开冷却液
N60 G99 G82 X-30 Y0 Z-1 R2 P2000 F30;	点钻 6 个环形分布孔
N70 X-15 Y-25.98;	
N80 X15;	
N90 X30 Y0;	
N100 X15 Y25.98;	
N110 G98 X-15;	注意:提刀到初始平面,安全高度
N120 M09;	关闭冷却液
N130 M05;	主轴停转
N140 G91 G28 Z0;	Z 轴返回参考点
N150 M06 T02;	换 2 号刀,ϕ 11.8 mm 麻花钻
N160 G00 G43 H2 Z100;	执行 2 号长度补偿,Z 轴快速定位,快速到安全高度

续表

程序内容	注　释
N170 M03 S600；	转速为 600 r/min，钻孔
N180 M08；	开冷却液
N190 G99 G81 X-30 Y0 Z-25 R2 F100；	钻 6 个环形分布通孔
N200 X-15 Y-25.98；	
N210 X15；	
N220 X30 Y0；	
N230 X15 Y25.98；	
N240 G98 X-15；	
N250 M09；	关闭冷却液
N260 M05；	主轴停转
N270 G91 G28 Z0；	Z 轴返回参考点
N280 M06 T03；	换 3 号刀，ϕ 12 mm 铰刀
N290 G00 G43 H3 Z100；	执行 3 号长度补偿，Z 轴快速定位，快速到安全高度
N300 M03 S150；	转速为 150 r/min，铰孔
N310 M08；	开冷却液
N320 G99 G85 X-30 Y0 Z-25 R2 F100；	铰 6 个环形分布通孔
N330 X-15 Y-25.98；	
N340 X15；	
N350 X30 Y0；	
N360 X15 Y25.98；	
N370 G98 X-15；	
N380 M09；	关闭冷却液
N390 M05；	主轴停转
N400 M30；	程序结束

3. 机床操作

(1) 开机前的准备

检查机床各油箱油量是否充足，压缩空气压力是否达到工作要求。检查机床操作面板各按键是否处于正常位置。检查机床工作台是否处于中间位置，安全防护门是否关闭。

(2) 加工前的准备

① 准备铣刀、游标卡尺、深度千分尺及相关检测工具。

② 依照顺序打开车间的电源、机床主电源、操作箱上的电源开关，开机并回零。

③ 将机床先空运行预热 30 min 左右，特别是主轴与三轴均以最高速率的 50%运转

10～20 min(当机床第一次操作或长时间停止后,每个滑轨面均须先加润滑油,再让机床开机但运转时间不超过 30 min,以便润滑油泵将油打至滑轨面后再运转)。

④ 用压缩空气吹净刀具、刀柄及其附件,正确安装并夹紧刀具。

(3) 安装工件及刀具

清理工作台、夹具、工件,并正确装夹工件,确保工件定位夹紧稳固可靠。通过手动方式将刀具装入主轴中。

(4) 对刀,建立工件坐标系

启动主轴,手动对刀,建立工件坐标系。

(5) 输入并检验程序

① 将平面铣削的 NC 程序输入数控系统中,检查程序并确保程序正确无误。

② 将当前工件坐标系抬高至一安全高度,设置好刀具等加工参数后,将机床状态调整为"空运行"状态,空运行程序;检查平面铣削轨迹是否正确,是否与机床夹具等发生干涉,如有干涉则要调整程序。

(6) 执行零件加工

将工件坐标系恢复至原位,取消空运行,对零件进行加工。加工时,应确保冷却充分和排屑顺利。

(7) 加工后处理

① 在确保零件加工完成及各尺寸在公差范围内之后,拆除工件,去毛刺,进一步清理工件。

② 清扫机床,擦净刀具、量具等用具,并按规定摆放整齐。

③ 严格按机床操作规程关闭机床。

4. 实训过程记录

请根据以上参考工艺和程序,与小组成员讨论,自行编制工艺和程序,并记录任务实施过程:

① 请将确定的加工工艺方案记录下来。

② 记录编写的程序。

③ 机床操作过程中遇到的问题及解决方法:

④ 编写程序加工如图 7.3-5 所示零件孔。

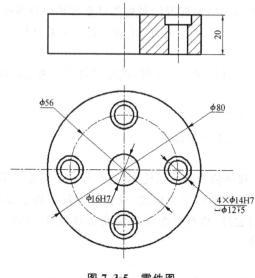

图 7.3-5　零件图

知识拓展

在生产实践中,通常根据刀具、工件材料、孔径、加工精度来确定铰削、镗削用量。表 7.3-6 列出了高速钢铰刀铰削用量推荐值。

表 7.3-6　铰削用量推荐值

铰刀直径 d/mm	f/(mm/r)					
	低碳钢 120~200 HB	低合金钢 200~300 HB	高合金钢 300~400 HB	软铸铁 130 HB	中硬铸铁 175 HB	硬铸铁 230 HB
6	0.13	0.10	0.10	0.15	0.15	0.15
9	0.18	0.18	0.15	0.20	0.20	0.20
12	0.20	0.20	0.18	0.25	0.25	0.25
15	0.25	0.25	0.20	0.30	0.30	0.30
19	0.30	0.30	0.25	0.38	0.38	0.36
22	0.33	0.33	0.25	0.43	0.43	0.41
25	0.51	0.38	0.30	0.51	0.51	0.41

孔的常用测量工具有塞规、内径百分表、内径千分尺等,如图 7.3-6 所示。

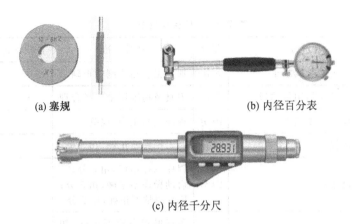

(a) 塞规　　　　　　　　(b) 内径百分表

(c) 内径千分尺

图 7.3-6　孔的常用测量工具

机夹硬质合金刀片的单刃铰刀如图 7.3-7 所示。这种铰刀刀片具有很高的刃磨质量,切削刃口磨得异常锋利,其铰削余量通常在 10 μm(半径量)以下,常用于加工尺寸精度在 IT5~IT7 级、表面粗糙度轮廓 Ra 值为 0.7 μm 的高精度孔。

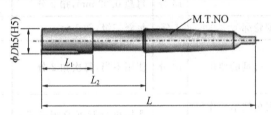

图 7.3-7　机夹硬质合金刀片的单刃铰刀结构示意图

加工中心上使用的浮动铰刀如图 7.3-8 所示。它有两个对称刃,可以自动平衡切削力,还能在铰削过程中自动抵偿因刀具安装误差或刀杆的径向跳动而引起的加工误差,因而加工精度稳定、定心准确、寿命较高速钢铰刀高 8~10 倍,且具有直径调整的连续性。

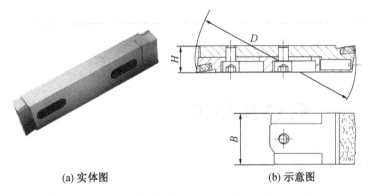

(a) 实体图　　　　　　　(b) 示意图

图 7.3-8　加工中心上使用的浮动铰刀结构示意图

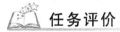 任务评价

根据任务完成过程中的表现,完成任务评价表(表 7.3-7)的填写。

表 7.3-7　任务评价表

项目	评分要素	配分	评分标准	自我评价	小组评价
编程 (20分)	加工工艺路线制定	5分	加工工艺路线制定正确		
	刀具及切削用量选择	5分	刀具及切削用量选择合理		
	程序编写正确性	10分	程序编写正确、规范		
操作 (30分)	手动操作	10分	对刀操作不正确,扣5分		
	自动运行	10分	程序选择错误,扣5分; 启动操作不正确,扣5分; F,S调整不正确,扣2分		
	参数设置	10分	零点偏置设定不正确,扣5分; 刀补设定不正确,扣5分		
工件质量 (30分)	形状	10分	有一处过切,扣2分; 有一处残余余量,扣2分		
	尺寸	16分	每超0.02 mm,扣2分		
	表面粗糙度轮廓	4分	每降一级,扣1分		
工、量、刃具的使用与维护 (10分)	常用工、量、刃具的使用	10分	使用不当,每次扣2分		
安全文明生产(10分)	正确执行安全技术操作规程,按企业有关的文明生产规定,做到工作地整洁,工件、工具摆放整齐	10分	严格执行制度及规定者,满分; 执行差者,酌情扣分		
小　计					
综合评价					

任务四　螺纹孔加工

 任务描述

　　学习螺纹孔加工的相关工艺知识及方法,合理选用刀具及切削参数。掌握攻丝固定循环指令的格式和使用方法。熟练操作数控机床完成如图 7.4-1 所示零件的 6 个 M10 螺纹通孔加工。工件材料为 45 钢。生产规模:单件。

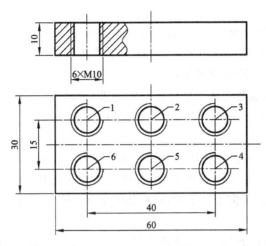

图 7.4-1　零件图

知识链接

一、螺纹加工工艺知识

在数控铣/加工中心机床上加工螺纹孔,通常采用两种加工方法,即攻螺纹和铣螺纹。在螺纹孔加工的生产实践中,对于公称直径在 M24 以下的螺纹孔,一般采用攻螺纹方法;而对于公称直径在 M24 以上的螺纹孔,则通常采用铣螺纹方式。

1. 攻螺纹

攻螺纹就是用丝锥在孔壁上切削出内螺纹,如图 7.4-2 所示。

从理论上讲,攻丝时机床主轴转一圈,丝锥在 Z 轴的进给量应等于它的螺距。如果数控铣床/加工中心的主轴转速与其 Z 轴的进给总能保持这种同步成比例运动关系,那么这种攻螺纹方法称为"刚性攻螺纹",也称刚性攻丝。

以刚性攻丝的方式加工螺纹孔,其精度很容易保证,但对数控机床提出了很高的要求,此时主轴的运行从速度系统换成位置系统。要实现这一转换,数控铣床/加工中心常采用伺服电机驱动主轴,并在主轴上加装一个螺纹编码器,同时主轴传动机构的间隙及惯量也要严格控制,这无疑增加了机床的制造成本。

柔性攻螺纹就是主轴转速与丝锥进给没有严格的同步成比例运动关系,而是用可伸缩的攻丝夹头(图 7.4-3),靠装在攻丝夹头内部的弹簧对进给量进行补偿以改善攻螺纹的精度。这种攻螺纹方法称为"柔性攻螺纹",也称柔性攻丝。

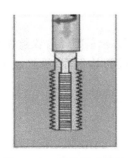

图 7.4-2　用丝锥攻螺纹

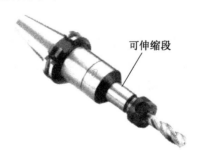

可伸缩段

图 7.4-3　可伸缩攻丝刀柄图

对于主轴没有安装螺纹编码器的数控铣床/加工中心,此时主轴的转速和 Z 轴的进给是独立控制的,可采用柔性攻丝方式加工螺纹孔,但加工精度较刚性攻丝要低。

为了提高生产效率,通常选择耐磨性较好的丝锥(如硬质合金丝锥),在加工中心机床上一次攻牙即完成螺孔加工。

2. 铣螺纹

铣螺纹就是用螺纹铣刀在孔壁切削内螺纹或外螺纹。它的工作原理是:应用 G03/G02 螺旋插补指令,刀具沿工件表面切削,螺旋插补一周,刀具沿 Z 向走一个螺距量,如图 7.4-4 所示。

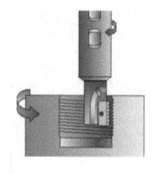

图 7.4-4　螺纹铣削示意图

3. 攻螺纹误差分析

在加工螺纹时,受刀具磨损、工艺设置等问题会产生乱牙、螺纹不完整等问题。具体问题及产生原因见表 7.4-1。

表 7.4-1　攻螺纹误差分析

出现问题	产生原因
螺纹乱牙或滑牙	丝锥夹紧不牢固,造成乱牙
	攻不通孔螺纹时,固定循环中的孔底平面选择过深
	切屑堵塞,没有及时清理
	固定循环程序选择不合理
丝锥折断	底孔直径太小
	底孔中心与攻螺纹主轴中心不重合
	攻螺纹夹头选择不合理,没有选择浮动夹头
尺寸不正确或螺纹不完整	丝锥磨损
	底孔直径太大,造成螺纹不完整
表面粗糙度质量差	转速太快,导致进给速度太快
	切削液选择不当或使用不合理
	切屑堵塞,没有及时清理
	丝锥磨损

二、加工指令

攻螺纹通常用攻丝循环指令 G74/G84 进行编程。G74 为左旋螺纹攻丝循环,当刀具以反转方式切削螺纹至孔底后,主轴正转返回 R 点平面或初始平面,最终加工出右旋的螺纹孔,如图 7.4-5 所示。

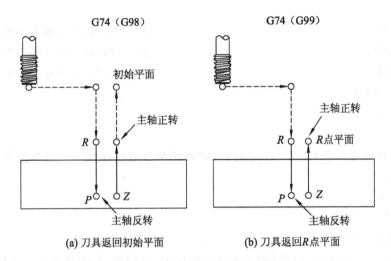

图 7.4-5　G74 指令运动示意图

G84 为右旋螺纹攻丝循环,当刀具以正转方式切削螺纹至孔底后,主轴反转返回 R 点平面或初始平面,最终加工出右旋的螺纹孔,如图 7.4-6 所示。

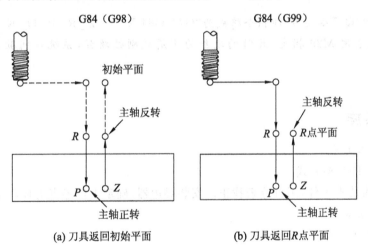

图 7.4-6　G84 指令运动示意图

G74/G84 指令格式: $\genfrac{}{}{0pt}{}{\text{G74}}{\text{G84}}$ X_ Y_ Z_ R_ F_ K_;

其中:参数意义与 G81 指令完全相同,在此略写。

> 👀 注意
>
> ① 当主轴旋转由 M03/M04/M05 指定时,此时的攻丝为柔性攻丝。下列程序执行时即为柔性攻丝:
>
> ⋯⋯
>
> M04 S200;
>
> G90 G99 G74 X100 Y-75 Z-50 R5 F100;　在(100,-75)处攻第一个螺纹

  Y75;   在(100,75)处攻第二个螺纹

  X-100;   在(－100,75)处攻第三个螺纹

  Y-75;   在(－100,－75)处攻第四个螺纹

  G00 Z100;

  M05;

  ······

  ② 当主轴旋转状态用 M29 指定时,此时的攻丝为刚性攻丝。下列程序执行时即为刚性攻丝:

  ······

  G94;

  M29 S1000;   指定刚性方式

  G90 G99 G84 X120 Y100 Z-40 R5 F1000; 在(120,100)处攻第一个螺纹

  X-120;   在(－120,100)处攻第二个螺纹

  G0 Z100;

  ······

  ③ 若增加"Q_"参数项,即指令格式为"G74/G84 X_ Y_ Z_ R_ P_ Q_ K_ F_;",同时主轴旋转状态用 M29 指定,此时的攻丝为排屑式刚性攻丝,系统以间歇方式攻螺纹。

▮▮▮ 任务实施

1. 确定加工工艺

(1) 确定工件装夹方式

用平口虎钳装夹工件,用百分表找正。安装寻边器,确定工件零点为坯料上表面的中心,设定工件坐标系。

(2) 确定使用刀具

选择中心钻、钻头、机用丝锥并对刀,设定加工相关参数,选择自动加工方式加工零件。刀具见表 7.4-2。

表 7.4-2　刀具卡

刀具号	刀具名称	刀具规格	刀具材料
T1	中心钻	A5	高速钢
T2	麻花钻	ϕ8.5 mm	高速钢
T3	丝锥	M10	高速钢

(3) 确定刀具加工路线

该工件材料为 45 钢,切削性能较好。螺纹孔的位置没有特殊要求,可以按照图纸的基本尺寸进行编程。

为保证螺纹孔位置,选用一把 A5 中心钻做中心孔加工,螺纹孔的底径孔可用一把 ϕ8.5麻花钻进行加工,选用螺距为 1.5 mm 的 M10 高速钢直槽丝锥做孔的最终加工。

XY 向刀路设计按照图 7.4-1 所示的孔 1→孔 2→孔 3→孔 4→孔 5→孔 6 顺序加工。因零件孔位处的厚度仅有 10 mm,故钻孔时 Z 向刀路采用一次钻、攻丝至底面的方式加工工件。

(4) 确定切削用量

采用计算方法选择切削用量,其中 M10 直柄丝锥的转速为 $S=80\sim100$ r/min。进给量为 $F=S\times P$,P 为螺距。合理选择切削用量,见表 7.4-3,在此略写。

(5) 制定加工过程文件

本次加工任务的工序卡内容见表 7.4-3。

表 7.4-3　工序卡

序号	加工内容	刀具规格	刀具号	主轴转速/ ($r \cdot min^{-1}$)	进给速度/ ($mm \cdot min^{-1}$)
1	钻中心孔	A5 中心钻	T1	1000	30
2	钻 ϕ8.5孔	ϕ85 mm 麻花钻	T2	850	80
3	攻丝 M10	M10 丝锥	T3	80	120

2. 编制加工程序

编制加工程序,零件加工参考程序见表 7.4-4。

表 7.4-4　参考程序

程序内容	注　释
O0001;	程序号
N10 G90 G54 G40 G17 G69 G80;	程序初始化
N20 M06 T01;	换 1 号刀,A5 中心钻
N30 G00 G43 H1 Z100;	执行 1 号长度补偿,Z 轴快速定位,快速到安全高度
N40 M03 S1000;	转速为 1000 r/min,点钻
N50 M08;	开冷却液
N60 G99 G82 X-20 Y7.5 Z-1 R2 P2000 F30;	点钻 6 个定位孔
N70 X0;	
N80 X20;	
N90 Y-7.5;	
N100 X0;	
N110 G98 X-20;	
N120 G80;	取消钻孔循环

程序内容	注　释
N130 M09；	关闭冷却液
N140 M05；	主轴停转
N150 G91 G28 Z0；	Z 轴返回参考点
N160 M06 T02；	换 2 号刀，ϕ 8.5 mm 麻花钻
N170 G00 G43 H2 Z100；	执行 2 号长度补偿，Z 轴快速定位，快速到安全高度
N180 M03 S850；	转速为 850 r/min，钻孔
N190 M08；	开冷却液
N200 G99 G81 X-20 Y7.5 Z-14 R2 F100；	钻 6 个 ϕ 8.5 mm 孔
N210 X0；	
N220 X20；	
N230 Y-7.5；	
N240 X0；	
N250 G98 X-20；	
N260 G80；	取消钻孔循环
N270 M09；	关闭冷却液
N280 M05；	主轴停转
N290 G91 G28 Z0；	Z 轴返回参考点
N300 M06 T03	换 3 号刀，M10×1.5 直槽丝锥
N310 G00 G43 H3 Z100；	执行 3 号长度补偿，Z 轴快速定位，快速到安全高度
N320 M03 S80；	转速为 80 r/min，攻丝
N330 M08；	开冷却液
N340 G98 G84 X-20 Y7.5 Z-14 R5 F100；	攻 6 个 M10 螺纹
N350 X0；	
N360 X20；	
N370 Y-7.5；	
N380 X0；	
N390 X-20；	
N400 G80；	取消钻孔循环
N410 M09；	关冷却液
N420 G00 Z100；	抬刀
N430 M05；	主轴停转
N440 M30；	程序结束

3. 机床操作

(1) 开机前的准备

检查机床各油箱油量是否充足,压缩空气压力是否达到工作要求。检查机床操作面板各按键是否处于正常位置。检查机床工作台是否处于中间位置,安全防护门是否关闭。

(2) 加工前的准备

① 准备铣刀、游标卡尺、深度千分尺及相关检测工具

② 依照顺序打开车间的电源、机床主电源、操作箱上的电源开关,开机并回零。

③ 将机床先空运行预热 30 min 左右,特别是主轴与三轴均以最高速率的 50% 运转 10~20 min(当机床第一次操作或长时间停止后,每个滑轨面均须先加润滑油,再让机床开机但运转时间不超过 30 min,以便润滑油泵将油打至滑轨面后再运转)。

④ 用压缩空气吹净刀具、刀柄及其附件,正确安装并夹紧刀具。

(3) 安装工件及刀具

清理工作台、夹具、工件,并正确装夹工件,确保工件定位夹紧稳固可靠。通过手动方式将刀具装入主轴中。

(4) 对刀,建立工件坐标系

启动主轴,手动对刀,建立工件坐标系。

(5) 输入并检验程序

① 将平面铣削的 NC 程序输入数控系统中,检查程序并确保程序正确无误。

② 将当前工件坐标系抬高至一安全高度,设置好刀具等加工参数后,将机床状态调整为"空运行"状态,空运行程序;检查平面铣削轨迹是否正确,是否与机床夹具等发生干涉,如有干涉则要调整程序。

(6) 执行零件加工

将工件坐标系恢复至原位,取消空运行,对零件进行加工。加工时,应确保冷却充分和排屑顺利。

(7) 加工后处理

① 在确保零件加工完成及各尺寸在公差范围内之后,拆除工件,去毛刺,进一步清理工件。

② 清扫机床,擦净刀具、量具等用具,并按规定摆放整齐。

③ 严格按机床操作规程关闭机床。

4. 实训过程记录

请根据以上参考工艺和程序,与小组成员讨论,自行编制工艺和程序,并记录任务实施过程:

① 请将确定的加工工艺方案记录下来。

② 记录编写的程序。

③ 机床操作过程中遇到的问题及解决方法:

④ 编写程序加工如图 7.4-7 所示零件。

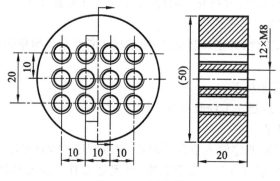

图 7.4-7　零件图

知识拓展

在生产实践中,加工螺纹孔常用以下几种刀具。

（1）丝锥

丝锥是具有特殊槽、带有一定螺距的螺纹圆形刀具。加工中常用的丝锥有直槽和螺旋槽两大类（图 7.4-8）。直槽丝锥加工容易、精度略低、产量较大,一般用于普通钻床及攻丝机的螺纹加工,切削速度较慢。螺旋槽丝锥多用于数控加工中心钻盲孔,加工速度较快、精度高、排屑较好、对中性好。常用的丝锥材料有高速钢和硬质合金,现在的工具厂提供的丝锥大都是涂层丝锥,较未涂层丝锥的使用寿命和切削性能都有很大的提高。

(a) 直槽丝锥　　　　　　　　　　(b) 螺旋槽丝锥

图 7.4-8　丝锥

（2）整体式螺纹铣刀

从外形看,整体式螺纹铣刀很像是圆柱立铣刀与螺纹丝锥的结合体（图 7.4-9）,但它的螺纹切削刃与丝锥不同,刀具上无螺旋升程,加工中的螺旋升程靠机床运动实现。由于这种特殊结构,该刀具既可加工右旋螺纹,也可加工左旋螺纹,但不适于加工螺距较大的螺纹。

整体式螺纹铣刀适用于钢、铸铁和有色金属材料的中小直径螺纹铣削,切削平稳、使用寿命长,但刀具制造成本较高、结构复杂、价格昂贵。

(3) 机夹螺纹铣刀

机夹螺纹铣刀结构如图 7.4-10 所示,适用于较大直径(如 $D>26\text{ mm}$)的螺纹加工,这种刀具的特点是刀片易于制造、价格较低。有的螺纹刀片可双面切削,但抗冲击性能较整体式螺纹铣刀稍差。因此,这类刀具常用于加工铝合金材料。

图 7.4-9　整体式螺纹铣刀

图 7.4-10　机夹螺纹铣刀

(4) 螺纹钻铣刀

螺纹钻铣刀由头部的钻削部分、中间的螺纹铣削部分及切削刃根部的倒角刃三部分组成,如图 7.4-11 所示。钻削部分的直径就是刀具所能加工螺纹的底径。这类刀具通常用整体硬质合金制成,是一种中小直径内螺纹的高效加工刀具。螺纹钻铣刀可一次完成钻螺纹底孔、孔口倒角和内螺纹加工,减少了刀具使用数量,工作示意图如图 7.4-12 所示。

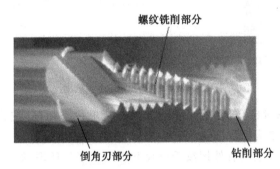

图 7.4-11　螺纹钻铣刀

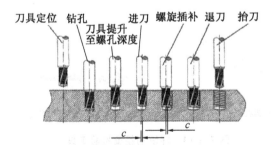

图 7.4-12　螺纹钻铣刀工作示意图

由于这类刀具在选择时受钻削部分直径的限制,一把螺纹钻铣刀只能加工一种规格的内螺纹,因而其通用性较差,价格也比较昂贵。

如图 7.4-13 所示,铣螺纹主要分为以下工艺过程:

① 螺纹铣刀运动至孔深尺寸。

② 螺纹铣刀快速提升到螺纹深度尺寸,螺纹铣刀以 90°或 180°圆弧切入螺纹起始点。

③ 螺纹铣刀绕螺纹轴线做 X,Y 方向圆弧插补运动,同时做平行于轴线的 $+Z$ 向运动,即每绕螺纹轴线运动 360°,沿 $+Z$ 方向上升一个螺距,三轴联动运行轨迹为一个螺旋线。

④ 螺纹铣刀以圆弧从起始点(也是结束点)退刀。

⑤ 螺纹铣刀快速退至工件安全平面,准备加工下一个孔。

该加工过程包括内螺纹铣削和螺纹清根铣削,采用一把刀具一次完成,加工效率很高。

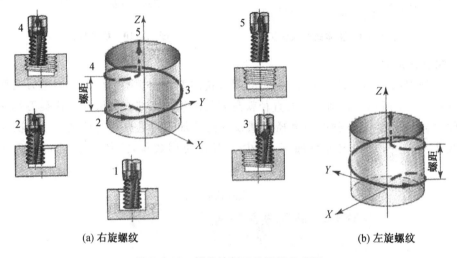

(a) 右旋螺纹   (b) 左旋螺纹

图 7.4-13　螺纹铣削刀具路径示意图

从图 7.4-13 中可以看出,右旋内螺纹的加工是从里往外切削,左旋内螺纹的加工是从外向里切削。这主要是为了保证铣削时为顺铣,提高螺纹质量。

常用的螺纹精度检验工具有外螺纹千分尺和螺纹塞规与环规,如图 7.4-14 所示。

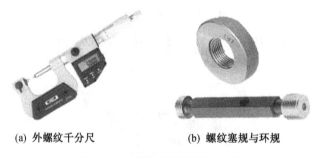

(a) 外螺纹千分尺   (b) 螺纹塞规与环规

图 7.4-14　螺纹的精度检验工具

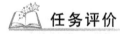 **任务评价**

根据任务完成过程中的表现,完成任务评价表(表 7.4-5)的填写。

表 7.4-5　任务评价表

项目	评分要素	配分	评分标准	自我评价	小组评价
编程 （20分）	加工工艺路线制定	5分	加工工艺路线制定正确		
	刀具及切削用量选择	5分	刀具及切削用量选择合理		
	程序编写正确性	10分	程序编写正确、规范		
操作 （30分）	手动操作	10分	对刀操作不正确，扣5分		
	自动运行	10分	程序选择错误，扣5分； 启动操作不正确，扣5分； F,S调整不正确，扣2分		
	参数设置	10分	零点偏置设定不正确，扣5分； 刀补设定不正确，扣5分		
工件质量 （30分）	形状	10分	有一处过切，扣2分； 有一处残余余量，扣2分		
	尺寸	16分	每超0.02 mm，扣2分		
	表面粗糙度轮廓	4分	每降一级，扣1分		
工、量、刃具的使用与维护 （10分）	常用工、量、刃具的使用	10分	使用不当，每次扣2分		
安全文明生产（10分）	正确执行安全技术操作规程，按企业有关的文明生产规定，做到工作地整洁，工件、工具摆放整齐	10分	严格执行制度及规定者，满分； 执行差者，酌情扣分		
小　计					
综合评价					

任务五　镗孔加工

任务描述

　　学习镗孔的相关工艺知识及方法，合理选用刀具及切削参数，掌握镗孔指令的格式和使用方法，熟练操作数控机床完成如图 7.5-1 所示工件内孔的编程与加工。毛坯尺寸为 80 mm × 80 mm × 25 mm，材料为 45 钢，外轮廓已完成加工，内孔分别已粗加工至 φ35.6 mm 和 φ49.6 mm。

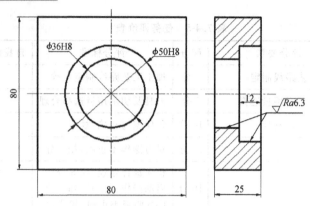

图 7.5-1　零件图

 知识链接

一、镗孔加工工艺知识

1. 镗孔

镗孔是利用镗刀对工件上已有的孔进行扩大加工,其所用刀具为镗刀。对于孔径>30 mm 的孔,常采用镗削方式完成孔的精加工。

2. 镗孔用刀具

图 7.5-2 所示为可调精镗刀。

3. 镗孔精度及误差分析

单件加工过程中,造成镗孔尺寸不正确的主要原因是操作者对镗刀的调整不正确。常见的镗孔精度及误差产生原因见表 7.5-1。

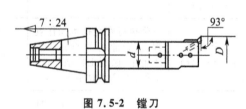

图 7.5-2　镗刀

表 7.5-1　镗孔精度及误差分析

出现问题	产生原因
表面粗糙度轮廓质量差	镗刀刀尖角或刀尖圆弧太小
	进给量过大或切削液使用不当
	工件装夹不牢固,加工过程中工件松动或振动
	镗刀刀杆刚度差,加工过程中产生振动
	精加工时采用不合适的镗孔固定循环,进退刀时划伤工件表面
孔径超差或孔呈锥形	镗刀回转半径调整不当,与所加工孔直径不符
	测量不正确
	镗刀在加工过程中磨损
	镗刀刚度不足,镗刀偏让
	镗刀刀头锁紧不牢固
孔轴线与基准面不垂直	工件装夹与找正不正确
	工件定位基准选择不当

二、加工指令

常用的镗孔固定循环指令见表 7.5-2。

表 7.5-2　镗孔加工固定循环指令

G 代码	格式	加工动作（Z 方向）	孔底部动作	退刀动作（Z 方向）
G76	G76 X_Y_Z_R_Q_F_K_；	切削进给	主轴定向停止,并有偏移动作	快速回退
G85	G85 X_Y_Z_R_F_K_；	切削进给	—	切削速度回退
G86	G86 X_Y_Z_R_F_K_；	切削进给	主轴停转	快速回退
G87	G87 X_Y_Z_R_P_Q_F_K_；	切削进给	主轴停转	快速回退
G88	G88 X_Y_Z_R_P_F_K_；	切削进给	进给暂停,主轴停转	手动回退
G89	G89 X_Y_Z_R_P_F_K_；	切削进给	进给暂停	切削速度回退

1. G76 镗孔固定循环指令

使用 G76 固定循环指令镗孔时,刀具到达孔底后主轴停转,与此同时,主轴回退一定距离使刀尖离开已加工表面,如图 7.5-3 a 所示,并快速返回。动作过程如图 7.5-3 b,c 所示。由于该指令在 XY 平面内具有偏移功能,有效地保护了已加工表面,因此常用于精镗孔加工。

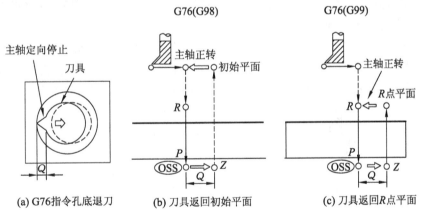

图 7.5-3　G76 指令运动示意图

G76 固定循环指令格式：$\genfrac{}{}{0pt}{}{G98}{G99}$ G76 X_ Y_ Z_ R_ Q_ F_ Z_；

其中：Q_为刀具在孔底的偏移量。其余各参数含义与 G81 指令完全相同。

使用 G76 指令时必须注意以下两方面问题：第一,Q_是固定循环内保存的模态值,必须小心指定,因为它也可指定 G73/G83 指令的每次钻深；第二,使用 G76 指令前,必须确认机床是否具有主轴准停功能,否则可能会发生撞刀。

2. G85 镗孔固定循环指令

使用 G85 固定循环指令镗孔时,刀具到达孔底后以切削速度回退 R 点平面或初始平面。由于退刀时刀具转动容易刮伤已镗表面,因此该指令常用于粗镗孔。

3. G86 镗孔固定循环指令

G86 指令加工时,加工到孔底后主轴停止,返回初始平面或 R 点平面后,主轴再重新启动。采用这种方式,如果连续加工的孔间距较小,可能出现刀具已经定位到下一个孔加工的位置而主轴尚未到达指定的转速,为此可以在各孔动作之间加入暂停 G04 指令,使主轴获得指定的转速。

4. G87 镗孔固定循环指令

背镗指令 G87 指令格式: $\genfrac{}{}{0pt}{}{G98}{G99}$ G87 X_ Y_ Z_ R_ Q_ P_ F_;

背镗指令的参数含义参照 G76 指令。执行 G87 循环时,刀具在 G17 平面内快速定位后,主轴准停,刀具向刀尖相反方向偏移 Q,然后快速移动到孔底(R 点),在这个位置刀具按原偏移量反向移动相同的 Q 值,主轴正转并以切削进给方式加工到 Z 平面,主轴再次准停,并沿刀尖相反方向偏移 Q,快速提刀至初始平面并按原偏移量返回到 G17 平面的定位点,主轴开始正转,循环结束,如图 7.5-4 所示。注意 G87 循环不能用 G99 进行编程。

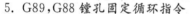

图 7.5-4　G87 指令动作

5. G89,G88 镗孔固定循环指令

G89 指令加工时,刀具以切削进给的方式加工到孔底,然后又以切削进给的方式返回 R 点平面,因此适用于精镗孔等情况。在孔底增加了暂停,提高了阶梯孔台阶表面的加工质量,如图 7.5-5 a 所示。

G88 指令加工时,刀具到达孔底后暂停,暂停结束后主轴停止且系统进入进给保持状态,在此情况下可以执行手动操作,但为了安全,应先把刀具从孔中退出,再启动加工,按循环启动按钮,刀具快速返回到 R 点平面或初始平面,然后主轴正转,如图 7.5-5 b 所示。

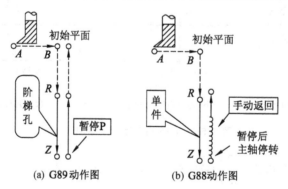

(a) G89动作图　　　　(b) G88动作图

图 7.5-5　G89,G88 镗孔固定循环指令动作

▌▌▌▌ 任务实施

1. 确定加工工艺

(1) 确定工件装夹方式

用平口虎钳装夹工件,用百分表找正。安装寻边器,确定工件零点为坯料上表面的中心,设定工件坐标系。

（2）确定使用刀具

选择合适的镗刀并对刀,设定加工相关参数,选择自动加工方式加工零件。刀具见表7.5-3。

表 7.5-3　刀具卡

刀具号	刀具名称	刀具规格/mm	刀具材料
T1	镗刀	ϕ36	硬质合金
T2	镗刀	ϕ50	硬质合金

（3）确定刀具加工路线

该工件材料为 45 钢,切削性能较好,孔直径尺寸精度较高,内孔分别已粗加工至ϕ35.6和ϕ49.6 mm。ϕ36 mm 孔为通孔,ϕ50 mm 孔为盲孔。工件上要加工的孔有ϕ36 mm,ϕ50 mm 两种,故需要分别使用两支镗刀进行精加工。

（4）确定切削用量

合理选择切削用量,见表7.5-4。

（5）制定加工过程文件

本次加工任务的工序卡内容见表7.5-4。

表 7.5-4　工序卡

序号	加工内容	刀具规格	刀具号	主轴转速/$(r \cdot min^{-1})$	进给量/$(mm \cdot min^{-1})$
1	精镗ϕ36 mm孔	ϕ36 mm 镗刀	T1	1200	60
2	精镗ϕ50 mm孔	ϕ50 mm 镗刀	T2	600	60

2. 编制加工程序

编制加工程序,零件加工参考程序见表7.5-5。

表 7.5-5　参考程序

程序内容	注　释
O0001;	程序号
N10 G90 G54 G40 G17 G69 G80;	程序初始化
N20 M06 T01;	换 1 号刀,镗刀ϕ36 mm
N30 G00 G43 H1 Z100;	执行 1 号长度补偿,Z 轴快速定位
N40 M03 S1200;	主轴正转,转速 1200 r/min
N50 M08;	开冷却液
N60 G90 G76 X0 Y0 Z-27 R5 F60;	镗孔
N70 G80;	取消钻孔循环
N80 M09;	关闭冷却液

续表

程序内容	注　释
N90 M05；	主轴停转
N100 G91 G28 Z0；	Z轴返回参考点
N110 M06 T02；	换2号刀，镗刀ϕ50 mm
N120 G00 G43 H2 Z100；	执行2号长度补偿，Z轴快速定位
N130 M03 S600；	主轴正转，转速600 r/min
N140 M08；	开冷却液
N150 G90 G87 X0 Y0 Z5 R-12 F60；	镗孔
N160 G80；	取消钻孔循环
N170 M09；	关闭冷却液
N180 M05；	主轴停转
N190 G91 G28 Z0；	Z轴返回参考点
N200 M30；	程序结束

3. 机床操作

(1) 开机前的准备

检查机床各油箱油量是否充足，压缩空气压力是否达到工作要求。检查机床操作面板各按键是否处于正常位置。检查机床工作台是否处于中间位置，安全防护门是否关闭。

(2) 加工前的准备

① 准备铣刀、游标卡尺、深度千分尺及相关检测工具。

② 依照顺序打开车间的电源、机床主电源、操作箱上的电源开关，开机并回零。

③ 将机床先空运行预热30 min左右，特别是主轴与三轴均以最高速率的50%运转10～20 min(当机床第一次操作或长时间停止后，每个滑轨面均须先加润滑油，再让机床开机但运转时间不超过30 min，以便润滑油泵将油打至滑轨面后再运转)。

④ 用压缩空气吹净刀具、刀柄及其附件，正确安装并夹紧刀具。

(3) 安装工件及刀具

清理工作台、夹具、工件，并正确装夹工件，确保工件定位夹紧稳固可靠。通过手动方式将刀具装入主轴中。

(4) 对刀，建立工件坐标系

启动主轴，手动对刀，建立工件坐标系。

(5) 输入并检验程序

① 将平面铣削的NC程序输入数控系统中，检查程序并确保程序正确无误。

② 将当前工件坐标系抬高至一安全高度，设置好刀具等加工参数后，将机床状态调整为"空运行"状态，空运行程序；检查平面铣削轨迹是否正确，是否与机床夹具等发生干涉，如有干涉则要调整程序。

（6）执行零件加工

将工件坐标系恢复至原位，取消空运行，对零件进行加工。加工时，应确保冷却充分和排屑顺利。

（7）加工后处理

① 在确保零件加工完成及各尺寸在公差范围内之后，拆除工件，去毛刺，进一步清理工件。

② 清扫机床，擦净刀具、量具等用具，并按规定摆放整齐。

③ 严格按机床操作规程关闭机床。

4. 实训过程记录

请根据以上参考工艺和程序，与小组成员讨论，自行编制工艺和程序，并记录任务实施过程：

① 请将确定的加工工艺方案记录下来。

② 记录编写的程序。

③ 机床操作过程中遇到的问题及解决方法：

④ 编写程序加工如图 7.5-6 所示零件孔。

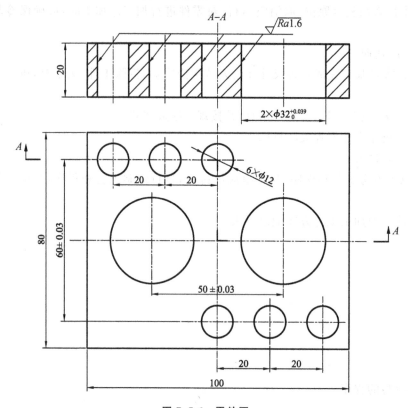

图 7.5-6　零件图

知识拓展

镗刀的种类很多,按切削刃数量可分为单刃镗刀、双刃镗刀等。

单刃镗刀头结构类似车刀,如图 7.5-7 所示,用螺钉装夹在镗杆上,螺钉 1 起锁紧作用,螺钉 2 用于调整尺寸。单刃镗刀刚度差,切削时容易引起振动,因此镗刀的主偏角选得较大,以减小径向力。在镗铸铁孔或精镗时,一般取 $\kappa_r = 90°$;粗镗钢件孔时,取 $\kappa_r = 60°\sim 75°$,以延长刀具使用寿命。

应用通孔镗刀、盲孔镗刀、阶梯孔镗刀镗孔,如图 7.5-7 a,b,c 所示,所镗孔径的大小要靠调整刀具的悬伸长度来保证,调整较为麻烦,生产效率低,但结构简单,广泛用于单件、小批量零件生产。

如图 7.5-7 d 所示,微调镗刀的径向尺寸可以通过带刻度盘的调整螺母,在一定范围内进行微调,因而加工精度高,广泛应用于孔的精镗。

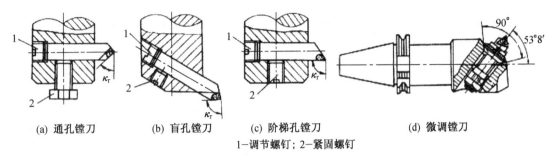

(a) 通孔镗刀　　　(b) 盲孔镗刀　　　(c) 阶梯孔镗刀　　　(d) 微调镗刀

1—调节螺钉；2—紧固螺钉

图 7.5-7　单刃镗刀

双刃镗刀的两端有一对对称的切削刃同时参与切削,如图 7.5-8 所示。与单刃镗刀相比,这类镗刀每转进给量可提高一倍左右,生产效率高,还可消除切削力引起的镗杆振动,广泛应用于大批零件的生产。

图 7.5-8　双刃镗刀

常用镗刀切削用量推荐值见表 7.5-6。

表 7.5-6　镗削用量推荐值

工序 工件材料	工件材料 切削用量	铸铁		钢		铝及其合金	
		$v/$ $(m \cdot min^{-1})$	$f/$ $(mm \cdot r^{-1})$	$v/$ $(m \cdot min^{-1})$	$f/$ $(mm \cdot r^{-1})$	$v/$ $(m \cdot min^{-1})$	$f/$ $(mm \cdot r^{-1})$
粗镗	高速钢	20～50	0.4～0.5	15～30	0.35～0.70	100～150	0.5～1.5
	硬质合金	30～35		50～70		100～250	
半精镗	高速钢	20～35	0.15～0.45	15～50	0.15～0.45	100～200	0.2～0.5
	硬质合金	50～70		90～130			
精镗	高速钢	20～35	0.08				
	硬质合金	70～90	0.12～0.15	100～135	0.12～0.15	150～400	0.06～0.10

 任务评价

根据任务完成过程中的表现,完成任务评价表(表 7.5-7)的填写。

表 7.5-7　任务评价表

项目	评分要素	配分	评分标准	自我评价	小组评价
编程 (20分)	加工工艺路线制定	5分	加工工艺路线制定正确		
	刀具及切削用量选择	5分	刀具及切削用量选择合理		
	程序编写正确性	10分	程序编写正确、规范		
操作 (30分)	手动操作	10分	对刀操作不正确,扣5分		
	自动运行	10分	程序选择错误,扣5分; 启动操作不正确,扣5分; F,S调整不正确,扣2分		
	参数设置	10分	零点偏置设定不正确,扣5分; 刀补设定不正确,扣5分		
工件质量 (30分)	形状	10分	有一处过切,扣2分; 有一处残余余量,扣2分		
	尺寸	16分	每超0.02 mm,扣2分		
	表面粗糙度轮廓	4分	每降一级,扣1分		
工、量、刃具的使用与维护 (10分)	常用工、量、刃具的使用	10分	使用不当,每次扣2分		
安全文明生产(10分)	正确执行安全技术操作规程,按企业有关的文明生产规定,做到工作地整洁,工件、工具摆放整齐	10分	严格执行制度及规定者,满分; 执行差者,酌情扣分		
小　计					
综合评价					

综合训练篇

ZONGHE

XUNLIAN

PIAN

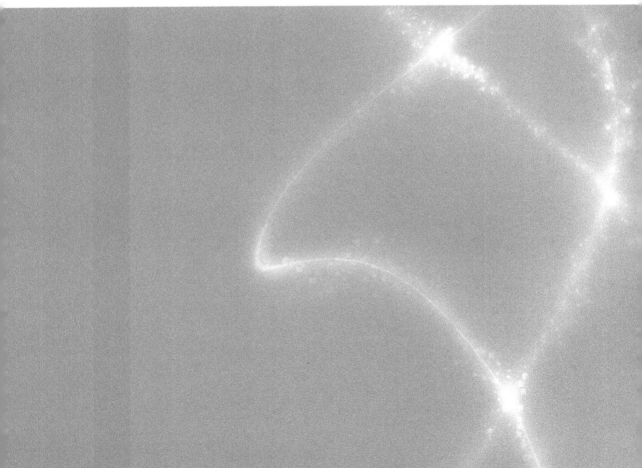

项目八

初级操作技能考核训练

考核训练一

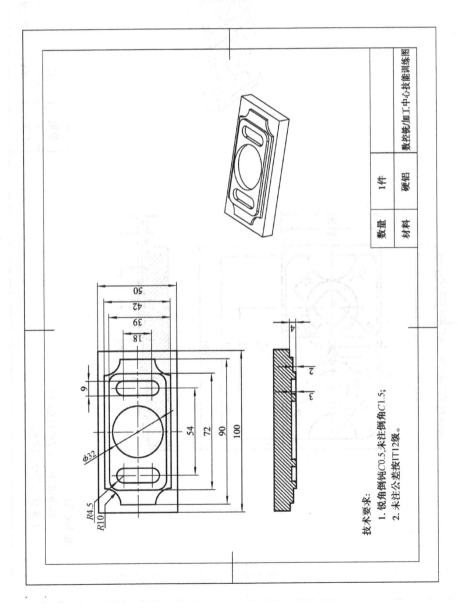

数量 1件

材料 硬铝

数控铣加工中心技能训练图

技术要求:
1. 锐角倒钝C0.5,未注倒角C1.5;
2. 未注公差按IT12级。

考核训练二

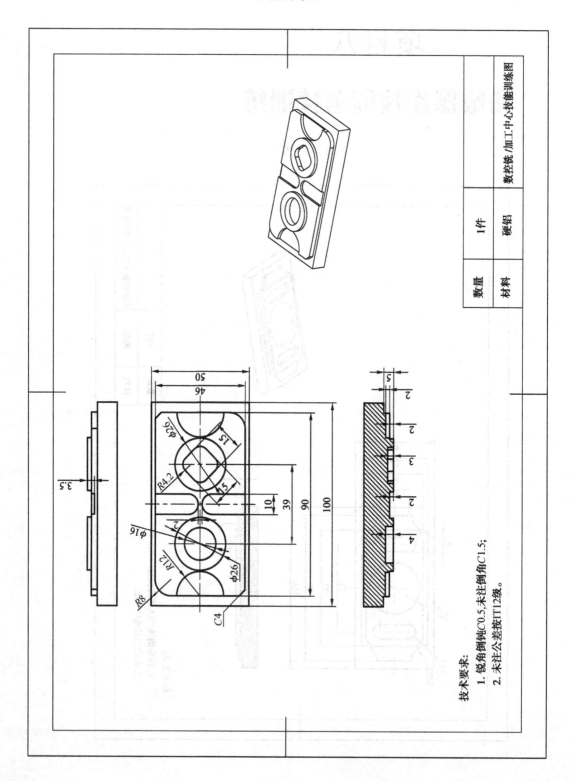

数量　1件

材料　硬铝

数控铣/加工中心技能训练图

技术要求:
1. 铣角倒圆锐C0.5,未注倒角C1.5;
2. 未注公差按IT12级。

考核训练三

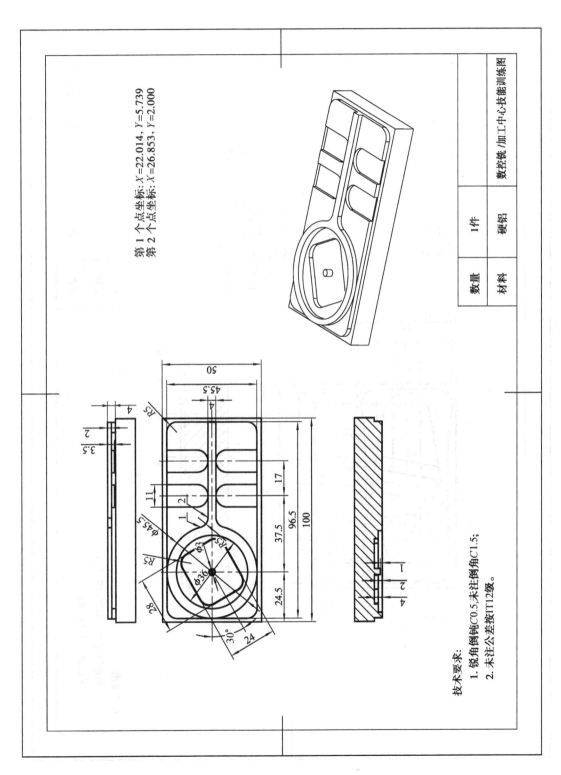

第 1 个点坐标: X=22.014, Y=5.739
第 2 个点坐标: X=26.853, Y=2.000

数量	1件	数控铣/加工中心技能训练图
材料	硬铝	

技术要求:
1. 锐角倒钝C0.5,未注倒角C1.5;
2. 未注公差按IT12级。

考核训练四

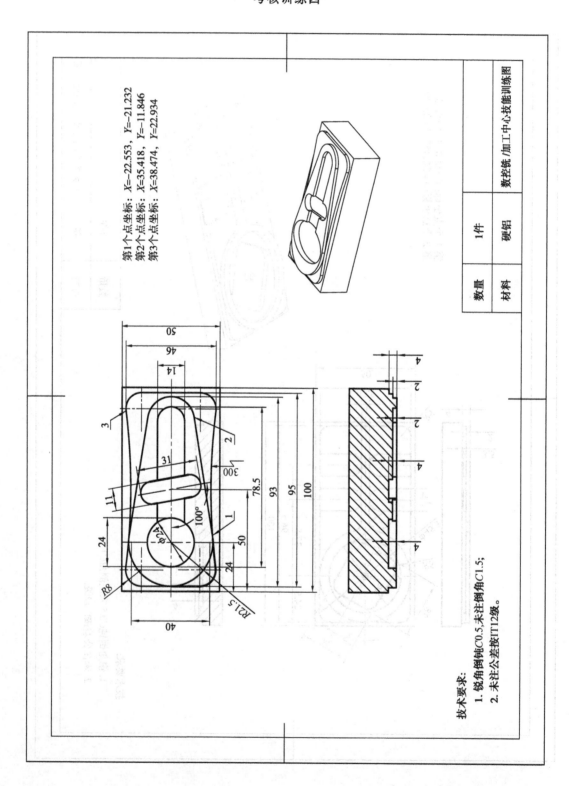

考核训练五

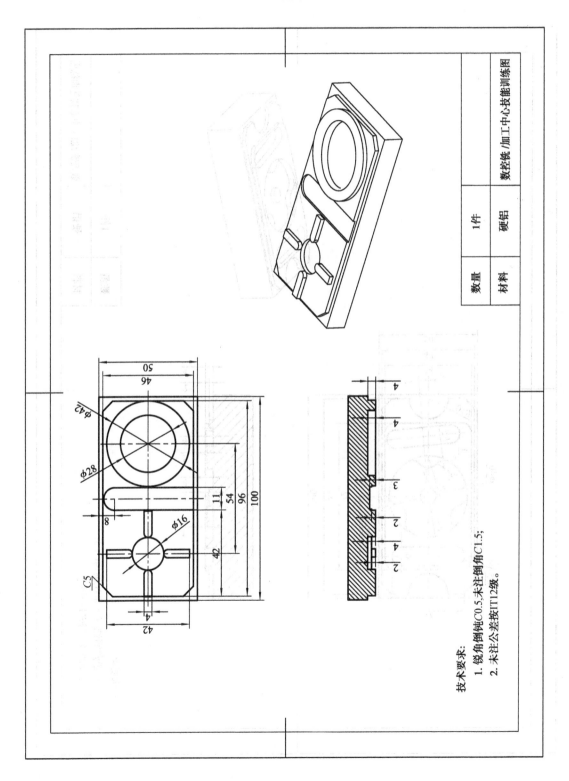

技术要求:
1. 锐角倒钝C0.5,未注倒角C1.5;
2. 未注公差按IT12级。

数量	1件	数控铣/加工中心技能训练图
材料	硬铝	

考核训练六

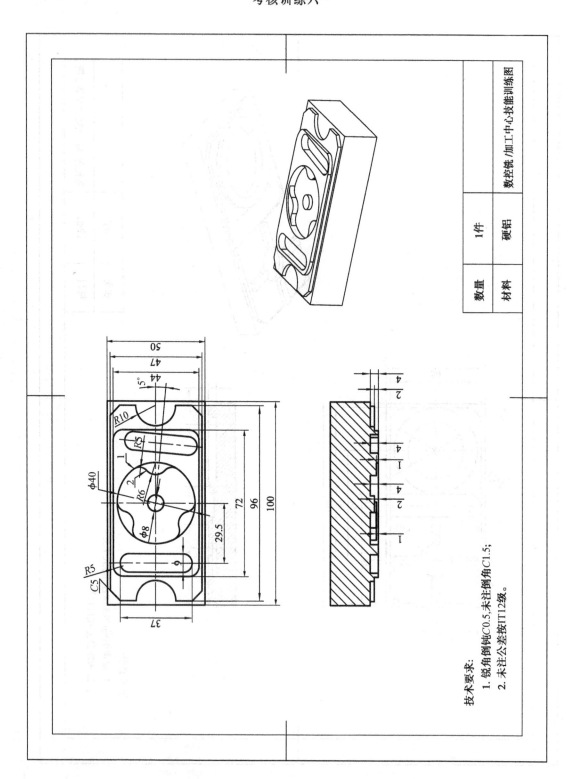

技术要求:
1. 锐角倒钝C0.5,未注倒角C1.5;
2. 未注公差按IT12级。

数控铣/加工中心技能训练图

数量	1件
材料	硬铝

考核训练七

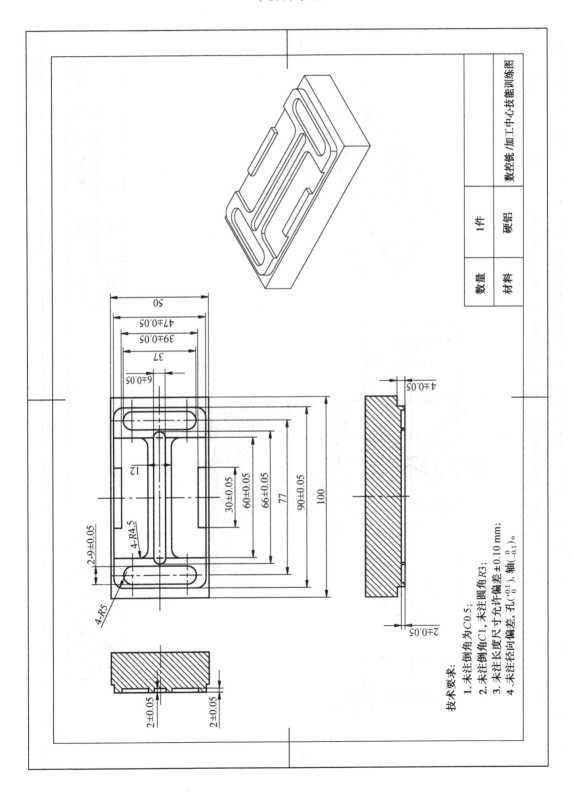

数量	1件	数控铣/加工中心技能训练图
材料	硬铝	

技术要求:
1. 未注倒角为C0.5;
2. 未注倒角C1, 未注圆角R3;
3. 未注长度尺寸允许偏差±0.10 mm;
4. 未注径向偏差, 孔$(^{+0.1}_{0})$, 轴$(^{0}_{-0.1})$。

考核训练八

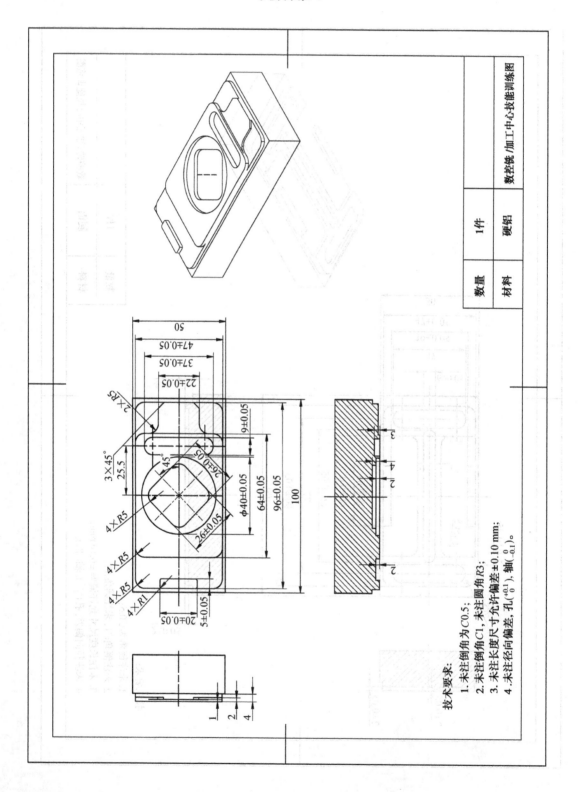

技术要求：
1. 未注倒角为C0.5；
2. 未注倒角C1，未注圆角R3；
3. 未注长度尺寸允许偏差±0.10 mm；
4. 未注径向偏差，孔($^{+0.1}_{0}$)，轴($^{0}_{-0.1}$)。

数量	1件
材料	硬铝

数控铣 /加工中心技能训练图

考核训练九

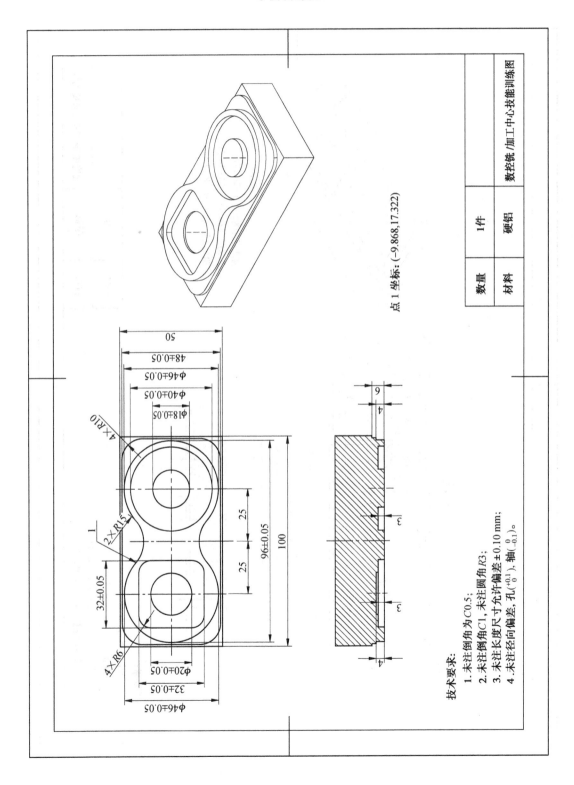

点1坐标: (-9.868,17.322)

数量	1件	数控铣/加工中心技能训练图
材料	硬铝	

技术要求:

1. 未注倒角为C0.5;
2. 未注倒角C1, 未注圆角R3;
3. 未注长度尺寸允许偏差±0.10 mm;
4. 未注径向偏差, 孔($^{+0.1}_{0}$), 轴($^{0}_{-0.1}$)。

考核训练十

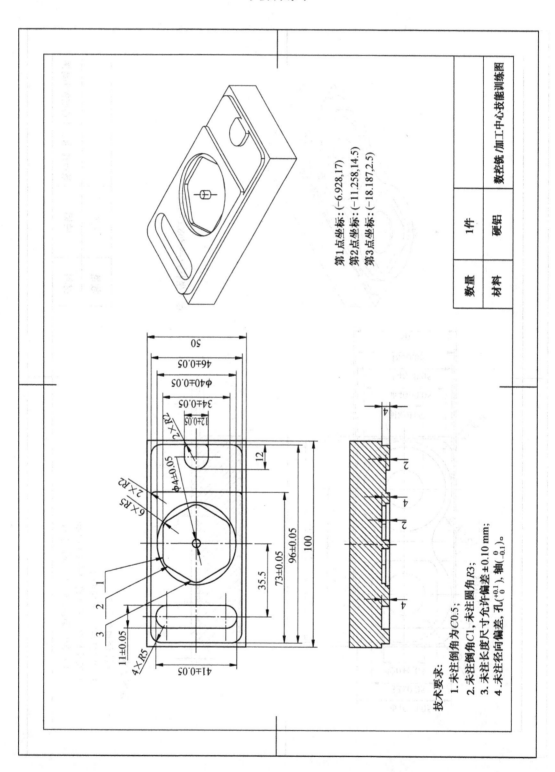

第1点坐标: (-6.928,17)
第2点坐标: (-11.258,14.5)
第3点坐标: (-18.187,2.5)

数量	1件	数控铣/加工中心技能训练图
材料	硬铝	

技术要求:

1. 未注倒角为C0.5;
2. 未注阁角C1,未注圆角R3;
3. 未注长度尺寸允许偏差±0.10 mm;
4. 未注径向偏差,孔($^{+0.1}_{0}$),轴($^{0}_{-0.1}$)。

考核训练十一

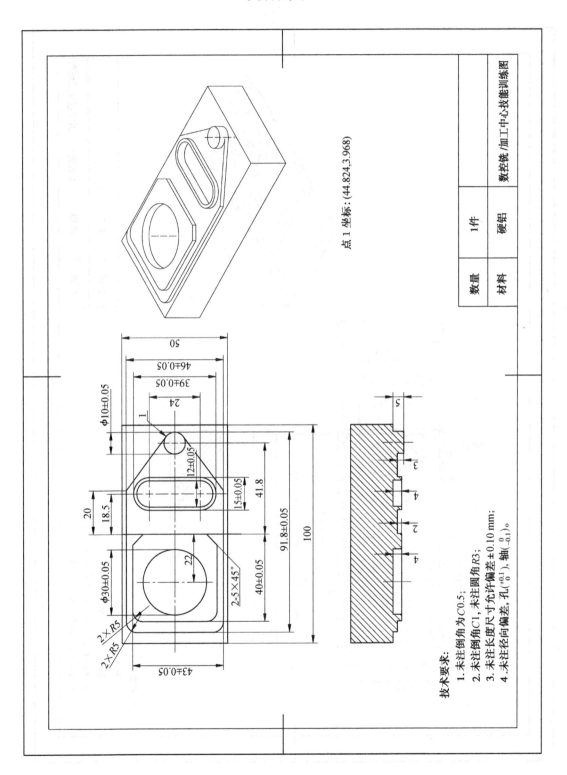

点 1 坐标: (44.824,3.968)

数量	1件
材料	硬铝
	数控铣加工中心技能训练图

技术要求:
1. 未注倒角为C0.5;
2. 未注倒角C1, 未注圆角R3;
3. 未注长度尺寸允许偏差±0.10 mm;
4. 未注径向偏差, 孔($^{+0.1}_{0}$), 轴($^{0}_{-0.1}$)。

考核训练十二

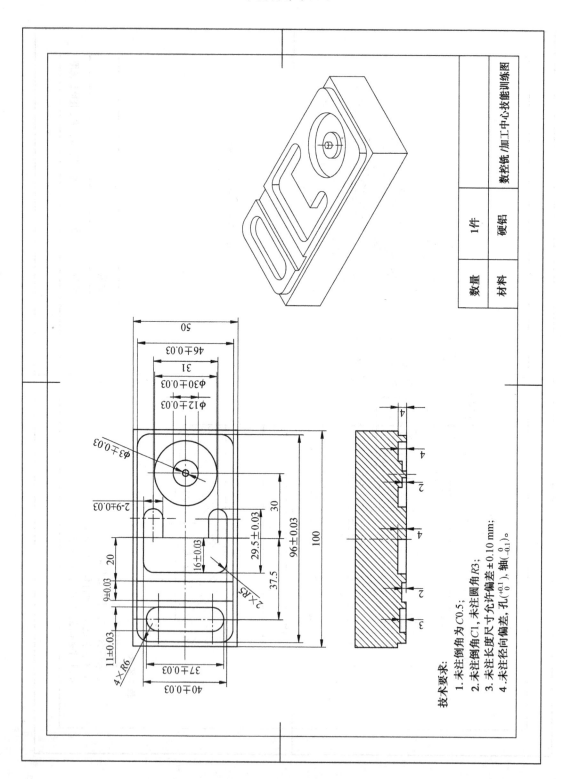

技术要求:
1. 未注倒角为C0.5;
2. 未注倒角C1,未注圆角R3;
3. 未注长度尺寸允许偏差±0.10 mm;
4. 未注径向偏差,孔($^{+0.1}_{0}$),轴($^{0}_{-0.1}$)。

项目九

中级操作技能考核训练

考核训练一

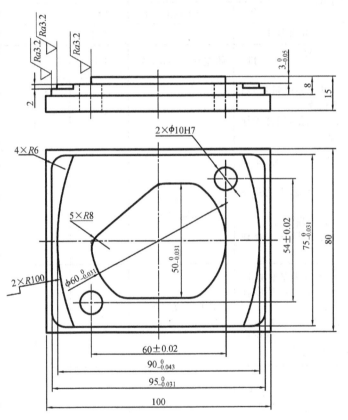

序号	考核项目	考核内容及要求		评分标准	配分	检测结果	扣分	得分	备注
1	中间凸台	$50_{-0.031}^{0}$	IT	超差 0.01,扣 2 分	10 分				
		$\phi 60_{-0.031}^{0}$	Ra	降一级,扣 2 分	4 分				
		完成形状轮廓加工			6 分				
		$3_{-0.05}^{0}$	IT	超差 0.01,扣 1 分	2 分				

续表

序号	考核项目	考核内容及要求		评分标准	配分	检测结果	扣分	得分	备注
2	R100凸台	$90_{-0.043}^{0}$	IT	超差0.01,扣3分	4分				
			Ra	降一级,扣2分	2分				
		完成形状轮廓加工			6分				
		2	IT	超差,全扣	2分				
3	外轮廓	$95_{-0.031}^{0}$	IT	超差0.01,扣5分	10分				
		$75_{-0.031}^{0}$	Ra	降一级,扣3分	4分				
		完成形状轮廓加工			6分				
		8	IT	超差,全扣	2分				
4	销孔	$\phi10H7$	IT	超差0.01,扣2分	2分/处				2处
			Ra	降一级,扣2分	2分/处				2处
		完成形状轮廓加工			6分				
		60 ± 0.02 54 ± 0.02	IT	超差0.01,扣2分	4分				
5	其他项目	① 未注尺寸公差按照IT12; ② 其余表面光洁度; ③ 工件必须完整,局部无缺陷(夹伤等)。			6分				
6	工艺合理	① 工件定位和夹紧合理1分。 ② 工序划分合理、工艺路线正确3分。 ③ 刀具选择合理2分。 ④ 切削用量选择基本合理2分。		每违反一条酌情扣3分,扣完为止	8分				
7	程序编制	① 指令正确,程序完整4分。 ② 运用刀具半径和长度补偿功能2分。 ③ 数值计算正确、程序编表现出一定的技巧,简化计算和加工程序4分。		每违反一条酌情扣3分,扣完为止	10分				
8	安全文明生产	① 着装规范,未受伤。 ② 刀具、工具、量具的放置。 ③ 工件装夹、刀具安装规范。 ④ 正确使用量具。 ⑤ 卫生、设备保养。 ⑥ 关机后机床停放位置不合理。 ⑦ 发生重大安全事故、严重违反操作规程者,取消考试。		每违反一条酌情扣2分,扣完为止	10分				扣分项目
总分									
记录员		检验员		复核		统分			

考核训练二

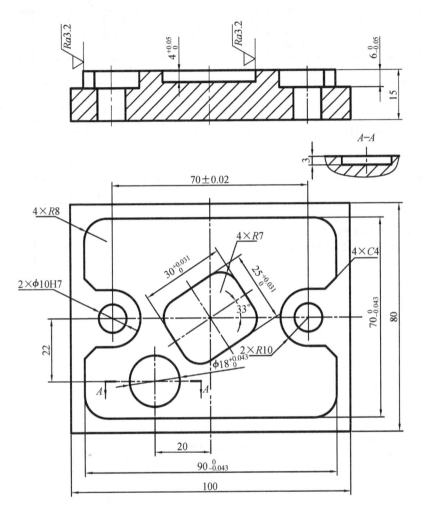

序号	考核项目	考核内容及要求		评分标准	配分	检测结果	扣分	得分	备注
1	中间方槽	$30^{+0.031}_{0}$ $25^{+0.031}_{0}$	IT	超差0.01,扣5分	10分				
			Ra	降一级,扣3分	4分				
		完成形状轮廓加工			6分				
		$4^{+0.05}_{0}$	IT	超差0.01,扣2分	2分				
2	圆形槽	$\phi18^{+0.043}_{0}$	IT	超差0.01,扣2分	4分				
			Ra	降一级,扣1分	2分				
		完成形状轮廓加工			6分				
		3	IT	超差,全扣	2分				

序号	考核项目	考核内容及要求		评分标准	配分	检测结果	扣分	得分	备注
3	外轮廓	$90_{-0.043}^{0}$	IT	超差0.01,扣5分	10分				
		$70_{-0.043}^{0}$	Ra	降一级,扣3分	4分				
		完成形状轮廓加工			6分				
		$6_{-0.05}^{0}$	IT	超差0.01,扣2分	2分				
4	销孔	$\phi10H7$	IT	超差0.01,扣2分	2分/处				2处
			Ra	降一级,扣2分	2分/处				2处
		完成形状轮廓加工			6分				
		70 ± 0.02	IT	超差0.01,扣2分	4分				
5	其他项目	① 未注尺寸公差按照IT12； ② 其余表面光洁度； ③ 工件必须完整,局部无缺陷(夹伤等)。			6分				
6	工艺合理	① 工件定位和夹紧合理1分。 ② 工序划分合理、工艺路线正确3分。 ③ 刀具选择合理2分。 ④ 切削用量选择基本合理2分。		每违反一条酌情扣3分,扣完为止	8分				
7	程序编制	① 指令正确,程序完整4分。 ② 运用刀具半径和长度补偿功能2分。 ③ 数值计算正确、程序编写表现出一定的技巧,简化计算和加工程序4分。		每违反一条酌情扣3分,扣完为止	10分				
8	安全文明生产	① 着装规范,未受伤。 ② 刀具、工具、量具的放置。 ③ 工件装夹、刀具安装规范。 ④ 正确使用量具。 ⑤ 卫生、设备保养。 ⑥ 关机后机床停放位置不合理。 ⑦ 发生重大安全事故、严重违反操作规程者,取消考试。		每违反一条酌情扣2分,扣完为止	10分				扣分项目
总分									

记录员		检验员		复核		统分	

考核训练三

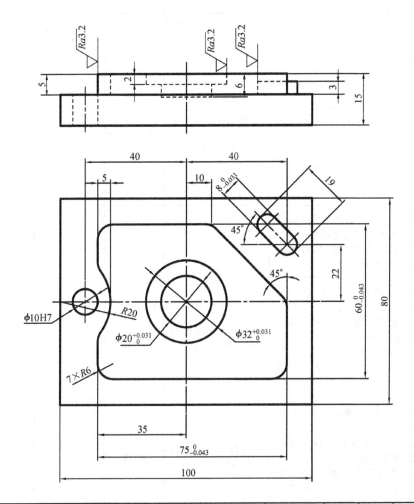

序号	考核项目	考核内容及要求		评分标准	配分	检测结果	扣分	得分	备注
1	小凸台	$8_{-0.031}^{\ 0}$	IT	超差 0.01，扣 5 分	10 分				
		19	Ra	降一级，扣 2 分	4 分				
		完成形状轮廓加工			6 分				
		3	IT	超差，全扣	2 分				
2	圆形槽	$\phi 20_{\ 0}^{+0.031}$	IT	超差 0.01，扣 4 分	4 分				
		$\phi 32_{\ 0}^{+0.031}$	Ra	降一级，扣 2 分	2 分				
		完成形状轮廓加工			6 分				
		2,6	IT	超差，全扣	4 分				

续表

序号	考核项目	考核内容及要求		评分标准	配分	检测结果	扣分	得分	备注
3	外轮廓	$75_{-0.043}^{\ 0}$	IT	超差0.01,扣5分	10分				
		$60_{-0.043}^{\ 0}$	Ra	降一级,扣3分	4分				
		完成形状轮廓加工			6分				
		5	IT	超差,全扣	2分				
4	销孔	ϕ10H7	IT	超差0.01,扣2分	4分				
			Ra	降一级,扣2分	2分				
		完成形状轮廓加工			6分				
		40	IT	超差,全扣	4分				
5	其他项目	① 未注尺寸公差按照IT12; ② 其余表面光洁度; ③ 工件必须完整,局部无缺陷(夹伤等)。			6分				
6	工艺合理	① 工件定位和夹紧合理1分。 ② 工序划分合理、工艺路线正确3分。 ③ 刀具选择合理2分。 ④ 切削用量选择基本合理2分。		每违反一条酌情扣3分,扣完为止	8分				
7	程序编制	① 指令正确,程序完整4分。 ② 运用刀具半径和长度补偿功能2分。 ③ 数值计算正确、程序编写表现出一定的技巧,简化计算和加工程序4分。		每违反一条酌情扣3分,扣完为止	10分				
8	安全文明生产	① 着装规范,未受伤。 ② 刀具、工具、量具的放置。 ③ 工件装夹、刀具安装规范。 ④ 正确使用量具。 ⑤ 卫生、设备保养。 ⑥ 关机后机床停放位置不合理。 ⑦ 发生重大安全事故、严重违反操作规程者,取消考试。		每违反一条酌情扣2分,扣完为止	10分				扣分项目
总分									
记录员		检验员		复核			统分		

考核训练四

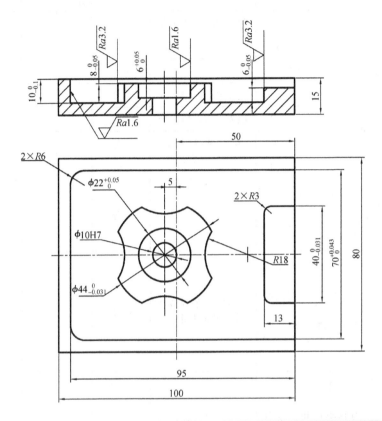

序号	考核项目	考核内容及要求		评分标准	配分	检测结果	扣分	得分	备注
1	小凸台	$40_{-0.031}^{0}$	IT	超差 0.01，扣 3 分	10 分				
		13	Ra	降一级，扣 2 分	4 分				
		完成形状轮廓加工			4 分				
		$6_{-0.05}^{0}$	IT	超差 0.01，扣 1 分	2 分				
2	花形凸台	$\phi 44_{-0.031}^{0}$	IT	超差 0.01，扣 4 分	4 分				
		R18	Ra	降一级，扣 2 分	2 分				
		完成形状轮廓加工			4 分				
		$8_{-0.05}^{0}$	IT	超差 0.01 扣 1 分	2 分				
3	圆形槽	$\phi 22_{0}^{+0.05}$	IT	超差 0.01，扣 2 分	10 分				
			Ra	降一级，扣 1 分	4 分				
		完成形状轮廓加工			4 分				
		$6_{0}^{+0.05}$	IT	超差 0.01，扣 1 分	2 分				

序号	考核项目	考核内容及要求		评分标准	配分	检测结果	扣分	得分	备注
4	内轮廓	$70^{+0.043}_{0}$ 95	IT	超差0.01,扣4分	4分				
			Ra	降一级,扣2分	4分				
		完成形状轮廓加工			4分				
		$10^{0}_{-0.1}$	IT	超差0.01,扣1分	4分				
5	销孔	$\phi 10H7$	IT	超差0.01,扣2分	4分				
			Ra	降一级,扣1分	2分				
		55	IT	超差,全扣	2分				
6	其他项目	① 未注尺寸公差按照IT12; ② 其余表面光洁度; ③ 工件必须完整,局部无缺陷(夹伤等)。			6分				
7	工艺合理	① 工件定位和夹紧合理1分。 ② 工序划分合理、工艺路线正确3分。 ③ 刀具选择合理2分。 ④ 切削用量选择基本合理2分。		每违反一条酌情扣3分,扣完为止	8分				
8	程序编制	① 指令正确,程序完整4分。 ② 运用刀具半径和长度补偿功能2分。 ③ 数值计算正确、程序编写表现出一定的技巧,简化计算和加工程序4分。		每违反一条酌情扣3分,扣完为止	10分				
9	安全文明生产	① 着装规范,未受伤。 ② 刀具、工具、量具的放置。 ③ 工件装夹、刀具安装规范。 ④ 正确使用量具。 ⑤ 卫生、设备保养。 ⑥ 关机后机床停放位置不合理。 ⑦ 发生重大安全事故、严重违反操作规程者,取消考试。		每违反一条酌情扣2分,扣完为止	10分				扣分项目
总分									
记录员			检验员		复核		统分		

考核训练五

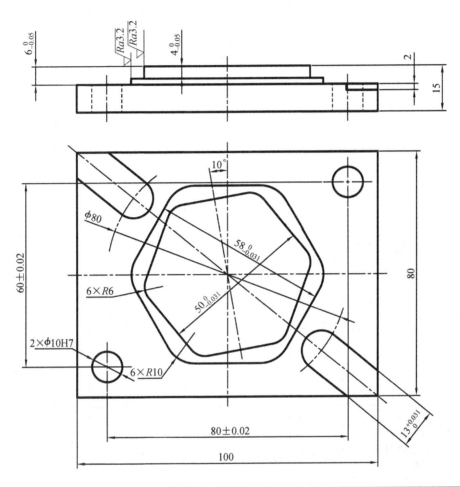

序号	考核项目	考核内容及要求		评分标准	配分	检测结果	扣分	得分	备注
1	小凸台	$50_{-0.031}^{0}$ 6×R6	IT	超差0.01,扣3分	10分				
			Ra	降一级,扣2分	4分				
		完成形状轮廓加工			6分				
		$4_{-0.05}^{0}$	IT	超差0.01,扣2分	2分				
2	大凸台	$58_{-0.031}^{0}$ 6×R10	IT	超差0.01,扣4分	4分				
			Ra	降一级,扣2分	2分				
		完成形状轮廓加工			6分				
		$6_{-0.05}^{0}$	IT	超差0.01,扣2分	2分				

续表

序号	考核项目	考核内容及要求		评分标准	配分	检测结果	扣分	得分	备注
3	开口槽	$13^{+0.031}_{0}$	IT	超差0.01,扣2分	5分/处				2处
			Ra	降一级,扣1分	2分/处				2处
		完成形状轮廓加工			3分/处				2处
		2	IT	超差,全扣	2分/处				2处
4	销孔	$\phi 10H7$	IT	超差0.01,扣2分	2分/处				2处
			Ra	降一级,扣2分	2分/处				2处
		80 ± 0.02 60 ± 0.02	IT	超差,全扣	4分				
		完成形状轮廓加工			4分				
5	其他项目	① 未注尺寸公差按照IT12; ② 其余表面光洁度; ③ 工件必须完整,局部无缺陷(夹伤等)。			6分				
6	工艺合理	① 工件定位和夹紧合理1分。 ② 工序划分合理、工艺路线正确3分。 ③ 刀具选择合理2分。 ④ 切削用量选择基本合理2分。		每违反一条酌情扣3分,扣完为止	8分				
7	程序编制	① 指令正确,程序完整4分。 ② 运用刀具半径和长度补偿功能2分。 ③ 数值计算正确、程序编写表现出一定的技巧,简化计算和加工程序4分。		每违反一条酌情扣3分,扣完为止	10分				
8	安全文明生产	① 着装规范,未受伤。 ② 刀具、工具、量具的放置。 ③ 工件装夹、刀具安装规范。 ④ 正确使用量具。 ⑤ 卫生、设备保养。 ⑥ 关机后机床停放位置不合理。 ⑦ 发生重大安全事故、严重违反操作规程者,取消考试。		每违反一条酌情扣2分,扣完为止	10分				扣分项目
总分									
记录员		检验员		复核		统分			

考核训练六

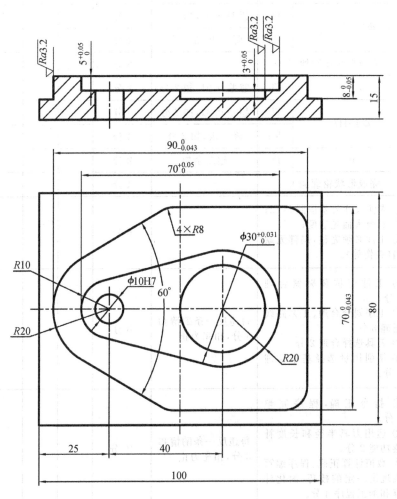

序号	考核项目	考核内容及要求		评分标准	配分	检测结果	扣分	得分	备注
1	外轮廓	$70_{-0.043}^{0}$	IT	超差 0.01,扣 5 分	10 分				
		$90_{-0.043}^{0}$	Ra	降一级,扣 2 分	4 分				
		完成形状轮廓加工			6 分				
		$8_{-0.05}^{0}$	IT	超差 0.01,扣 2 分	2 分				
2	内轮廓	$70_{0}^{+0.05}$	IT	超差 0.01,扣 5 分	8 分				
		$R20$	Ra	降一级,扣 2 分	4 分				
		完成形状轮廓加工			6 分				
		$5_{0}^{+0.05}$	IT	超差 0.01,扣 2 分	2 分				

序号	考核项目	考核内容及要求		评分标准	配分	检测结果	扣分	得分	备注
3	圆槽	$\phi 30^{+0.031}_{0}$	IT	超差0.01,扣2分	6分				
			Ra	降一级,扣1分	4分				
		完成形状轮廓加工			6分				
		$3^{+0.05}_{0}$	IT	超差0.01,扣2分	2分				
4	销孔	$\phi 10H7$	IT	超差0.01,扣2分	6分				
			Ra	降一级,扣2分	4分				
		40	IT	超差全扣	2分				
		完成形状轮廓加工			4分				
5	其他项目	① 未注尺寸公差按照IT12; ② 其余表面光洁度; ③ 工件必须完整,局部无缺陷(夹伤等)。			6分				
6	工艺合理	① 工件定位和夹紧合理1分。 ② 工序划分合理、工艺路线正确3分。 ③ 刀具选择合理2分。 ④ 切削用量选择基本合理2分。		每违反一条酌情扣3分,扣完为止	8分				
7	程序编制	① 指令正确,程序完整4分。 ② 运用刀具半径和长度补偿功能2分。 ③ 数值计算正确、程序编写表现出一定的技巧,简化计算和加工程序4分。		每违反一条酌情扣3分,扣完为止	10分				
8	安全文明生产	① 着装规范,未受伤。 ② 刀具、工具、量具的放置。 ③ 工件装夹、刀具安装规范。 ④ 正确使用量具。 ⑤ 卫生、设备保养。 ⑥ 关机后机床停放位置不合理。 ⑦ 发生重大安全事故,严重违反操作规程者,取消考试。		每违反一条酌情扣2分,扣完为止	10分				扣分项目
总分									
记录员		检验员		复核		统分			

考核训练七

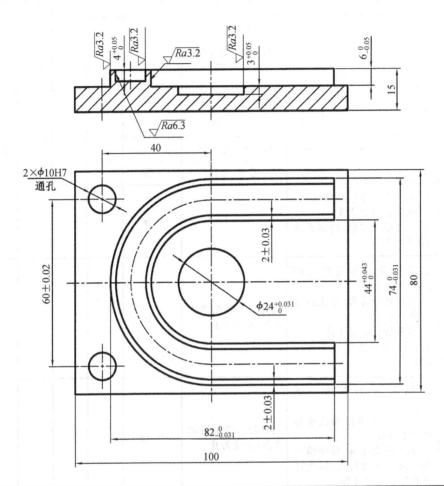

序号	考核项目	考核内容及要求		评分标准	配分	检测结果	扣分	得分	备注
1	U型轮廓	$74_{-0.031}^{0}$ $82_{-0.031}^{0}$ $44_{0}^{+0.043}$	IT	超差0.01,扣5分	12分				
			Ra	降一级,扣2分	4分				
		完成形状轮廓加工			6分				
		$6_{-0.05}^{0}$	IT	超差0.01,扣2分	4分				
2	U型槽	2 ± 0.03	IT	超差0.01,扣5分	4分/处				2处
			Ra	降一级,扣2分	2分/处				2处
		完成形状轮廓加工			6分				
		$4_{0}^{+0.05}$	IT	超差0.01,扣2分	4分				

序号	考核项目	考核内容及要求		评分标准	配分	检测结果	扣分	得分	备注
3	圆槽	$\phi 24^{+0.031}_{0}$	IT	超差 0.01,扣 2 分	4 分				
			Ra	降一级,扣 1 分	2 分				
		完成形状轮廓加工			6 分				
		$3^{+0.05}_{0}$	IT	超差 0.01,扣 2 分	4 分				
4	销孔	$\phi 10H7$	IT	超差 0.01,扣 2 分	2 分/处				2 处
			Ra	降一级,扣 2 分	2 分/处				2 处
		60 ± 0.02	IT	超差,全扣	4 分				
5	其他项目	① 未注尺寸公差按照 IT12; ② 其余表面光洁度; ③ 工件必须完整,局部无缺陷(夹伤等)。			6 分				
6	工艺合理	① 工件定位和夹紧合理 1 分。 ② 工序划分合理、工艺路线正确 3 分。 ③ 刀具选择合理 2 分。 ④ 切削用量选择基本合理 2 分。		每违反一条酌情扣 3 分,扣完为止	8 分				
7	程序编制	① 指令正确,程序完整 4 分。 ② 运用刀具半径和长度补偿功能 2 分。 ③ 数值计算正确、程序编写表现出一定的技巧,简化计算和加工程序 4 分。		每违反一条酌情扣 3 分,扣完为止	10 分				
8	安全文明生产	① 着装规范,未受伤。 ② 刀具、工具、量具的放置。 ③ 工件装夹、刀具安装规范。 ④ 正确使用量具。 ⑤ 卫生、设备保养。 ⑥ 关机后机床停放位置不合理。 ⑦ 发生重大安全事故、严重违反操作规程者,取消考试。		每违反一条酌情扣 2 分,扣完为止	10 分				扣分项目
		总分							
	记录员		检验员		复核		统分		

考核训练八

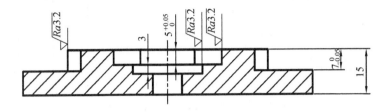

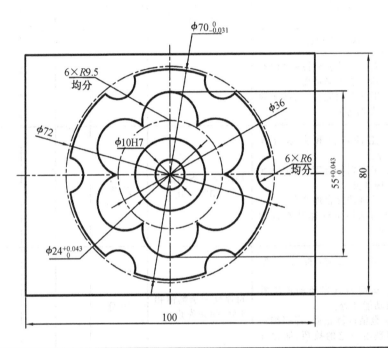

序号	考核项目	考核内容及要求		评分标准	配分	检测结果	扣分	得分	备注
1	花形外轮廓	$\phi 70_{-0.031}^{0}$ $6 \times R6$	IT	超差 0.01,扣 5 分	10 分				
			Ra	降一级,扣 3 分	4 分				
		完成形状轮廓加工			6 分				
		$7_{-0.05}^{0}$	IT	超差 0.01,扣 2 分	4 分				
2	花形内轮廓	$55_{0}^{+0.043}$ $6 \times R9.5$	IT	超差 0.01,扣 5 分	10 分				
			Ra	降一级,扣 3 分	4 分				
		完成形状轮廓加工			6 分				
		$5_{0}^{+0.05}$	IT	超差 0.01,扣 2 分	4 分				

序号	考核项目	考核内容及要求		评分标准	配分	检测结果	扣分	得分	备注
3	圆槽	$\phi 24^{+0.043}_{0}$	IT	超差 0.01,扣 2 分	4 分				
			Ra	降一级,扣 1 分	4 分				
		完成形状轮廓加工			6 分				
		3	IT	超差 0.01,扣 2 分	4 分				
4	销孔	$\phi 10H7$	IT	超差 0.01,扣 2 分	4 分				
			Ra	降一级,扣 2 分	2 分				
		完成形状轮廓加工			4 分				
5	其他项目	① 未注尺寸公差按照 IT12; ② 其余表面光洁度; ③ 工件必须完整,局部无缺陷(夹伤等)。			6 分				
6	工艺合理	① 工件定位和夹紧合理 1 分。 ② 工序划分合理、工艺路线正确 3 分。 ③ 刀具选择合理 2 分。 ④ 切削用量选择基本合理 2 分。		每违反一条酌情扣 3 分,扣完为止	8 分				
7	程序编制	① 指令正确,程序完整 4 分。 ② 运用刀具半径和长度补偿功能 2 分。 ③ 数值计算正确、程序编写表现出一定的技巧,简化计算和加工程序 4 分。		每违反一条酌情扣 3 分,扣完为止	10 分				
8	安全文明生产	① 着装规范,未受伤。 ② 刀具、工具、量具的放置。 ③ 工件装夹、刀具安装规范。 ④ 正确使用量具。 ⑤ 卫生、设备保养。 ⑥ 关机后机床停放位置不合理。 ⑦ 发生重大安全事故、严重违反操作规程者,取消考试。		每违反一条酌情扣 2 分,扣完为止	10 分				扣分项目
		总分							
记录员		检验员		复核		统分			

考核训练九

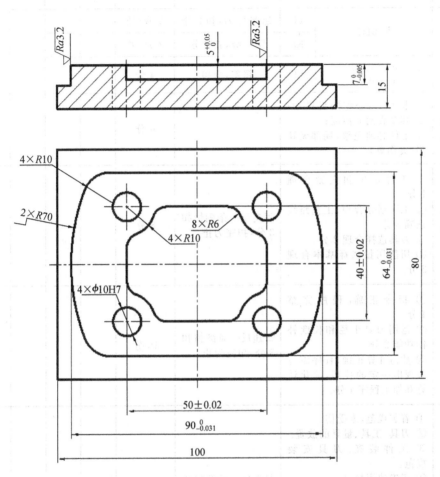

序号	考核项目	考核内容及要求		评分标准	配分	检测结果	扣分	得分	备注
1	外轮廓	$90_{-0.031}^{0}$	IT	超差 0.01，扣 5 分	10 分				
		$64_{-0.031}^{0}$	Ra	降一级，扣 3 分	6 分				
		完成形状轮廓加工			8 分				
		$7_{-0.005}^{0}$	IT	超差 0.01，扣 2 分	4 分				
2	内轮廓	$50_{0}^{+0.043}$	IT	超差 0.01，扣 5 分	10 分				
		$40_{0}^{+0.043}$	Ra	降一级，扣 3 分	6 分				
		完成形状轮廓加工			8 分				
		$5_{0}^{+0.05}$	IT	超差 0.01，扣 2 分	4 分				

序号	考核项目	考核内容及要求		评分标准	配分	检测结果	扣分	得分	备注
3	销孔	φ10H7	IT	超差0.01,扣2分	2分/处				4处
			Ra	降一级,扣2分	2分/处				4处
		50±0.02 40±0.02	IT	超差,全扣	4分				
4	其他项目	① 未注尺寸公差按照IT12; ② 其余表面光洁度; ③ 工件必须完整,局部无缺陷(夹伤等)。			6分				
5	工艺合理	① 工件定位和夹紧合理1分。 ② 工序划分合理、工艺路线正确3分。 ③ 刀具选择合理2分。 ④ 切削用量选择基本合理2分。		每违反一条酌情扣3分,扣完为止	8分				
6	程序编制	① 指令正确,程序完整4分。 ② 运用刀具半径和长度补偿功能2分。 ③ 数值计算正确、程序编写表现出一定的技巧,简化计算和加工程序4分。		每违反一条酌情扣3分,扣完为止	10分				
7	安全文明生产	① 着装规范,未受伤。 ② 刀具、工具、量具的放置。 ③ 工件装夹、刀具安装规范。 ④ 正确使用量具。 ⑤ 卫生、设备保养。 ⑥ 关机后机床停放位置不合理。 ⑦ 发生重大安全事故、严重违反操作规程者,取消考试。		每违反一条酌情扣2分,扣完为止	10分				扣分项目
总分									
记录员		检验员		复核		统分			

考核训练十

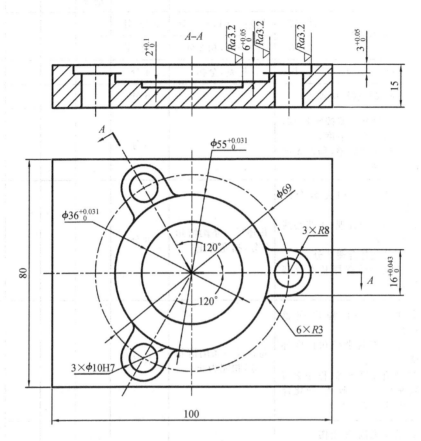

序号	考核项目	考核内容及要求		评分标准	配分	检测结果	扣分	得分	备注
1	搭边凹槽	$16^{+0.043}_{0}$	IT	超差0.01,扣5分	4分/处				3处
			Ra	降一级,扣3分	2分/处				3处
		完成形状轮廓加工			2分/处				3处
		$3^{+0.05}_{0}$	IT	超差0.01,扣2分	2分/处				3处
2	圆槽	$\phi 36^{+0.031}_{0}$ $\phi 55^{+0.031}_{0}$	IT	超差0.01,扣2分	8分				
			Ra	降一级,扣1分	4分				
		完成形状轮廓加工			6分				
		$6^{+0.05}_{0}$ $2^{+0.1}_{0}$	IT	超差0.01,扣2分	4分				

续表

序号	考核项目	考核内容及要求		评分标准	配分	检测结果	扣分	得分	备注
3	销孔	φ10H7	IT	超差0.01,扣2分	2分/处				3处
			Ra	降一级,扣2分	2分/处				3处
		φ69、等分	IT	超差,全扣	4分				
		完成形状轮廓加工			6分				
4	其他项目	① 未注尺寸公差按照IT12; ② 其余表面光洁度; ③ 工件必须完整,局部无缺陷(夹伤等)。			8分				
5	工艺合理	① 工件定位和夹紧合理1分。 ② 工序划分合理、工艺路线正确3分。 ③ 刀具选择合理2分。 ④ 切削用量选择基本合理2分。		每违反一条酌情扣3分,扣完为止	8分				
6	程序编制	① 指令正确,程序完整4分。 ② 运用刀具半径和长度补偿功能2分。 ③ 数值计算正确、程序编写表现出一定的技巧,简化计算和加工程序4分。		每违反一条酌情扣3分,扣完为止	10分				
7	安全文明生产	① 着装规范,未受伤。 ② 刀具、工具、量具的放置。 ③ 工件装夹、刀具安装规范。 ④ 正确使用量具。 ⑤ 卫生、设备保养。 ⑥ 关机后机床停放位置不合理。 ⑦ 发生重大安全事故、严重违反操作规程者,取消考试。		每违反一条酌情扣2分,扣完为止	10分				扣分项目
总分									
记录员		检验员		复核			统分		

考核训练十一

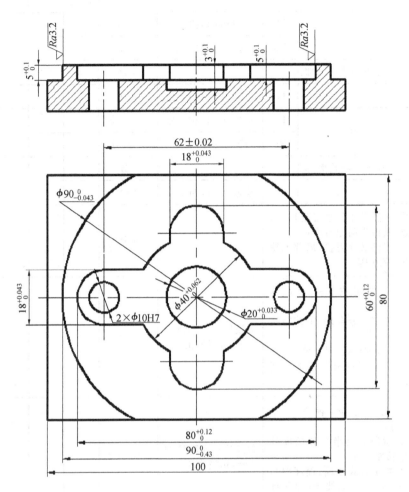

序号	考核项目	考核内容及要求		评分标准	配分	检测结果	扣分	得分	备注
1	十字槽	$80^{+0.12}_{0}$ $60^{+0.12}_{0}$	IT	超差0.01,扣5分	12分				
		$18^{+0.043}_{0}$ $\phi40^{+0.062}_{0}$	Ra	降一级,扣3分	4分				
		完成形状轮廓加工			6分				
		$5^{+0.1}_{0}$	IT	超差0.01,扣2分	2分				
2	圆形槽	$\phi20^{+0.033}_{0}$	IT	超差0.01,扣2分	4分				
			Ra	降一级,扣1分	2分				
		完成形状轮廓加工			4分				
		$3^{+0.1}_{0}$	IT	超差,全扣	2分				

续表

序号	考核项目	考核内容及要求		评分标准	配分	检测结果	扣分	得分	备注
3	外轮廓	$90_{-0.43}^{0}$	IT	超差 0.01,扣 5 分	10 分				
			Ra	降一级,扣 3 分	4 分				
		完成形状轮廓加工			6 分				
		$5_{0}^{+0.1}$	IT	超差 0.01,扣 2 分	2 分				
4	销孔	$\phi10H7$	IT	超差 0.01,扣 2 分	2 分/处				2 处
			Ra	降一级,扣 2 分	2 分/处				2 处
		完成形状轮廓加工			6 分				
		62 ± 0.02	IT	超差 0.01,扣 2 分	4 分				
5	其他项目	① 未注尺寸公差按照 IT12; ② 其余表面光洁度; ③ 工件必须完整,局部无缺陷(夹伤等)。			6 分				
6	工艺合理	① 工件定位和夹紧合理 1 分。 ② 工序划分合理、工艺路线正确 3 分。 ③ 刀具选择合理 2 分。 ④ 切削用量选择基本合理 2 分。		每违反一条酌情扣 3 分,扣完为止	8 分				
7	程序编制	① 指令正确,程序完整 4 分。 ② 运用刀具半径和长度补偿功能 2 分。 ③ 数值计算正确、程序编写表现出一定的技巧,简化计算和加工程序 4 分。		每违反一条酌情扣 3 分,扣完为止	10 分				
8	安全文明生产	① 着装规范,未受伤。 ② 刀具、工具、量具的放置。 ③ 工件装夹、刀具安装规范。 ④ 正确使用量具。 ⑤ 卫生、设备保养。 ⑥ 关机后机床停放位置不合理。 ⑦ 发生重大安全事故、严重违反操作规程者,取消考试。		每违反一条酌情扣 2 分,扣完为止	10 分				扣分项目
总分									
记录员		检验员		复核		统分			

考核训练十二

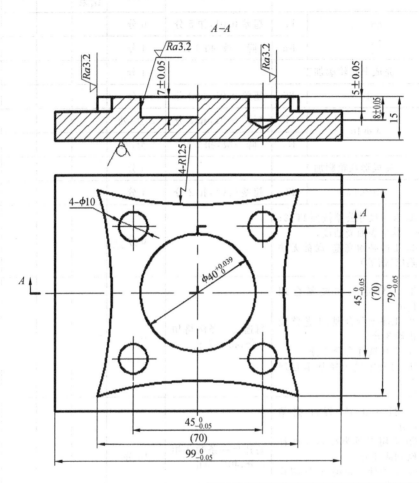

序号	考核项目	考核内容及要求		评分标准	配分	检测结果	扣分	得分	备注
1	圆形槽	$40^{+0.039}_{0}$	IT	超差0.01,扣5分	6分				
			Ra	降一级,扣3分	4分				
		完成形状轮廓加工			4分				
		7 ± 0.05	IT	超差0.01,扣2分	2分				
2	圆弧轮廓	70 4-R125	IT	超差0.01,扣2分	8分				
			Ra	降一级,扣1分	2分				
		完成形状轮廓加工			4分				
		5 ± 0.05	IT	超差,全扣	2分				

续表

序号	考核项目	考核内容及要求		评分标准	配分	检测结果	扣分	得分	备注
3	外轮廓	$99_{-0.05}^{0}$	IT	超差0.01,扣5分	6分				
		$79_{-0.05}^{0}$	Ra	降一级,扣3分	4分				
		完成形状轮廓加工			4分				
		15	IT	超差0.01,扣2分	2分				
4	销孔	4-ϕ10	IT	超差0.01,扣2分	2分/处				4处
			Ra	降一级,扣2分	2分/处				4处
		完成形状轮廓加工			6分				
		8±0.05	IT	超差0.01,扣2分	4分				
5	其他项目	① 未注尺寸公差按照IT12; ② 其余表面光洁度; ③ 工件必须完整,局部无缺陷(夹伤等)。			6分				
6	工艺合理	① 工件定位和夹紧合理1分。 ② 工序划分合理、工艺路线正确3分。 ③ 刀具选择合理2分。 ④ 切削用量选择基本合理2分。		每违反一条酌情扣3分,扣完为止	8分				
7	程序编制	① 指令正确,程序完整4分。 ② 运用刀具半径和长度补偿功能2分。 ③ 数值计算正确、程序编写表现出一定的技巧,简化计算和加工程序4分。		每违反一条酌情扣3分,扣完为止	10分				
8	安全文明生产	① 着装规范,未受伤。 ② 刀具、工具、量具的放置。 ③ 工件装夹、刀具安装规范。 ④ 正确使用量具。 ⑤ 卫生、设备保养。 ⑥ 关机后机床停放位置不合理。 ⑦ 发生重大安全事故、严重违反操作规程者,取消考试。		每违反一条酌情扣2分,扣完为止	10分				扣分项目
总分									
记录员		检验员		复核			统分		

考核训练十三

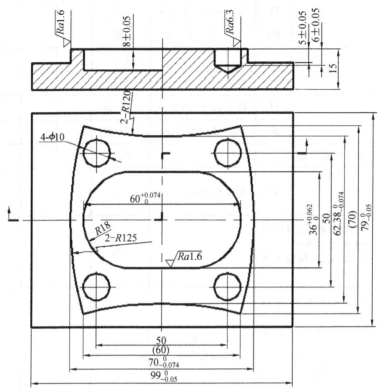

技术要求:
1. 未注倒角去毛刺。

序号	考核项目	考核内容及要求		评分标准	配分	检测结果	扣分	得分	备注
1	槽	$60^{+0.074}_{0}$ $36^{+0.062}_{0}$	IT	超差0.01,扣5分	8分				
			Ra	降一级,扣3分	4分				
		完成形状轮廓加工			4分				
		8 ± 0.05	IT	超差0.01,扣2分	2分				
2	圆弧外轮廓	$70^{0}_{-0.074}$ $62.38^{0}_{-0.074}$ $2-R125$ $2-R120$	IT	超差0.01,扣2分	8分				
			Ra	降一级,扣1分	2分				
		完成形状轮廓加工			4分				
		5 ± 0.05	IT	超差,全扣	2分				

续表

序号	考核项目	考核内容及要求		评分标准	配分	检测结果	扣分	得分	备注
3	外轮廓	$99_{-0.05}^{0}$	IT	超差 0.01,扣 5 分	6 分				
		$79_{-0.05}^{0}$	Ra	降一级,扣 3 分	4 分				
		完成形状轮廓加工			4 分				
		15	IT	超差 0.01,扣 2 分	2 分				
4	销孔	$4-\phi 10$	IT	超差 0.01,扣 2 分	2 分/处				4 处
			Ra	降一级,扣 2 分	2 分/处				4 处
		完成形状轮廓加工			6 分				
		6 ± 0.05 50 50	IT	超差 0.01,扣 2 分	4 分				
5	其他项目	① 未注尺寸公差按照 IT12; ② 其余表面光洁度; ③ 工件必须完整,局部无缺陷(夹伤等)。			6 分				
6	工艺合理	① 工件定位和夹紧合理 1 分。 ② 工序划分合理、工艺路线正确 3 分。 ③ 刀具选择合理 2 分。 ④ 切削用量选择基本合理 2 分。		每违反一条酌情扣 3 分,扣完为止	8 分				
7	程序编制	① 指令正确,程序完整 4 分。 ② 运用刀具半径和长度补偿功能 2 分。 ③ 数值计算正确、程序编写表现出一定的技巧,简化计算和加工程序 4 分。		每违反一条酌情扣 3 分,扣完为止	10 分				
8	安全文明生产	① 着装规范,未受伤。 ② 刀具、工具、量具的放置。 ③ 工件装夹、刀具安装规范。 ④ 正确使用量具。 ⑤ 卫生、设备保养。 ⑥ 关机后机床停放位置不合理。 ⑦ 发生重大安全事故、严重违反操作规程者,取消考试。		每违反一条酌情扣 2 分,扣完为止	10 分				扣分项目
总分									
记录员			检验员		复核			统分	

考核训练十四

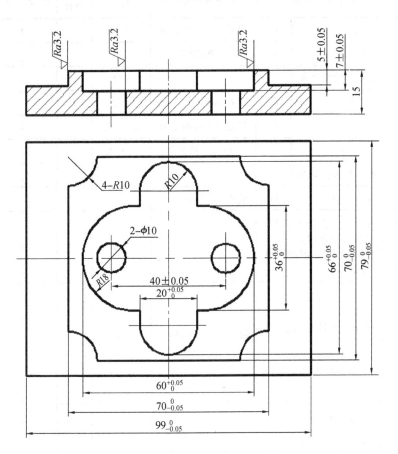

序号	考核项目	考核内容及要求		评分标准	配分	检测结果	扣分	得分	备注
1	槽	$66^{+0.05}_{0}$	IT	超差 0.01，扣 5 分	12 分				
		$60^{+0.05}_{0}$ $20^{+0.05}_{0}$ $36^{+0.05}_{0}$	Ra	降一级，扣 3 分	4 分				
		完成形状轮廓加工			6 分				
		7 ± 0.05	IT	超差 0.01，扣 2 分	2 分				
2	外轮廓	$70^{0}_{-0.05}$	IT	超差 0.01，扣 2 分	6 分				
		$4\text{-}R10$	Ra	降一级，扣 1 分	4 分				
		完成形状轮廓加工			4 分				
		5 ± 0.05	IT	超差，全扣	2 分				

续表

序号	考核项目	考核内容及要求		评分标准	配分	检测结果	扣分	得分	备注
3	外轮廓	$99_{-0.05}^{\ 0}$	IT	超差 0.01,扣 5 分	6 分				
		$79_{-0.05}^{\ 0}$	Ra	降一级,扣 3 分	4 分				
		完成形状轮廓加工			4 分				
		15	IT	超差 0.01,扣 2 分	2 分				
4	销孔	$2-\phi 10$	IT	超差 0.01,扣 2 分	2 分/处				2 处
			Ra	降一级,扣 2 分	2 分/处				2 处
		完成形状轮廓加工			6 分				
		40 ± 0.05	IT	超差 0.01,扣 2 分	4 分				
5	其他项目	① 未注尺寸公差按照 IT12; ② 其余表面光洁度; ③ 工件必须完整,局部无缺陷(夹伤等)。			8 分				
6	工艺合理	① 工件定位和夹紧合理 1 分。 ② 工序划分合理、工艺路线正确 3 分。 ③ 刀具选择合理 2 分。 ④ 切削用量选择基本合理 2 分。		每违反一条酌情扣 3 分,扣完为止	8 分				
7	程序编制	① 指令正确,程序完整 4 分。 ② 运用刀具半径和长度补偿功能 2 分。 ③ 数值计算正确、程序编写表现出一定的技巧,简化计算和加工程序 4 分。		每违反一条酌情扣 3 分,扣完为止	10 分				
8	安全文明生产	① 着装规范,未受伤。 ② 刀具、工具、量具的放置。 ③ 工件装夹、刀具安装规范。 ④ 正确使用量具。 ⑤ 卫生、设备保养。 ⑥ 关机后机床停放位置不合理。 ⑦ 发生重大安全事故、严重违反操作规程者,取消考试。		每违反一条酌情扣 2 分。扣完为止	10 分				扣分项目
		总分							
记录员		检验员		复核		统分			

考核训练十五

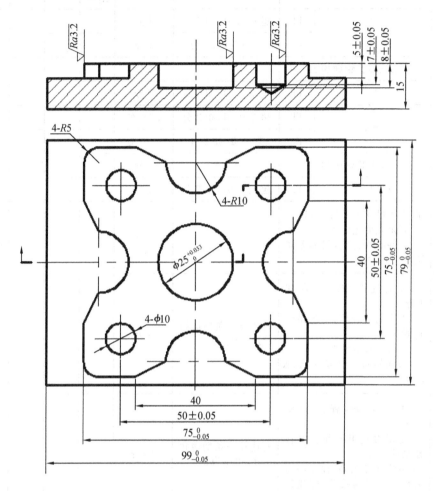

序号	考核项目	考核内容及要求		评分标准	配分	检测结果	扣分	得分	备注
1	槽	$25^{+0.033}_{0}$	IT	超差0.01,扣5分	6分				
			Ra	降一级,扣3分	4分				
		完成形状轮廓加工			4分				
		7 ± 0.05	IT	超差0.01,扣2分	2分				
2	外轮廓	$75^{0}_{-0.05}$	IT	超差0.01,扣2分	8分				
		4-R10 4-R5	Ra	降一级,扣1分	4分				
		完成形状轮廓加工			4分				
		5 ± 0.05	IT	超差,全扣	2分				

续表

序号	考核项目	考核内容及要求		评分标准	配分	检测结果	扣分	得分	备注
3	外轮廓	$99_{-0.05}^{0}$	IT	超差 0.01,扣 5 分	6 分				
		$79_{-0.05}^{0}$	Ra	降一级,扣 3 分	4 分				
		完成形状轮廓加工			4 分				
		15	IT	超差 0.01,扣 2 分	2 分				
4	销孔	4-ϕ 10	IT	超差 0.01,扣 2 分	2 分/处				4 处
			Ra	降一级,扣 2 分	2 分/处				4 处
		完成形状轮廓加工			6 分				
		50±0.05	IT	超差 0.01,扣 2 分	4 分				
5	其他项目	① 未注尺寸公差按照 IT12; ② 其余表面光洁度; ③ 工件必须完整,局部无缺陷(夹伤等)。			6 分				
6	工艺合理	① 工件定位和夹紧合理 1 分。 ② 工序划分合理、工艺路线正确 3 分。 ③ 刀具选择合理 2 分。 ④ 切削用量选择基本合理 2 分。		每违反一条酌情扣 3 分,扣完为止	8 分				
7	程序编制	① 指令正确,程序完整 4 分。 ② 运用刀具半径和长度补偿功能 2 分。 ③ 数值计算正确、程序编写表现出一定的技巧,简化计算和加工程序 4 分。		每违反一条酌情扣 3 分,扣完为止	10 分				
8	安全文明生产	① 着装规范,未受伤。 ② 刀具、工具、量具的放置。 ③ 工件装夹、刀具安装规范。 ④ 正确使用量具。 ⑤ 卫生、设备保养。 ⑥ 关机后机床停放位置不合理。 ⑦ 发生重大安全事故、严重违反操作规程者,取消考试。		每违反一条酌情扣 2 分,扣完为止	10 分				扣分项目
	总分								
记录员		检验员		复核			统分		

考核训练十六

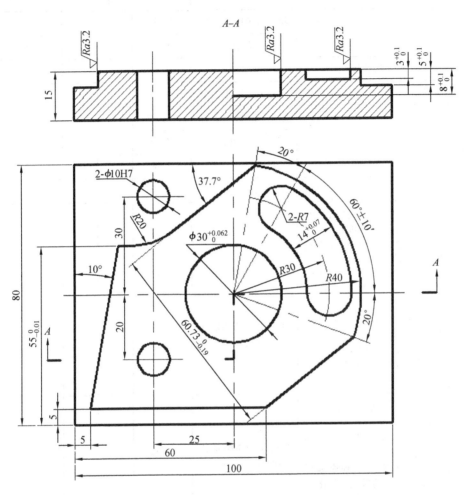

序号	考核项目	考核内容及要求		评分标准	配分	检测结果	扣分	得分	备注
1	腰形槽	$14^{+0.07}_{0}$ $60°±10'$	IT	超差 0.01,扣 5 分	10 分				
			Ra	降一级,扣 3 分	4 分				
		完成形状轮廓加工			6 分				
		$3^{+0.1}_{0}$	IT	超差 0.01,扣 2 分	2 分				
2	圆形槽	$\phi 30^{+0.062}_{0}$	IT	超差 0.01,扣 2 分	4 分				
			Ra	降一级,扣 1 分	2 分				
		完成形状轮廓加工			6 分				
		$8^{+0.1}_{0}$	IT	超差,全扣	2 分				

续表

序号	考核项目	考核内容及要求		评分标准	配分	检测结果	扣分	得分	备注
3	外轮廓	$55_{-0.01}^{0}$	IT	超差 0.01,扣 5 分	10 分				
		$60.73_{-0.19}^{0}$	Ra	降一级,扣 3 分	4 分				
		完成形状轮廓加工			6 分				
		$5_{0}^{+0.1}$	IT	超差 0.01,扣 2 分	2 分				
4	销孔	$\phi 10H7$	IT	超差 0.01,扣 2 分	2 分/处				2 处
			Ra	降一级,扣 2 分	2 分/处				2 处
		完成形状轮廓加工			4 分				
		20,30,25	IT	超差 0.01,扣 2 分	6 分				
5	其他项目	① 未注尺寸公差按照 IT12; ② 其余表面光洁度; ③ 工件必须完整,局部无缺陷(夹伤等)。			6 分				
6	工艺合理	① 工件定位和夹紧合理 1 分。 ② 工序划分合理、工艺路线正确 3 分。 ③ 刀具选择合理 2 分。 ④ 切削用量选择基本合理 2 分。		每违反一条酌情扣 3 分,扣完为止	8 分				
7	程序编制	① 指令正确,程序完整 4 分。 ② 运用刀具半径和长度补偿功能 2 分。 ③ 数值计算正确、程序编写表现出一定的技巧,简化计算和加工程序 4 分。		每违反一条酌情扣 3 分,扣完为止	10 分				
8	安全文明生产	① 着装规范,未受伤。 ② 刀具、工具、量具的放置。 ③ 工件装夹、刀具安装规范。 ④ 正确使用量具。 ⑤ 卫生、设备保养。 ⑥ 关机后机床停放位置不合理。 ⑦ 发生重大安全事故、严重违反操作规程者,取消考试。		每违反一条酌情扣 2 分,扣完为止	10 分				扣分项目
总分									
记录员		检验员		复核			统分		

考核训练十七

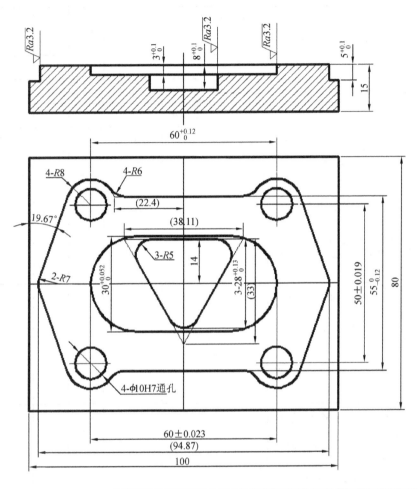

序号	考核项目	考核内容及要求		评分标准	配分	检测结果	扣分	得分	备注
1	键槽	$30^{+0.052}_{0}$	IT	超差0.01,扣5分	8分				
		60 ± 0.023	Ra	降一级,扣3分	4分				
		完成形状轮廓加工			6分				
		$3^{+0.1}_{0}$	IT	超差0.01,扣2分	2分				
2	三角槽	$28^{+0.13}_{0}$	IT	超差0.01,扣2分	4分				
			Ra	降一级,扣1分	2分				
		完成形状轮廓加工			6分				
		$8^{+0.1}_{0}$	IT	超差,全扣	2分				

序号	考核项目	考核内容及要求		评分标准	配分	检测结果	扣分	得分	备注
3	外轮廓	$55_{-0.12}^{\ 0}$ 94.87	IT	超差0.01,扣5分	8分				
			Ra	降一级,扣3分	4分				
		完成形状轮廓加工			6分				
		$5_{0}^{+0.1}$	IT	超差0.01,扣2分	2分				
4	销孔	$\phi 10H7$	IT	超差0.01,扣2分	2分/处				4处
			Ra	降一级,扣2分	1分/处				4处
		完成形状轮廓加工			6分				
		60 ± 0.023 50 ± 0.019	IT	超差0.01,扣2分	4分				
5	其他项目	① 未注尺寸公差按照IT12; ② 其余表面光洁度; ③ 工件必须完整,局部无缺陷(夹伤等)。			6分				
6	工艺合理	① 工件定位和夹紧合理1分。 ② 工序划分合理、工艺路线正确3分。 ③ 刀具选择合理2分。 ④ 切削用量选择基本合理2分。		每违反一条酌情扣3分,扣完为止	8分				
7	程序编制	① 指令正确,程序完整4分。 ② 运用刀具半径和长度补偿功能2分。 ③ 数值计算正确、程序编写表现出一定的技巧,简化计算和加工程序4分。		每违反一条酌情扣3分,扣完为止	10分				
8	安全文明生产	① 着装规范,未受伤。 ② 刀具、工具、量具的放置。 ③ 工件装夹、刀具安装规范。 ④ 正确使用量具。 ⑤ 卫生、设备保养。 ⑥ 关机后机床停放位置不合理。 ⑦ 发生重大安全事故、严重违反操作规程者,取消考试。		每违反一条酌情扣2分,扣完为止	10分				扣分项目
总分									
记录员		检验员		复核		统分			

考核训练十八

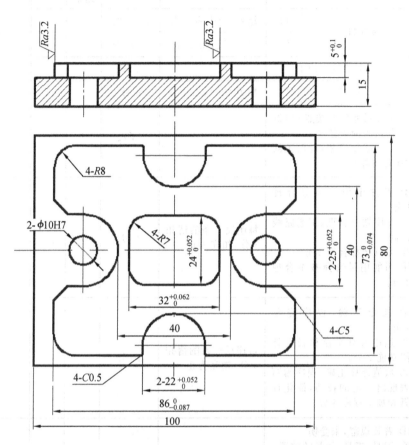

序号	考核项目	考核内容及要求		评分标准	配分	检测结果	扣分	得分	备注
1	矩形槽	$32^{+0.062}_{0}$	IT	超差 0.01，扣 5 分	12 分				
		$24^{+0.052}_{0}$	Ra	降一级，扣 3 分	4 分				
		完成形状轮廓加工			6 分				
		$5^{+0.1}_{0}$	IT	超差 0.01，扣 2 分	4 分				
2	外轮廓	$86^{0}_{-0.087}$ $73^{0}_{-0.074}$	IT	超差 0.01，扣 5 分	12 分				
		$22^{+0.052}_{0}$ $25^{+0.052}_{0}$	Ra	降一级，扣 3 分	4 分				
		完成形状轮廓加工			6 分				
		$5^{+0.1}_{0}$	IT	超差 0.01，扣 2 分	4 分				

续表

序号	考核项目	考核内容及要求		评分标准	配分	检测结果	扣分	得分	备注
3	销孔	$\phi 10H7$	IT	超差0.01,扣2分	2分/处				2处
			Ra	降一级,扣2分	2分/处				2处
		完成形状轮廓加工			4分				
		20,30,25	IT	超差0.01,扣2分	6分				
4	其他项目	① 未注尺寸公差按照IT12; ② 其余表面光洁度; ③ 工件必须完整,局部无缺陷(夹伤等)。			12分				
5	工艺合理	① 工件定位和夹紧合理1分。 ② 工序划分合理、工艺路线正确3分。 ③ 刀具选择合理2分。 ④ 切削用量选择基本合理2分。		每违反一条酌情扣3分,扣完为止	8分				
6	程序编制	① 指令正确,程序完整4分。 ② 运用刀具半径和长度补偿功能2分。 ③ 数值计算正确、程序编写表现出一定的技巧,简化计算和加工程序4分。		每违反一条酌情扣3分,扣完为止	10分				
7	安全文明生产	① 着装规范,未受伤。 ② 刀具、工具、量具的放置。 ③ 工件装夹、刀具安装规范。 ④ 正确使用量具。 ⑤ 卫生、设备保养。 ⑥ 关机后机床停放位置不合理。 ⑦ 发生重大安全事故、严重违反操作规程者,取消考试。		每违反一条酌情扣2分,扣完为止	10分				扣分项目
总分									
记录员		检验员		复核		统分			

考核训练十九

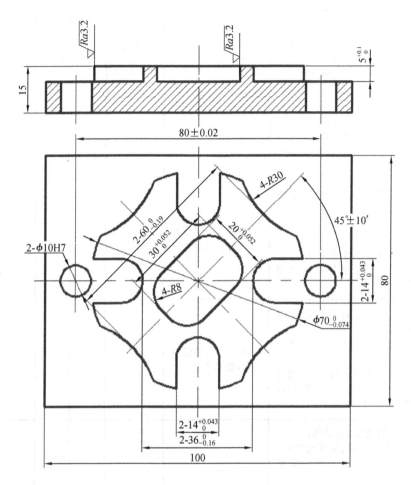

序号	考核项目	考核内容及要求		评分标准	配分	检测结果	扣分	得分	备注
1	矩形槽	$30^{+0.052}_{0}$ $20^{+0.052}_{0}$ $45°±10'$	IT	超差 0.01，扣 5 分	12 分				
			Ra	降一级扣，3 分	4 分				
		完成形状轮廓加工			6 分				
		$5^{+0.1}_{0}$	IT	超差 0.01，扣 2 分	4 分				
2	外轮廓	$60^{0}_{-0.19}$ $\phi 70^{0}_{-0.074}$ $14^{+0.043}_{0}$ $R30$	IT	超差 0.01，扣 5 分	12 分				
			Ra	降一级，扣 3 分	4 分				
		完成形状轮廓加工			6 分				
		$5^{+0.1}_{0}$	IT	超差 0.01，扣 2 分	4 分				

序号	考核项目	考核内容及要求		评分标准	配分	检测结果	扣分	得分	备注
3	销孔	φ10H7	IT	超差0.01,扣2分	2分/处				2处
			Ra	降一级,扣2分	2分/处				2处
		完成形状轮廓加工			4分				
		80±0.02	IT	超差0.01,扣2分	6分				
4	其他项目	① 未注尺寸公差按照IT12; ② 其余表面光洁度; ③ 工件必须完整,局部无缺陷(夹伤等)。			12分				
5	工艺合理	① 工件定位和夹紧合理1分。 ② 工序划分合理、工艺路线正确3分。 ③ 刀具选择合理2分。 ④ 切削用量选择基本合理2分。		每违反一条酌情扣3分,扣完为止	8分				
6	程序编制	① 指令正确,程序完整4分。 ② 运用刀具半径和长度补偿功能2分。 ③ 数值计算正确、程序编写表现出一定的技巧,简化计算和加工程序4分。		每违反一条酌情扣3分,扣完为止	10分				
7	安全文明生产	① 着装规范,未受伤。 ② 刀具、工具、量具的放置。 ③ 工件装夹、刀具安装规范。 ④ 正确使用量具。 ⑤ 卫生、设备保养。 ⑥ 关机后机床停放位置不合理。 ⑦ 发生重大安全事故、严重违反操作规程者,取消考试。		每违反一条酌情扣2分,扣完为止	10分				扣分项目
		总分							
记录员		检验员		复核		统分			

考核训练二十

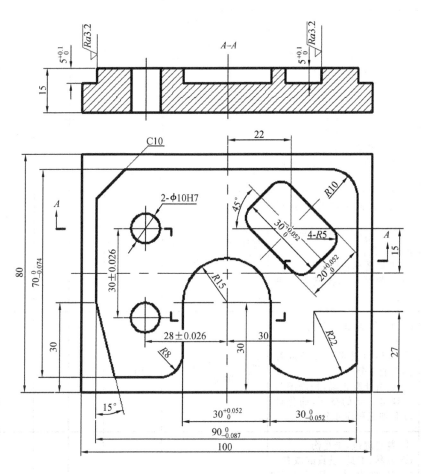

序号	考核项目	考核内容及要求		评分标准	配分	检测结果	扣分	得分	备注
1	矩形槽	$30^{+0.052}_{0}$ $20^{+0.052}_{0}$ $45°$	IT	超差0.01,扣5分	12分				
			Ra	降一级,扣3分	4分				
		完成形状轮廓加工			6分				
		$5^{+0.1}_{0}$	IT	超差0.01,扣2分	4分				
2	外轮廓	$90^{0}_{-0.087}$ $70^{0}_{-0.074}$ $30^{+0.052}_{0}$ $R23$	IT	超差0.01,扣5分	12分				
			Ra	降一级,扣3分	4分				
		完成形状轮廓加工			6分				
		$5^{+0.1}_{0}$	IT	超差0.01,扣2分	4分				

续表

序号	考核项目	考核内容及要求		评分标准	配分	检测结果	扣分	得分	备注
3	销孔	ϕ10H7	IT	超差0.01,扣2分	2分/处				2处
			Ra	降一级,扣2分	2分/处				2处
		完成形状轮廓加工			4分				
		30±0.026 28±0.026	IT	超差0.01,扣2分	6分				
4	其他项目	① 未注尺寸公差按照IT12; ② 其余表面光洁度; ③ 工件必须完整,局部无缺陷(夹伤等)。			12分				
5	工艺合理	① 工件定位和夹紧合理1分。 ② 工序划分合理、工艺路线正确3分。 ③ 刀具选择合理2分。 ④ 切削用量选择基本合理2分。		每违反一条酌情扣3分,扣完为止	8分				
6	程序编制	① 指令正确,程序完整4分。 ② 运用刀具半径和长度补偿功能2分。 ③ 数值计算正确、程序编写表现出一定的技巧,简化计算和加工程序4分。		每违反一条酌情扣3分,扣完为止	10分				
7	安全文明生产	① 着装规范,未受伤。 ② 刀具、工具、量具的放置。 ③ 工件装夹、刀具安装规范。 ④ 正确使用量具。 ⑤ 卫生、设备保养。 ⑥ 关机后机床停放位置不合理。 ⑦ 发生重大安全事故、严重违反操作规程者,取消考试。		每违反一条酌情扣2分,扣完为止	10分				扣分项目
总分									
记录员		检验员		复核		统分			

考核训练二十一

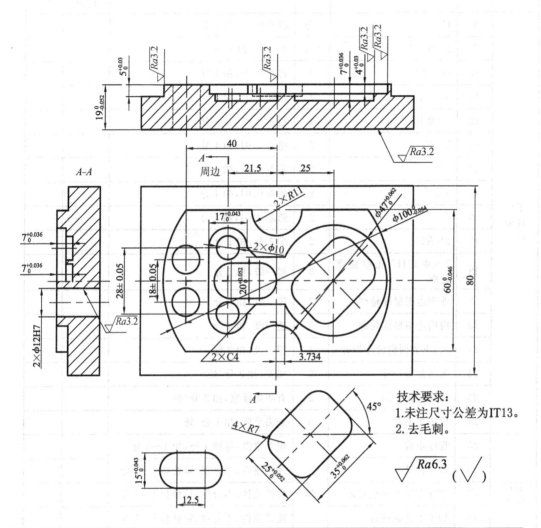

技术要求:
1.未注尺寸公差为IT13。
2.去毛刺。

$\sqrt{Ra6.3}$ ($\sqrt{}$)

工件编号				总得分			
项目	序号	技术要求	配分	评分标准		检测记录	得分
工件评分(70)	1	$\phi 100_{-0.054}^{0}$	4分	超差0.01,扣1分			
	2	$60_{-0.046}^{0}$	4分	超差0.01,扣1分			
	3	$\phi 47_{0}^{+0.062}$	3分	超差0.01,扣1分			
	4	$20_{0}^{+0.052}$	3分	超差0.01,扣1分			
	5	$17_{0}^{+0.043}$	3分	超差0.01,扣1分			
	6	$35_{0}^{+0.062}$	3分	超差0.01,扣1分			
	7	$25_{0}^{+0.052}$	3分	超差0.01,扣1分			

项目	序号	技术要求	配分	评分标准	检测记录	得分
工件评分（70）	8	$15_{0}^{+0.043}$	3分	超差0.01，扣1分		
	9	$2\times\phi12H7$	4分	少1个，扣1分		
	10	18 ± 0.05	2	超差0.01，扣1分		
	11	28 ± 0.05	2	超差0.01，扣1分		
	12	$2\times\phi10,2\times C4$	4	超差0.01，扣1分		
	13	$5_{0}^{+0.03}$	2	超差0.01，扣1分		
	14	$19_{-0.052}^{0}$	2	超差0.01，扣1分		
	15	$4_{0}^{+0.03}$	2	超差0.01，扣1分		
	16	$7_{0}^{+0.036}$	2	超差0.01，扣1分		
	17	$2\times R11$	2	少1个，扣1分		
	18	$2\times\phi12H7$ 孔粗糙度轮廓	3	超一级，扣2分		
	19	外围边粗糙度轮廓	3	超一级，扣2分		
	20	内周边粗糙度轮廓	3	超一级，扣2分		
	21	上、下表面粗糙度轮廓	4	超一级，扣2分		
	22	未注公差尺寸	3	超差，扣2分/处		
	23	轮廓连接光滑	3	有明显接痕，扣2分/处		
	24	锐边去毛刺	3	未去毛刺，扣1分/处		
程序（30）	25	程序正确	30	视严重性，每错1处，扣1~5分		
	26	程序合理		视严重性，不合理，每处扣1~5分		
	27	程序中工艺参数正确		视严重性，不合理，每处扣1~5分		
	28	加工工艺正确性		视严重性，不合理，每处扣1~5分		
	29	程序完整		程序不完整，扣5~30分		
机床操作	30	装夹、换刀操作熟练	否定项倒扣分	不规范，每次扣2分		
	31	机床面板操作正确		误操作，每次扣2分		
	32	进给倍率与主轴转速的设定合理		不合理，每次扣2分		
	33	加工准备与机床清理		不符合要求，每次扣2分		
缺陷	34	工件缺陷、尺寸误差0.5以上、外形与图样不符、未清角		倒扣2~10分/处		
文明生产	35	人身、机床、刀具安全		倒扣5~20分/次		

考核训练二十二

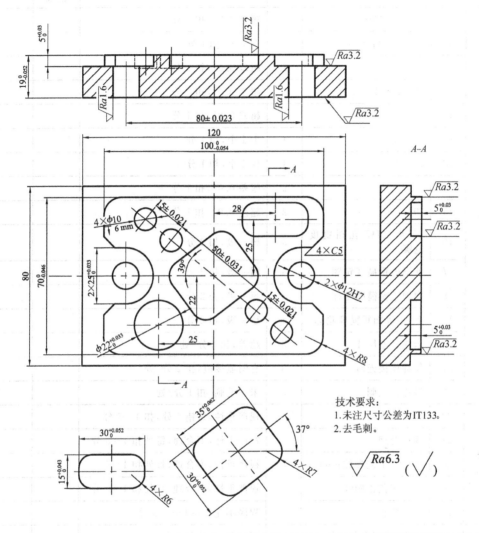

技术要求:
1.未注尺寸公差为IT133。
2.去毛刺。

$$\sqrt{Ra6.3}\ (\sqrt{\ })$$

工件编号				总得分			
项目	序号	技术要求	配分	评分标准		检测记录	得分
工件评分(70)	1	$100_{-0.054}^{0}$	4 分	超差 0.01,扣 1 分			
	2	$70_{-0.046}^{0}$	4 分	超差 0.01,扣 1 分			
	3	$2\times25_{0}^{+0.033}$	4 分	超差 0.01,扣 1 分			
	4	$2\times\phi12H7$	4 分	超差 0.01,扣 1 分			
	5	$\phi22_{0}^{+0.033}$	3 分	超差 0.01,扣 1 分			
	6	$30_{0}^{+0.052}\times15_{0}^{+0.043}$	4 分	超差 0.01,扣 1 分			

续表

项目	序号	技术要求	配分	评分标准	检测记录	得分
工件评分(70)	7	$35^{+0.062}_{0} \times 30^{+0.052}_{0}$	4分	超差0.01,扣1分		
	8	$4 \times \phi 10$(深6 mm)	4分	少1个,扣1分		
	9	80 ± 0.023	2	超差0.01,扣1分		
	10	15 ± 0.021(2处)	2	超差0.01,扣1分		
	11	50 ± 0.031	1	超差0.01,扣1分		
	12	$4 \times R8$	4	少1个,扣1分		
	13	$4 \times C5$	4	少1个,扣1分		
	14	$5^{+0.03}_{0}$	2	超差0.01,扣1分		
	15	$19^{0}_{-0.052}$	2	超差0.01,扣1分		
	16	$2 \times \phi 12H7$ 孔粗糙度轮廓	3	超一级,扣2分		
	17	外围边粗糙度轮廓	3	超一级,扣2分		
	18	内周边粗糙度轮廓	3	超一级,扣2分		
	19	上、下表面粗糙度轮廓	4	超一级,扣2分		
	20	未注公差尺寸	3	超差,扣2分/处		
	21	轮廓连接光滑	3	有明显接痕,扣2分/处		
	22	锐边去毛刺	3	未去毛刺,扣1分/处		
程序(30)	23	程序正确	30	视严重性,每错1处,扣1~5分		
	24	程序合理		视严重性,不合理,每处扣1~5分		
	25	程序中工艺参数正确		视严重性,不合理,每处扣1~5分		
	26	加工工艺正确性		视严重性,不合理,每处扣1~5分		
	27	程序完整		程序不完整,扣5~30分		
机床操作	28	装夹、换刀操作熟练	否定项倒扣分	不规范,每次扣2分		
	29	机床面板操作正确		误操作,每次扣2分		
	30	进给倍率与主轴转速的设定合理		不合理,每次扣2分		
	31	加工准备与机床清理		不符合要求,每次扣2分		
缺陷	32	工件缺陷、尺寸误差0.5以上、外形与图样不符、未清角		倒扣2~10分/处		
文明生产	33	人身、机床、刀具安全		倒扣5~20分/次		

考核训练二十三

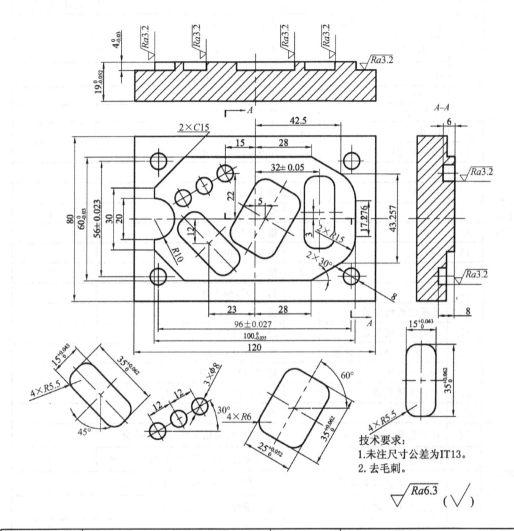

技术要求：
1. 未注尺寸公差为IT13。
2. 去毛刺。

$\sqrt{Ra6.3}$ ($\sqrt{}$)

工件编号				总得分			
项目	序号	技术要求	配分	评分标准		检测记录	得分
工件评分(70)	1	$100_{-0.035}^{0}$	3	超差0.01,扣1分			
	2	$60_{-0.03}^{0}$	3	超差0.01,扣1分			
	3	$35_{0}^{+0.062} \times 25_{0}^{+0.052}$	4	超差0.02,扣1分			
		$4 \times R6$	2	少1个,扣0.5分			
		$R3.2$	2	超一级,扣1分			
	4	$35_{0}^{+0.062} \times 15_{0}^{+0.043}$（竖槽）	4	超差0.02,扣1分			
		$4 \times R5.5$	2	少1个,扣0.5分			
		$R3.2$	2	超一级,扣1分			
		30 ± 0.05	2	超差0.02,扣1分			

续表

项目	序号	技术要求	配分	评分标准	检测记录	得分
工件评分（70）	5	$35^{+0.062}_{0}\times15^{+0.043}_{0}$（斜槽）	4	超差0.01，扣1分		
		$4\times R5.5$	2	少1个，扣0.5分		
		$R3.2$	2	超一级，扣1分		
	6	$3\times\phi8$	3	少1个，扣1分		
		孔距12	2	超0.05，扣1分		
	7	$4\times\phi8$	4	少1个，扣1分		
	8	96 ± 0.027	2	超0.01，扣1分		
	9	56 ± 0.023	2	超0.01，扣1分		
	10	$2\times R15$	2	少1个，扣1分		
	11	$R10$	2	少，扣2分		
	12	$4^{0}_{-0.03}$	2	超0.02，扣1分		
	13	$19^{0}_{-0.052}$	2	超0.02，扣1分		
	14	深6	2	超0.05，扣1分		
	15	深8	2	超0.05，扣1分		
	16	外围边粗糙度轮廓	2	超一级，扣1分		
	17	内周边粗糙度轮廓	2	超一级，扣1分		
	18	上、下表面粗糙度轮廓	2	超一级，扣1分		
	19	未注公差尺寸	2	超差，扣1分/处		
	20	轮廓连接光滑	3	有明显接痕，扣1分/处		
	21	锐边去毛刺	2	未去毛刺，扣1分/处		
程序（30）	22	程序正确	30	视严重性，每错1处，扣1~5分		
	23	程序合理		视严重性，不合理，每处扣1~5分		
	24	程序中工艺参数正确		视严重性，不合理，每处扣1~5分		
	25	加工工艺正确性		视严重性，不合理，每处扣1~5分		
	26	程序完整		程序不完整扣5~30分		
机床操作	27	装夹、换刀操作熟练	否定项倒扣分	不规范，每次扣2分		
	28	机床面板操作正确		误操作，每次扣2分		
	29	进给倍率与主轴转速的设定合理		不合理，每次扣2分		
	30	加工准备与机床清理		不符合要求，每次扣2分		
缺陷	31	工件缺陷、尺寸误差0.5以上、外形与图样不符、未清角		倒扣2~10分/处		
文明生产	32	人身、机床、刀具安全		倒扣5~20分/次		

考核训练二十四

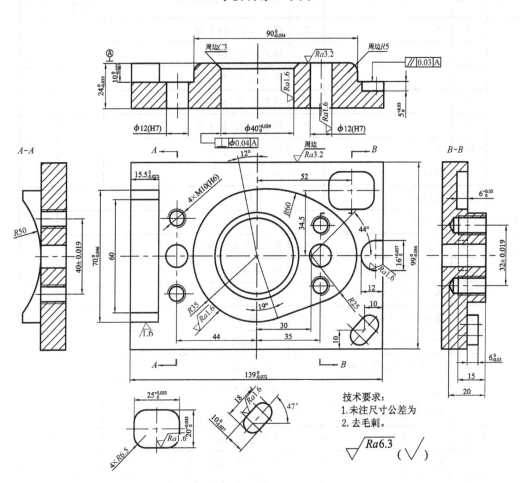

技术要求:
1. 未注尺寸公差为
2. 去毛刺。

$\sqrt{Ra6.3}$ ($\sqrt{}$)

工件编号				总得分			
项目	序号	技术要求	配分	评分标准		检测记录	得分
工件评分(70)	1	$139_{-0.072}^{0}$	2	超差0.02,扣1分			
	2	$99_{-0.054}^{0}$	2	超差0.02,扣1分			
	3	$24_{-0.033}^{0}$	2	超差0.02,扣1分			
	4	$70_{-0.046}^{0}$	2	超差0.02,扣1分			
	5	$15.5_{-0.027}^{0}$,$R50$	2	超差0.02,扣1分			
	6	$10_{-0.022}^{0}$	2	超差0.02,扣1分			
	7	$4\times M10(H6)$、$40\pm0.019,32\pm0.019$	6	少1个,扣1分;超0.02,扣1分			
	8	$2\times\phi12(H7)$	4	少1个,扣2分			
	9	$90_{-0.054}^{0}$	4	超差0.02,扣1分			
	10	$\phi40_{0}^{+0.039}$	4	超差0.02,扣1分			

项目	序号	技术要求	配分	评分标准	检测记录	得分
工件评分（70）	11	$16^{+0.027}_{0}$	2	超差 0.02，扣 1 分		
	12	$5^{+0.018}_{0}$	2	超差 0.02，扣 1 分		
	13	$10^{0}_{-0.027}$	2	超差 0.02，扣 1 分		
	14	$6^{0}_{-0.018}$	2	超差 0.02，扣 1 分		
	15	$20^{+0.033}_{0}$	2	超差 0.02，扣 1 分		
	16	$25^{+0.033}_{0}$	2	超差 0.02，扣 1 分		
	17	周边 C3	4	少，全扣		
	18	周边 R5	4	少，全扣		
	19	平行度	2	超 0.02，扣 1 分		
	20	垂直度	2	超 0.02，扣 1 分		
	21	外围边粗糙度轮廓	2	超一级扣 1 分		
	22	内周边粗糙度轮廓	2	超一级，扣 1 分		
	23	镗孔粗糙度轮廓	2	超一级，扣 1 分		
	24	铰孔粗糙度轮廓	2	超一级，扣 1 分		
	25	上、下表面粗糙度轮廓	2	超一级，扣 1 分		
	26	未注公差尺寸	2	超差，扣 1 分/处		
	27	轮廓连接光滑	2	有明显接痕，扣 1 分/处		
	28	锐边去毛刺	2	未去毛刺，扣 1 分/处		
程序（30）	29	程序正确	30	视严重性，每错 1 处，扣 1～5 分		
	30	程序合理		视严重性，不合理，每处扣 1～5 分		
	31	程序中工艺参数正确		视严重性，不合理，每处扣 1～5 分		
	32	程序完整		程序不完整，扣 5～30 分		
机床操作	33	装夹、换刀操作熟练	否定项倒扣分	不规范，每次扣 2 分		
	34	机床面板操作正确		误操作，每次扣 2 分		
	35	进给倍率与主轴转速的设定合理		不合理，每次扣 2 分		
	36	加工准备与机床清理		不符合要求，每次扣 2 分		
缺陷	37	工件缺陷、尺寸误差0.5以上、外形与图样不符、未清角		倒扣 2～10 分/处		
文明生产	38	人身、机床、刀具安全		倒扣 5～20 分/次		

考核训练二十五

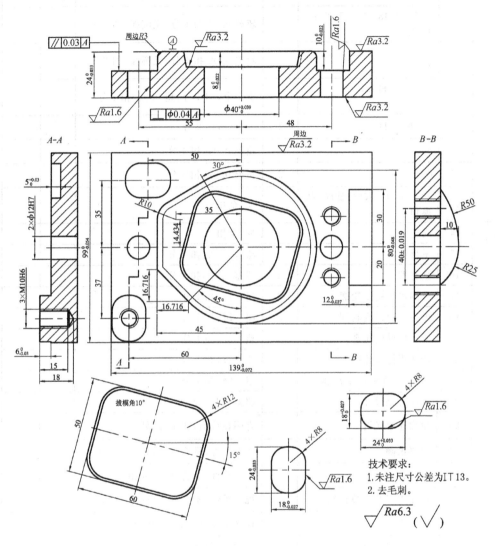

技术要求:
1. 未注尺寸公差为IT13。
2. 去毛刺。

$\sqrt{Ra6.3}$ ($\sqrt{}$)

工件编号				总得分		
项目	序号	技术要求	配分	评分标准	检测记录	得分
工件评分 (70)	1	$139_{-0.072}^{0}$	2	超差 0.02,扣 1 分		
	2	$99_{-0.054}^{0}$	2	超差 0.02,扣 1 分		
	3	$24_{-0.033}^{0}$	2	超差 0.02,扣 1 分		
	4	$10_{-0.022}^{0}$	2	超差 0.02,扣 1 分		
	5	$12_{-0.027}^{0}$,R50,R25	4	超差 0.02,扣 1 分;无圆弧,扣 2 分		
	6	$8_{-0.022}^{0}$	2	超 0.01,扣 1 分		

续表

项目	序号	技术要求	配分	评分标准	检测记录	得分
工件评分(70)	7	$24^{+0.033}_{0} \times 18^{+0.027}_{0} \times 5^{+0.03}_{0}$；$4 \times R8$	6	超差 0.02 扣 1 分；无圆弧，扣 2 分		
	8	$24^{0}_{-0.033} \times 18^{0}_{-0.027} \times 5^{0}_{-0.03}$；$4 \times R8$	6	超差 0.02 扣 1 分；无圆弧，扣 2 分		
	9	$3 \times M10(H6)$，40 ± 0.019	6	少 1 个，扣 1 分；超 0.02，扣 1 分		
	10	$2 \times \phi 12(H7)$	4	少 1 个，扣 2 分		
	11	$80^{0}_{-0.046}$	3	超差 0.02，扣 1 分		
	12	$\phi^{+0.039}_{0}$	3	超差 0.01，扣 1 分		
	13	60×50；$4 \times R12$；旋转、拔模角	5	少，全扣		
	14	周边 $C3$	3	少，全扣		
	15	平行度	2	超差 0.02，扣 1 分		
	16	垂直度	2	超差 0.02，扣 1 分		
	17	外围边粗糙度轮廓	3	超一级，扣 1 分		
	18	内周边粗糙度轮廓	3	超一级，扣 1 分		
	19	镗孔粗糙度轮廓	2	超一级，扣 1 分		
	20	铰孔粗糙度轮廓	2	超一级，扣 1 分		
	21	上、下表面粗糙度轮廓	2	超一级，扣 1 分		
	22	未注公差尺寸	2	超差，扣 1 分/处		
	23	轮廓连接光滑	2	有明显接痕，扣 1 分/处		
程序(30)	24	程序正确	30	视严重性，每错 1 处，扣 1~5 分		
	25	程序合理		视严重性，不合理，每处扣 1~5 分		
	26	程序中工艺参数正确		视严重性，不合理，每处扣 1~5 分		
	27	程序完整		程序不完整，扣 5~30 分		
机床操作	28	装夹、换刀操作熟练	否定项倒扣分	不规范，每次扣 2 分		
	29	机床面板操作正确		误操作，每次扣 2 分		
	30	进给倍率与主轴转速的设定合理		不合理，每次扣 2 分		
	31	加工准备与机床清理		不符合要求，每次扣 2 分		
缺陷	32	工件缺陷、尺寸误差0.5以上、外形与图样不符、未清角		倒扣 2~10 分/处		
文明生产	33	人身、机床、刀具安全		倒扣 5~20 分/次		

考核训练二十六

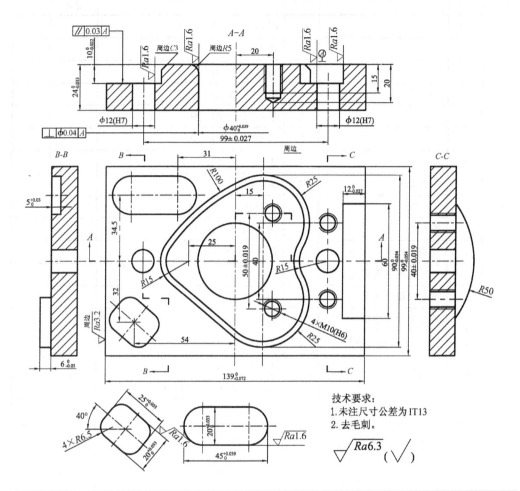

技术要求：
1. 未注尺寸公差为IT13
2. 去毛刺。

$\sqrt{Ra6.3}$ ($\sqrt{}$)

工件编号				总得分			
项目	序号	技术要求	配分	评分标准		检测记录	得分
工件评分 (70)	1	$139_{-0.072}^{0}$	2	超差 0.02，扣 1 分			
	2	$99_{-0.054}^{0}$	2	超差 0.02，扣 1 分			
	3	$24_{-0.033}^{0}$	2	超差 0.02，扣 1 分			
	4	$10_{-0.022}^{0}$	2	超差 0.02，扣 1 分			
	5	$12_{-0.027}^{0}$，$R50$	4	超差 0.02，扣 1 分；无圆弧，扣 2 分			
	6	$4 \times M10(H6)$，50 ± 0.019，40 ± 0.019	6	少 1 个，扣 1 分；超 0.02，扣 1 分			
	7	$2 \times \phi 12(H7)$，99 ± 0.027	4	少 1 个，扣 2 分；超 0.02，扣 1 分			
	8	$90_{-0.054}^{0}$	4	超差 0.02，扣 1 分			
	9	$\phi 40_{0}^{+0.039}$	4	超差 0.01，扣 1 分			

续表

项目	序号	技术要求	配分	评分标准	检测记录	得分
工件评分（70）	10	$20^{+0.033}_{0}$	2	超差 0.02，扣 1 分		
	11	$45^{+0.039}_{0}$	2	超差 0.02，扣 1 分		
	12	$5^{+0.018}_{0}$	2	超差 0.02，扣 1 分		
	13	$20^{+0.033}_{0}$	2	超差 0.02，扣 1 分		
	14	$25^{+0.033}_{0}$	2	超差 0.02，扣 1 分		
	15	$6^{0}_{-0.018}$	2	超差 0.02，扣 1 分		
	16	周边 C3	4	少，全扣		
	17	周边 R5	4	少，全扣		
	18	平行度	2	超差 0.02，扣 1 分		
	19	垂直度	2	超差 0.02，扣 1 分		
	20	外围边粗糙度轮廓	2	超一级，扣 1 分		
	21	内周边粗糙度轮廓	2	超一级，扣 1 分		
	22	镗孔粗糙度轮廓	2	超一级，扣 1 分		
	23	铰孔粗糙度轮廓	2	超一级，扣 1 分		
	24	上、下表面粗糙度轮廓	2	超一级，扣 1 分		
	25	未注公差尺寸	2	超差，扣 1 分/处		
	26	轮廓连接光滑	2	有明显接痕，扣 1 分/处		
	27	锐边去毛刺	2	未去毛刺，扣 1 分/处		
程序（30）	28	程序正确	30	视严重性，每错 1 处，扣 1～5 分		
	29	程序合理		视严重性，不合理，每处扣 1～5 分		
	30	程序中工艺参数正确		视严重性，不合理，每处扣 1～5 分		
	31	程序完整		程序不完整，扣 5～30 分		
机床操作	32	装夹、换刀操作熟练	否定项倒扣分	不规范，每次扣 2 分		
	33	机床面板操作正确		误操作，每次扣 2 分		
	34	进给倍率与主轴转速的设定合理		不合理，每次扣 2 分		
	35	加工准备与机床清理		不符合要求，每次扣 2 分		
缺陷	36	工件缺陷、尺寸误差0.5以上、外形与图样不符、未清角		倒扣 2～10 分/处		
文明生产	37	人身、机床、刀具安全		倒扣 5～20 分/次		

项目十

高级操作技能考核训练

考核训练一

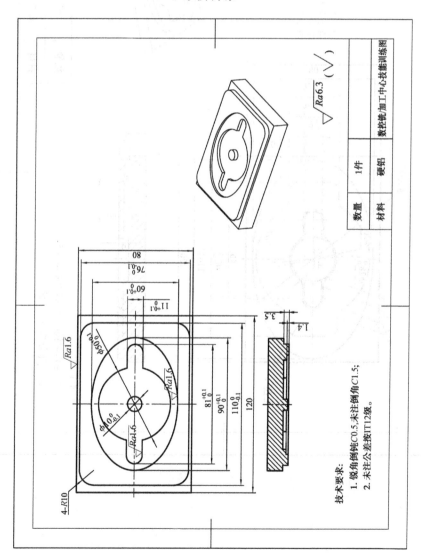

$\sqrt{Ra6.3}$ (√)

数量	1件	数控铣/加工中心技能训练图
材料	硬铝	

技术要求:
1. 锐角倒钝C0.5,未注倒角C1.5;
2. 未注公差按IT12级。

考核训练二

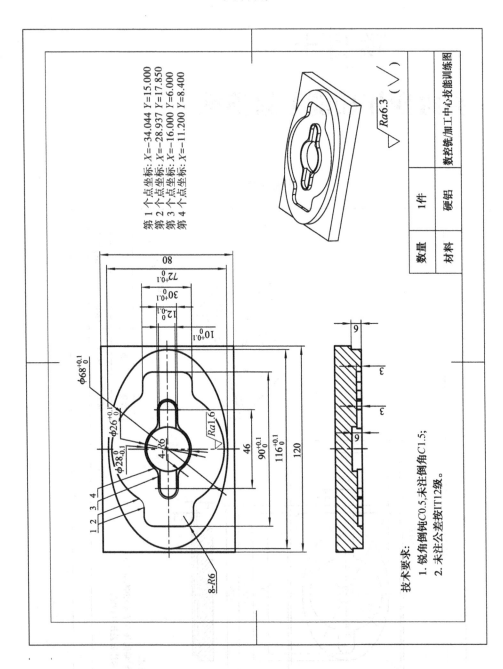

第 1 个点坐标: $X=-34.044\ Y=15.000$
第 2 个点坐标: $X=-28.937\ Y=17.850$
第 3 个点坐标: $X=-16.000\ Y=6.000$
第 4 个点坐标: $X=-11.200\ Y=8.400$

$\sqrt{Ra6.3}\ (\ \sqrt{}\ )$

数量	1 件	数控铣/加工中心技能训练图
材料	硬铝	

技术要求:
1. 锐角倒钝 C0.5, 未注倒角 C1.5;
2. 未注公差按 IT12 级。

考核训练三

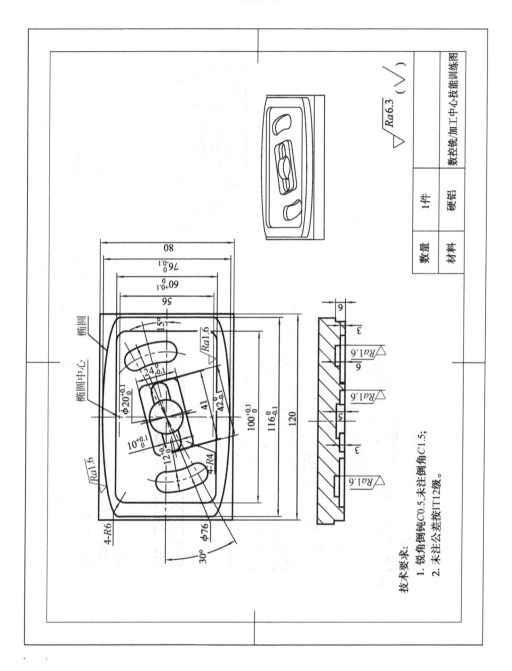

$\sqrt{Ra6.3}$ $(\sqrt{\ })$

数量	1件	数控铣/加工中心技能训练图
材料	硬铝	

技术要求:
1. 锐角倒钝C0.5,未注倒角C1.5;
2. 未注公差按IT12级。

考核训练四

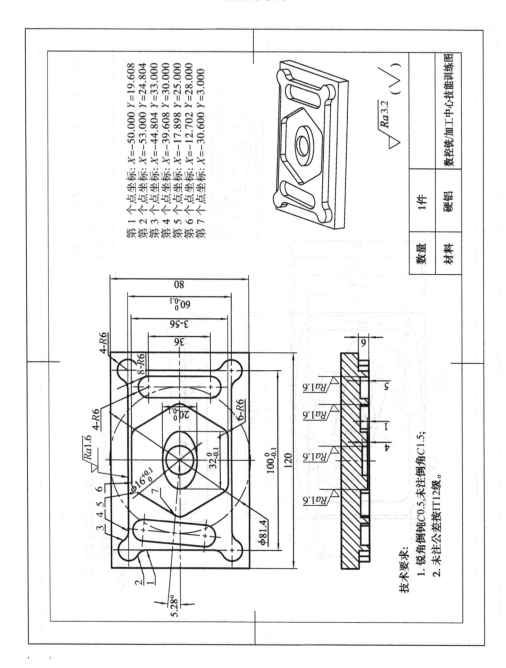

第 1 个点坐标: $X=-50.000$ $Y=19.608$
第 2 个点坐标: $X=-53.000$ $Y=24.804$
第 3 个点坐标: $X=-44.804$ $Y=33.000$
第 4 个点坐标: $X=-39.608$ $Y=30.000$
第 5 个点坐标: $X=-17.898$ $Y=25.000$
第 6 个点坐标: $X=-12.702$ $Y=28.000$
第 7 个点坐标: $X=-30.600$ $Y=3.000$

$\sqrt{Ra3.2}$ ($\sqrt{}$)

数量	1件	数控铣/加工中心技能训练图
材料	硬铝	

技术要求:
1. 锐角倒钝C0.5,未注倒角C1.5;
2. 未注公差按IT12级。

考核训练五

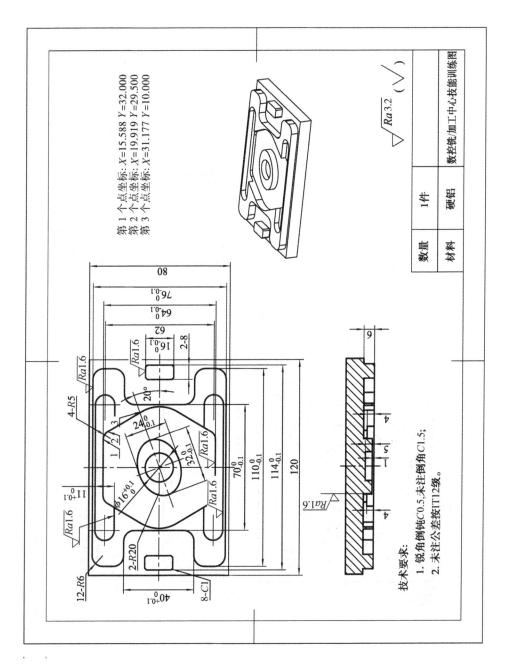

$\sqrt{Ra\,3.2}\ (\sqrt{\ })$

数量	1件	数控铣/加工中心技能训练图
材料	硬铝	

第 1 个点坐标: $X=15.588$ $Y=32.000$
第 2 个点坐标: $X=19.919$ $Y=29.500$
第 3 个点坐标: $X=31.177$ $Y=10.000$

技术要求:

1. 锐角倒钝C0.5,未注倒角C1.5;
2. 未注公差按IT12级。

考核训练六

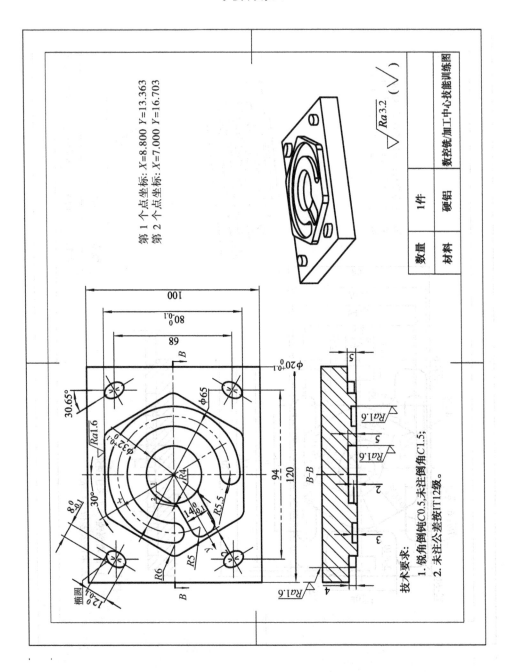

第 1 个点坐标: $X=8.800$ $Y=13.363$
第 2 个点坐标: $X=7.000$ $Y=16.703$

$\sqrt{Ra3.2}$ $(\sqrt{\quad})$

数量	1件	数控铣/加工中心技能训练图
材料	硬铝	

技术要求:
1. 锐角倒钝C0.5, 未注倒角C1.5;
2. 未注公差按IT12级。

考核训练七

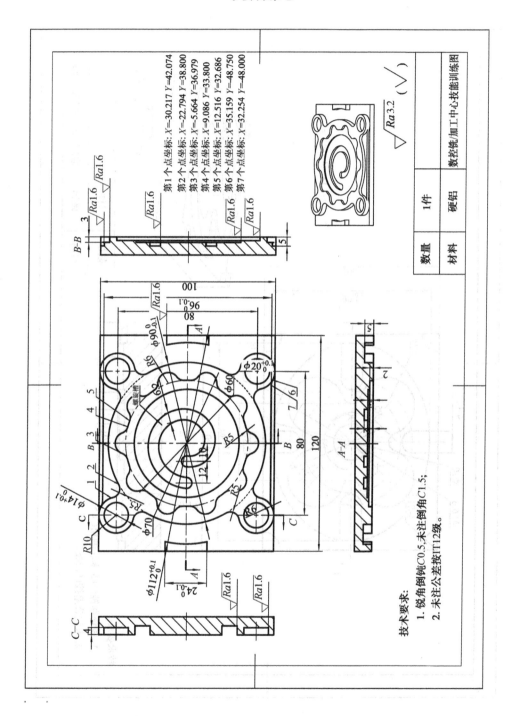

第1个点坐标: X=-30.217 Y=42.074
第2个点坐标: X=-22.794 Y=38.800
第3个点坐标: X=-5.664 Y=36.979
第4个点坐标: X=9.086 Y=33.800
第5个点坐标: X=12.516 Y=32.686
第6个点坐标: X=35.159 Y=48.750
第7个点坐标: X=32.254 Y=48.000

$\sqrt{Ra3.2}$ ($\surd$)

数控铣/加工中心技能训练图

| 数量 | 1件 |
| 材料 | 硬铝 |

技术要求:
1. 锐角倒钝C0.5,未注倒角C1.5;
2. 未注公差按IT12级。

考核训练八

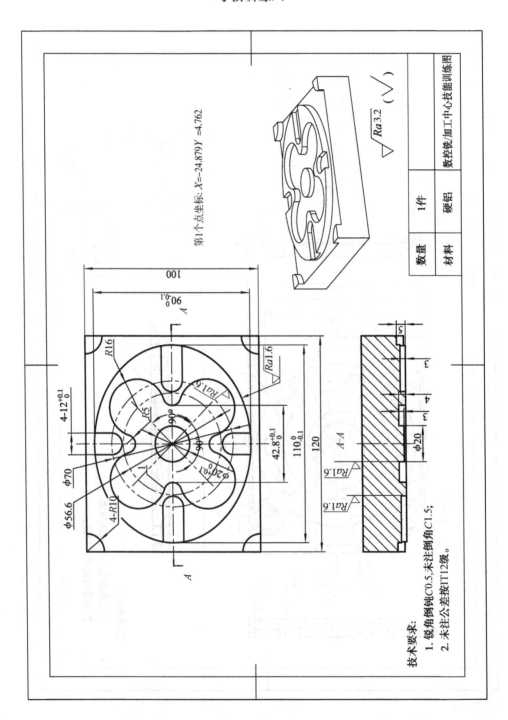

第1个点坐标: $X=-24.879Y=-4.762$

数控铣/加工中心技能训练图

| 数量 | 1件 |
| 材料 | 硬铝 |

$\sqrt{Ra3.2}$ ($\sqrt{}$)

技术要求:
1. 锐角倒钝C0.5,未注倒角C1.5;
2. 未注公差按IT12级。

考核训练九

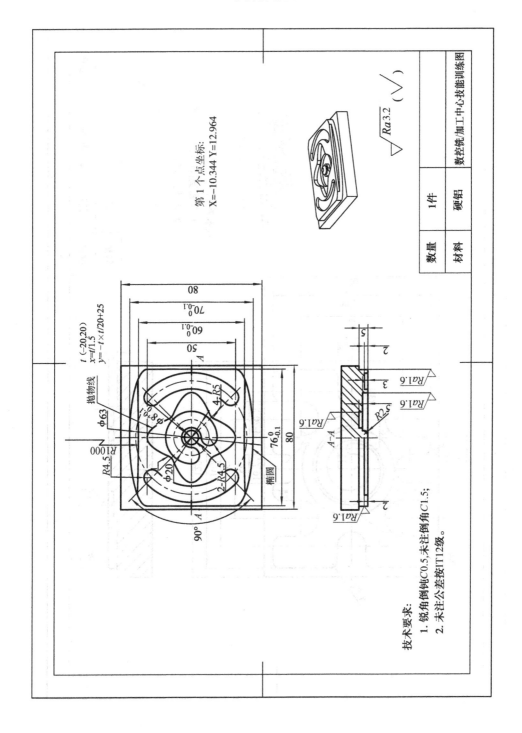

第 1 个点坐标：
X=−10.344 Y=12.964

t (−20,20)
$x=t/1.5$
$y=-t \times t/20+25$

抛物线
$\phi 63$
$\phi 8 \times 0.1$
4-R5
R1000
R4.5
$\phi 20$
2-R4.5
椭圆
90°
80
$76_{-0.1}^{0}$
$70_{-0.1}^{0}$
$60_{-0.1}^{0}$
50
80
A

A—A
5
2
3
Ra1.6
Ra1.6
Ra1.6
R2.5
Ra1.6
2
Ra1.6

$\sqrt{Ra3.2}$ (√)

| 数量 | 1件 |
| 材料 | 硬铝 |

数控铣/加工中心·技能训练图

技术要求：
1. 锐角倒钝C0.5，未注倒角C1.5；
2. 未注公差按IT12级。

考核训练十

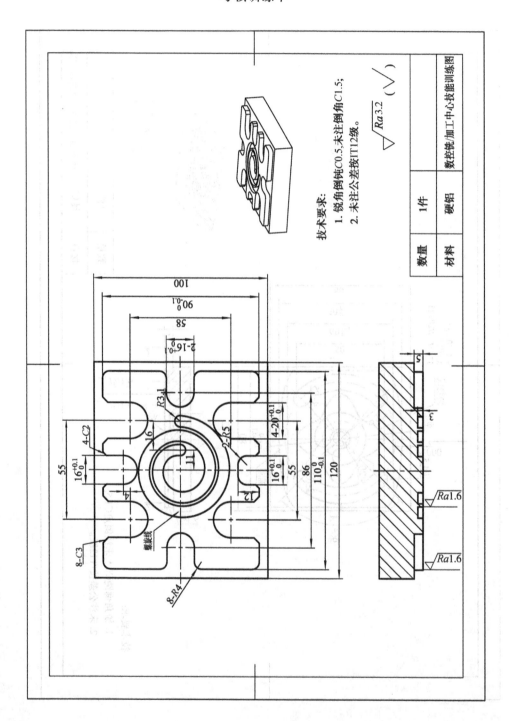

技术要求:
1. 锐角倒钝C0.5,未注倒角C1.5;
2. 未注公差按IT12级。

$\sqrt{Ra3.2}$ ($\sqrt{\quad}$)

数量	1件	数控铣/加工中心技能训练图
材料	硬铝	

考核训练十一

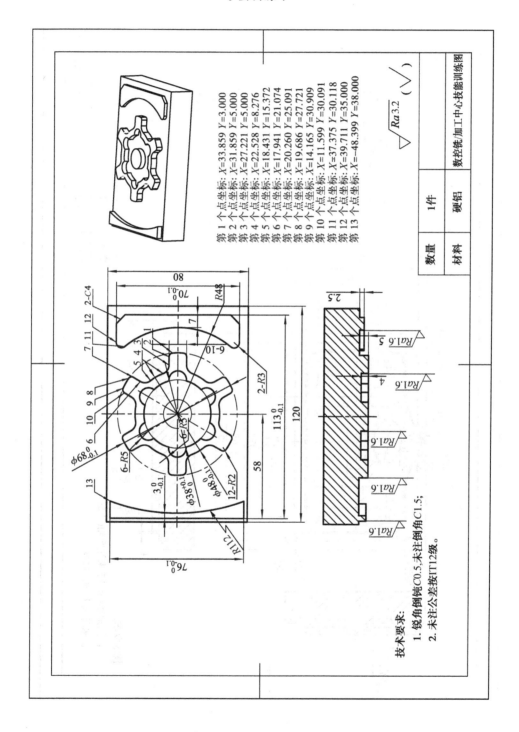

第 1 个点坐标: X=33.859 Y=3.000
第 2 个点坐标: X=31.859 Y=5.000
第 3 个点坐标: X=27.221 Y=5.000
第 4 个点坐标: X=22.528 Y=8.276
第 5 个点坐标: X=18.431 Y=15.372
第 6 个点坐标: X=17.941 Y=21.074
第 7 个点坐标: X=20.260 Y=25.091
第 8 个点坐标: X=19.686 Y=27.721
第 9 个点坐标: X=14.165 Y=30.909
第 10 个点坐标: X=11.599 Y=30.091
第 11 个点坐标: X=37.375 Y=30.118
第 12 个点坐标: X=39.711 Y=35.000
第 13 个点坐标: X=-48.399 Y=38.000

$\sqrt{Ra3.2}$ ($\sqrt{}$)

数量	1件	数控铣/加工中心技能训练图
材料	硬铝	

技术要求:
1. 锐角倒钝C0.5,未注倒角C1.5;
2. 未注公差按IT12级。

考核训练十二

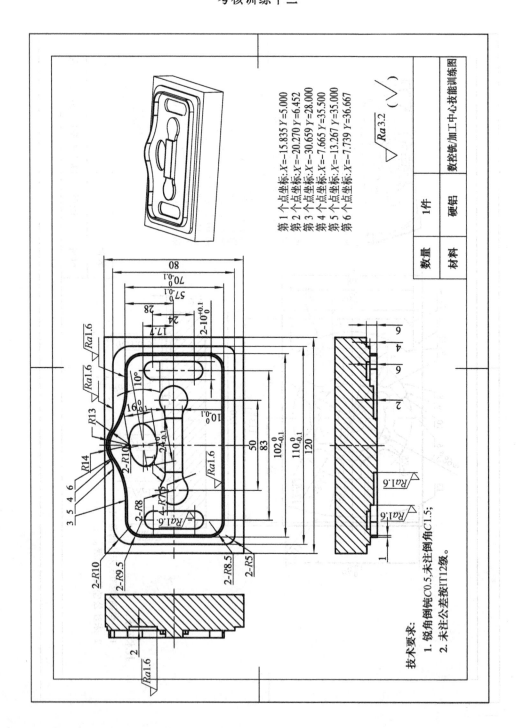

第 1 个点坐标:X=-15.835 Y=5.000
第 2 个点坐标:X=-20.270 Y=6.452
第 3 个点坐标:X=-30.659 Y=28.000
第 4 个点坐标:X=-7.665 Y=35.500
第 5 个点坐标:X=-13.267 Y=35.000
第 6 个点坐标:X=-7.739 Y=36.667

$\sqrt{Ra3.2}$ ($\sqrt{}$)

数量	1件	数控铣/加工中心技能训练图
材料	硬铝	

技术要求:
1. 锐角倒钝C0.5,未注倒角C1.5;
2. 未注公差按IT12级。

考核训练十三

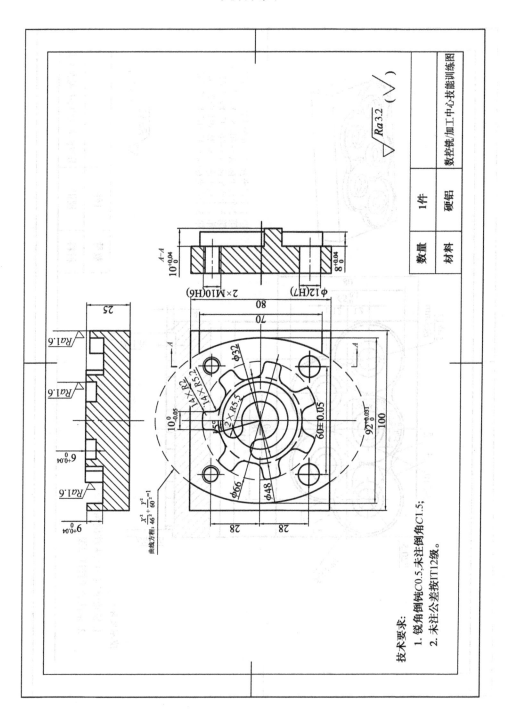

技术要求:
1. 锐角倒钝C0.5, 未注倒角C1.5;
2. 未注公差按IT12级。

曲线方程: $\dfrac{x^2}{46^2}+\dfrac{y^2}{60^2}=1$

数量	1件	数控铣加工中心技能训练图
材料	硬铝	

$\sqrt{Ra\,3.2}\ (\sqrt{\ })$

考核训练十四

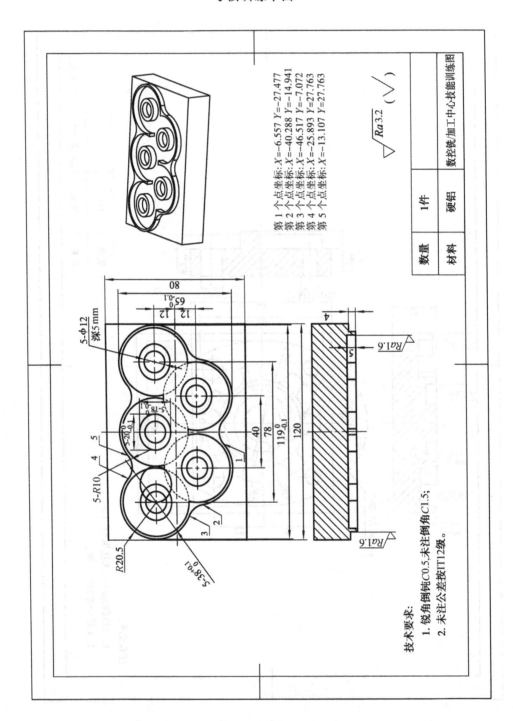

第 1 个点坐标：$X=-6.557$ $Y=-27.477$
第 2 个点坐标：$X=-40.288$ $Y=-14.941$
第 3 个点坐标：$X=-46.517$ $Y=-7.072$
第 4 个点坐标：$X=-25.893$ $Y=27.763$
第 5 个点坐标：$X=-13.107$ $Y=27.763$

$\sqrt{Ra3.2}$　$(\sqrt{\ })$

数量	1件	数控铣/加工中心技能训练图
材料	硬铝	

技术要求：
1. 锐角倒钝C0.5，未注倒角C1.5；
2. 未注公差按IT12级。

考核训练十五

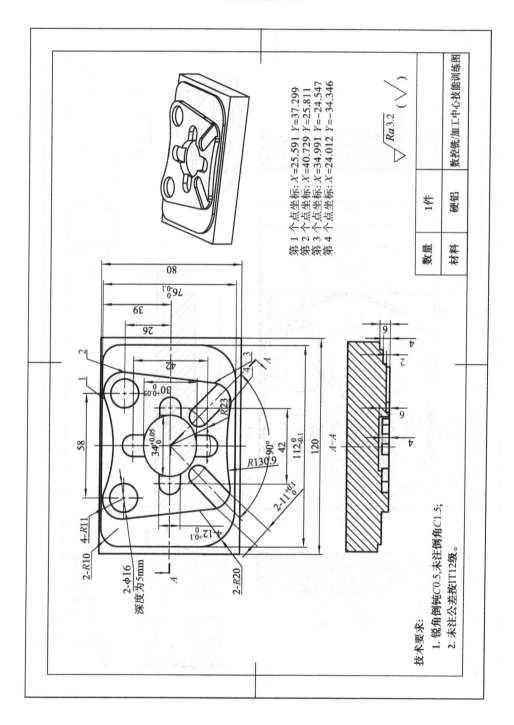

第 1 个点坐标: X=25.591 Y=37.299
第 2 个点坐标: X=40.729 Y=25.811
第 3 个点坐标: X=34.991 Y=-24.547
第 4 个点坐标: X=24.012 Y=-34.346

$\sqrt{Ra3.2}$　($\sqrt{\ }$)

数量	1件	数控铣加工中心技能训练图
材料	硬铝	

技术要求:
1. 锐角倒钝C0.5,未注倒角C1.5;
2. 未注公差按IT12级。

考核训练十六

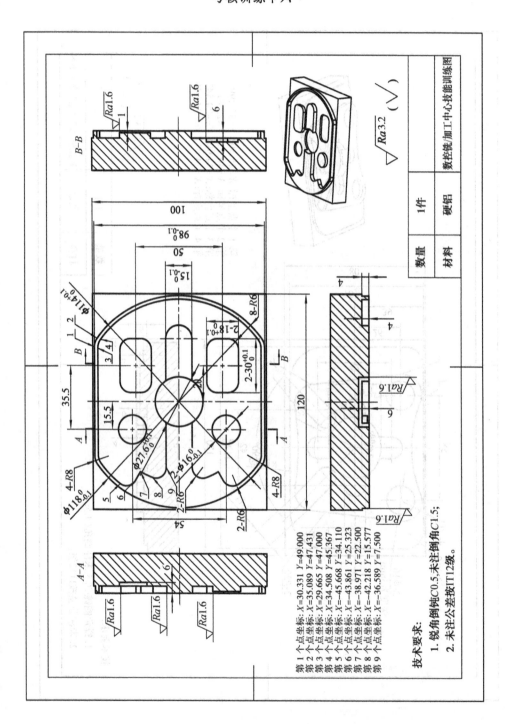

技术要求:
1. 锐角倒钝C0.5,未注倒角C1.5;
2. 未注公差按IT12级。

第 1 个点坐标: X=30.331 Y=49.000
第 2 个点坐标: X=35.089 Y=47.431
第 3 个点坐标: X=29.665 Y=47.000
第 4 个点坐标: X=34.508 Y=45.367
第 5 个点坐标: X=-45.668 Y=34.110
第 6 个点坐标: X=-43.861 Y=25.323
第 7 个点坐标: X=-38.971 Y=22.500
第 8 个点坐标: X=-42.218 Y=15.577
第 9 个点坐标: X=-36.589 Y=7.500

参考文献

[1] 王兵.数控加工工艺与编程实例[M].北京:电子工业出版社,2016.

[2] 徐冬元,朱和军.数控加工工艺与编程实例[M].北京:电子工业出版社,2007.

[3] 李国会.数控编程[M].上海:上海交通大学出版社,2011.

[4] 沈建锋.数控铣工加工中心操作工(高级)[M].北京:机械工业出版社,2007.

[5] 陈华,陈炳森.零件数控铣削加工[M].北京:机械工业出版社,2010.

[6] 庄金雨,朱和军.数控铣削(加工中心)技术训练[M].北京:北京理工大学出版社,2016.

[7] 陈海滨.数控铣削(加工中心)实训与考级[M].北京:高等教育出版社,2008.

[8] 徐夏民.数控铣工实习与考级[M].北京:高等教育出版社,2006.

[9] 周麟彦.数控铣床加工工艺与编程操作[M].北京:机械工业出版社,2009.

[10] 娄海滨.数控铣床和加工中心技术实训[M].北京:人民邮电出版社,2012.

[11] 刘振强.数控铣工项目训练教程[M].北京:高等教育出版社,2011.

[12] 沈春根.数控铣宏程序编程实例精讲[M].北京:机械工业出版社,2014.

[13] FANUC 0i-MC 操作说明书,北京发那科机电有限公司.

[14] 王荣兴.加工中心培训教程[M].北京:机械工业出版社,2006.

[15] 杨伟群.加工中心操作工(中级)[M].北京:中国劳动社会保障出版社,2007.